国家自然科学基金项目 51008065、51208263
江苏高校优势学科建设资助项目
东南大学优秀青年教师教学科研资助计划项目

动不定结构形态分析方法及其应用

陆金钰 著

东南大学出版社
SOUTHEAST UNIVERSITY PRESS
·南京·

内 容 提 要

动不定结构是一类内部存在机构位移的特殊结构,机构位移模态与零频率自振模态的物理意义一致。不同于动定结构的是,静动力响应不再是动不定结构唯一关注的问题。由于其几何构型对结构性能的敏感性,形态与体系的研究对于动不定结构而言显得更为重要。本书主要针对两类动不定结构形态与体系分析中存在的共性问题进行探讨和深入研究。以平衡矩阵的分析方法作为贯穿全书的主线,分别从矩阵分解理论及单元平衡矩阵推导、体系判定、基于几何非线性的力法算法及屈曲全过程跟踪、基于平衡矩阵的动不定结构找形分析、第二类动不定结构位移协调路径和机动性能研究以及数值设计方法,这几部分进行详细阐述。

本书可供空间结构领域的科研人员、研究生或高年级本科生作为学习和科研的参考书,也可供工程设计人员在设计中参考。

图书在版编目(CIP)数据

动不定结构形态分析方法及其应用/陆金钰著. —南京:东南大学出版社,2015.12

ISBN 978-7-5641-6191-0

Ⅰ.①动… Ⅱ.①陆… Ⅲ.①空间结构—研究 Ⅳ.①TU399

中国版本图书馆 CIP 数据核字(2015)第 294655 号

动不定结构形态分析方法及其应用

著　　者 陆金钰

责任编辑 丁　丁

编辑邮箱 d.d.00@163.com

出版发行 东南大学出版社

社　　址 南京市四牌楼 2 号　邮编:210096

出 版 人 江建中

网　　址 http://www.seupress.com

电子邮箱 press@seupress.com

经　　销 全国各地新华书店

印　　刷 江苏凤凰数码印务有限公司

版　　次 2015 年 12 月第 1 版

印　　次 2015 年 12 月第 1 次印刷

开　　本 787 mm×1 092 mm　1/16

印　　张 10.5

字　　数 230 千

书　　号 ISBN 978-7-5641-6191-0

定　　价 45.00 元

本社图书若有印装质量问题,请直接与营销部联系。电话(传真):025-83791830

前　言

动不定结构(kinematically indeterminate structure)是一类较为特殊的结构类型,是相对于动定结构体系而提出的。不同于传统工程结构中的超静定结构与静定结构,动不定结构内部包含有机构位移,属于欠约束结构。按机构位移可拓展性可分为:内部含无限小机构位移(infinitesimal mechanism)的I类动不定结构和内部含有限机构位移(finite mechanism)的II类动不定结构。前者的机构位移能在自应力下得到刚化而无法延拓;而后者不包含自应力模态,或自应力无法刚化机构位移,是通常所说的机构。实际工程结构,特别是新型空间结构中不乏动不定结构的身影。如索穹顶结构、张拉整体结构、索网结构(均属I类动不定结构)以及杆系机构、开合结构、可展折叠结构、快速组装结构(均属II类动不定结构)。

近年来,随着社会经济的发展以及设计理论的完善,建筑结构不再停留在原先一成不变的形式。结构中包含越来越多的预应力以及可动元素,动不定结构在结构工程中的运用日趋广泛。特别是II类动不定结构,在传统土木结构理论中可动结构被排斥于结构范畴之外,关于它的研究通常限于机械工程学与航空航天范畴。但近年来,这类特殊结构逐渐得到结构工程师的关注,逐步将机构理念从不同方面引入到现代结构体系中,不管在结构使用状态还是施工过程中,经常会出现可动的结构形态。这不仅赋予了结构灵性,且带来了便捷,具有极大的经济价值。鉴于动不定结构轻型、高效、经济、可动、美观等优势,这类结构不仅代表了城市和国家的建筑业发展水平,更代表了文明发展程度,往往是一个城市和国家的重要标志。动不定结构代表了空间结构领域体系发展的趋势。

动不定结构通常具有可变形态、轻盈高效的结构形式。包含机构位移使它具有优于传统结构的特性,但也给结构分析带来很大的困难,复杂的结构形态及拓扑形式对设计及分析提出了越来越高的要求。由于机构位移的存在,刚度矩阵往往发生奇异或病态,传统的结构分析理论较难适用。动不定结构的形态敏感决定了体系、合理构形及成形过程的分析是它的研究重点,也是难点所在。良好的力学特性与工作性能在很大程度上依赖于合理的几何形状和拓扑形态。国内外现有研究主要是针对某一类具体结构展开的,通常分别对待,采用的方法不甚相同。鉴于两类动不定结构本质上均含机构位移,因此,有必要也很有可能在理论与分析方法上进行一定程度的归类统一,并发掘共性问题。

本书详细介绍了动不定结构在国内外的研究现状以及此类结构在工程界的应用情况。分别从两大类动不定结构层面进行阐述,通过推导和分析结构的平衡矩阵,提炼它们存在的共性问题,提出对应的形态分析方法,进一步完善空间结构的基础分析理论,促进动不定结构在结构工程中广泛应用。

本书是在我的导师,浙江大学空间结构研究中心罗尧治教授的亲切关怀和精心指导下完成的。在本书的成果完成过程中,罗老师倾注了大量的心血。在此,谨向罗老师致以最崇高的敬意和最诚挚的感谢!

限于作者的水平和经验,书中可能尚有不妥之处,敬请读者批评指正。

陆金钰

2015 年 10 月于南京东南大学四牌楼校区

目　录

第 1 章

绪　论

1.1　动不定结构体系的定义及其应用发展

1.1.1　动不定结构的定义

动不定结构体系是一类较为特殊的结构类型，它是相对于动定结构体系而提出的。动不定结构内部包含有机构位移，按机构位移类型的不同，又可将其分为两大类：一类包含的是无限小机构位移，此类机构位移会在结构自应力下得到刚化而无法延拓，这类动不定结构通常含有自应力模态，可以施加预应力；另一类动不定结构可发生有限位移，它通常没有自应力模态，或者即使有自应力模态，也不能使机构位移发生刚化。

本书将上述两种结构分别定义为第一类动不定结构和第二类动不定结构。可以看出，它们具有的共同特点是均包含内部机构位移模态。与我们在传统工程结构中接触的静定结构和超静定结构有所不同。

上面的体系分类沿用了 Pelligrino 和 Calladine 在文献［1］中提出的分类方法。他们以机构位移模态数和自应力模态数是否大于零为标准，将结构分为静定动定、静定动不定、静不定动定、静不定动不定四大类。而静定动不定、静不定动不定就是本书的主要研究对象，前者通常为第二类动不定结构，而后者大部分为第一类动不定结构，但也存在部分过约束机构应归属于第二类动不定结构。

在实际的工程结构，特别是一些新型的结构体系[2-6]中均可找到动不定结构的身影。如索穹顶、张拉整体结构、索桁结构均为第一类动不定结构；开合结构、折叠结构、快速组装结构、杆系机构则是第二类动不定结构。

1.1.2　动不定结构的发展及工程应用

近年来，随着社会经济的发展以及设计理论的完善，建筑结构不再停留在原先一成不变的形式，世界上不断涌现出各类新型的空间结构形式，其中动不定结构的工程应用则占了绝大部分。鉴于轻型、高效、经济、可动、美观等方面存在的优势，这些结构不仅代表了城市和国家的建筑业发展水平，更代表了文明发展程度，往往是一个城市和国家的重要标志。

我们首先来回顾一下第一类动不定结构体系的发展。应用较为广泛的是索杆张力结构和膜结构[7,8]，它们不仅拥有多变且富想像力的外形，更重要的是索、膜等预应力单元的合理使用极大地提高了结构的刚度，最大限度发挥了材料物理性能，充分做到了减少荷载效应、节省材料的目的。它们是艺术与经济相结合的化身，人类的智慧在轻盈的结构拓扑外观中体现得一览无余。

以索、杆、膜等单元合理组合而成的第一类动不定结构的发展走过了半个多世纪，已经成为国内外土木工程界日益关注的焦点，一些著名的大跨度工程都应归功于对它的研究。

第一类动不定结构以内部张力构成结构几何形态为特点。古代冷兵器时代使用的弓其实就是通过弦的预应力使弓背成形的典型实物，可见人们对预应力的应用由来已久（图 1.1）。

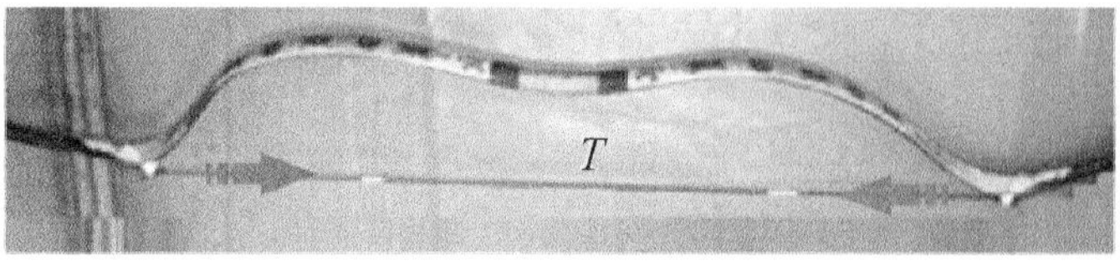

图 1.1　张拉状态的弓

第一类动不定结构真正被运用到建筑结构领域则要追溯到 20 世纪的 50 年代，美国的富勒（Fuller）和斯耐尔森（Snelson）[9,10]提出了一种崭新的结构体系——张拉整体结构（Tensegrity，“tense＋integrity”），顾名思义，张拉整体是一种全张力结构。体系中的索单元处于连续的张拉状态，少量压杆置身其中，完美地实现结构的自平衡。它最大限度发挥着索的张拉优势。结构的形式美观多变，但由于分析手段和施工技术的制约，真正的张拉整体结构尚未大量应用于实际工程，主要被建造成一些精巧的建筑小品（图 1.2），这些小品无不体现着结构工程师们丰富的想像力。

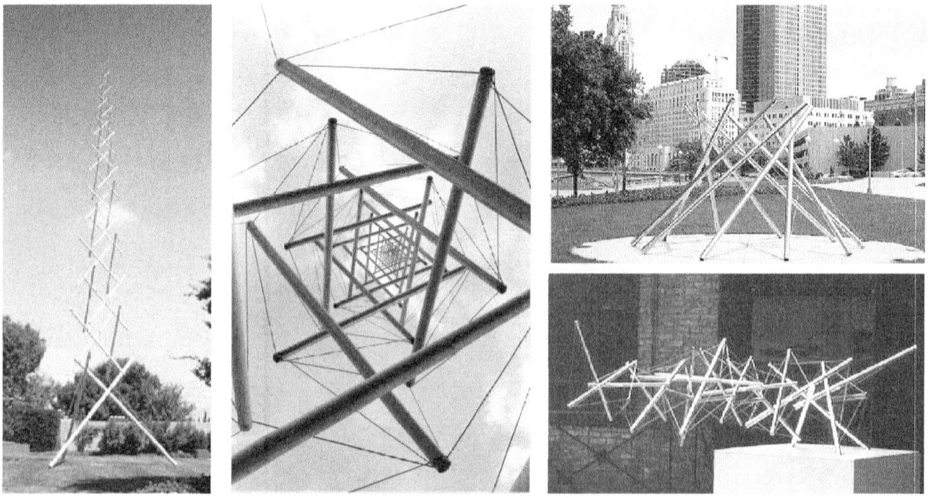

(a) 柱状张拉整体

(b) 任意形状的张拉整体

图 1.2 张拉整体建筑小品

张拉整体结构的全张力理念启发了索穹顶结构[11, 12]的出现，它也是一种效率很高的结构形式，预应力索提供了刚度。轻型的结构可以达到很大的覆盖面积，与膜的完美结合更是使结构相得益彰。此类结构已经广泛应用于实际工程，最为经典的类张拉整体索穹顶是汉城奥运会体育馆，以及 1996 年美国亚特兰大奥运会主场馆——乔治亚穹顶（Georgia Dome）（覆盖空间：193 m×240 m 的椭球），用钢量小于 30 kg/m^2（图 1.3）。

(a) 汉城奥运会体育馆　　(b) 乔治亚穹顶

图 1.3 索穹顶结构

随着另一类张力单元——膜材的出现，膜结构也被广泛用于张力结构中，最近的如 2006 年德国世界杯比赛用场馆——慕尼黑安联体育场和汉诺威体育场屋顶采用了这类轻盈的结构形式（图 1.4）。

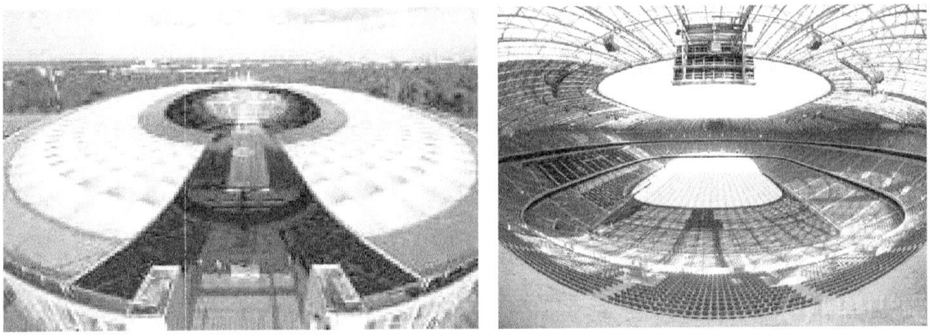

(a) 慕尼黑安联体育场

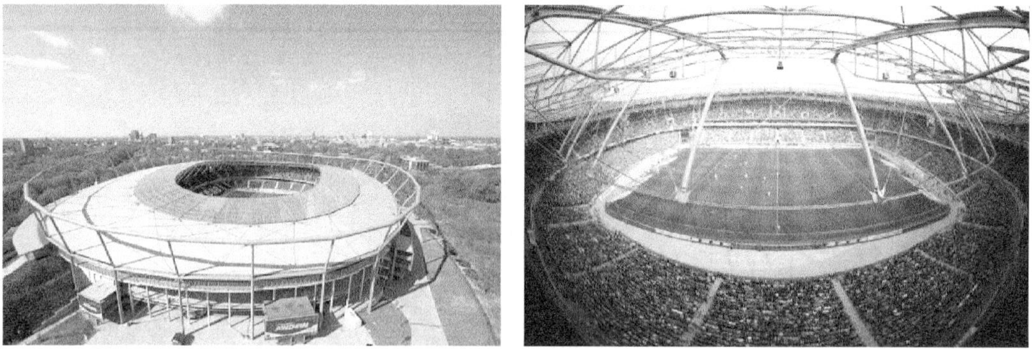

(b) 汉诺威体育场

图 1.4　膜结构

近年来，随着我国国民经济的持续高速发展，空间结构的建造技术水平得到了长足的进步[13-15]。随着北京奥运会、济南全运会、上海世博会等重大活动的展开，我国兴建了一大批高标准、高规格的体育场馆、会议展览馆、机场候机楼等大型公共建筑。其中不乏动不定结构的应用，如北京奥运会羽毛球场馆（93 m 跨）和济南全运会奥体中心体育馆（122 m 跨）均采用了弦支穹顶结构体系，北京北站无站台柱雨棚则采用了张弦桁架结构体系。

图 1.5　北京奥运会羽毛球场馆弦支穹顶结构

图 1.6　北京北站无站台柱雨棚张弦桁架结构

如果说第一类动不定结构之所以能广泛应用在建筑结构中是得益于内部预应力，使结构的刚度得到了大幅提高，那么以无法从预应力得到刚化为特点的第二类动不定结构在建筑结构的应用中似乎一无是处，结构工程师们唯恐避之不及。在传统的土木结构理论中，可变的结构是被排斥于结构范畴之外的。但近年来，这类特殊结构逐渐得到结构工程师的关注。他们将机构理念从不同方面引入到现代结构体系中，不管在结构使用状态还是施工过程中，经常会出现可动的结构形态。这些不仅赋予结构以灵性，而且带来了便捷。

第二类动不定结构就是我们通常意义上说的机构，根据单元组成与运动方式的不同，可以分为开合结构、折叠结构、快速组装结构、杆系机构等。

大面积的开合屋盖已经在国内外的工程中得以成功应用。如日本的福冈穹顶和小松穹顶，以及我国的南通体育会展中心、上海旗忠网球中心（图 1.7）。

还有应用于地震、台风、海啸、战争、洪涝等灾后重建工作的应急快速组装结构，能够及时、快速开展紧急救援，进行抗灾减灾，具有重大的经济和社会意义。这类结构通常具有大跨度、可移动、可折叠、运输方便、建造容易、快速组装、可重复使用等特点，节省大量拆装脚手架的成本。

(a) 日本福冈穹顶

(b) 日本小松穹顶

(c) 南通体育会展中心

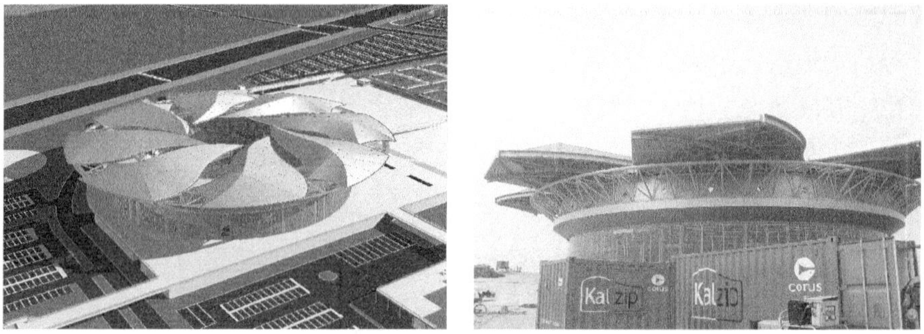

(d) 上海旗忠网球中心

图 1.7　开合屋盖结构

大型结构的施工技术中也被引入了大量的机构理念，如日本川口卫的攀达穹顶体系(Panda Dome)[16, 17]（图 1.8），以及浙江大学空间结构课题组提出的当时国内跨度最大的 108 m 河南鸭河口电厂储煤库的折叠式展开施工法[18-20]等（图 1.9）。他们将机构-结构的概念成功引入到大型结构的快速提升施工技术中，基本思想是将网壳去掉部分杆件，使一个稳定的结构变成一个可以运动的机构，这样就可以将网壳结构在地面折叠起来，最大限度地降低安装高度；然后将折叠的网壳提升到设计高度；最后补缺未安装的构件，机构又变成稳定的结构。施工技术中运用机构运动的概念打破了传统的不可变结构观念。特别需要指出的是，折叠式展开施工法这一新型结构体系应用表明，较传统结构节省工程量 20%～40%，新施工工艺较传统方法节省支架 30%～60%，缩短工期 30%。

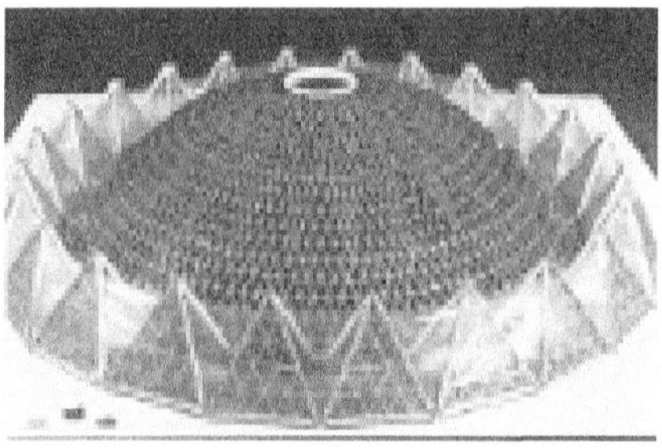

(a) 地面组装完毕并开始顶升

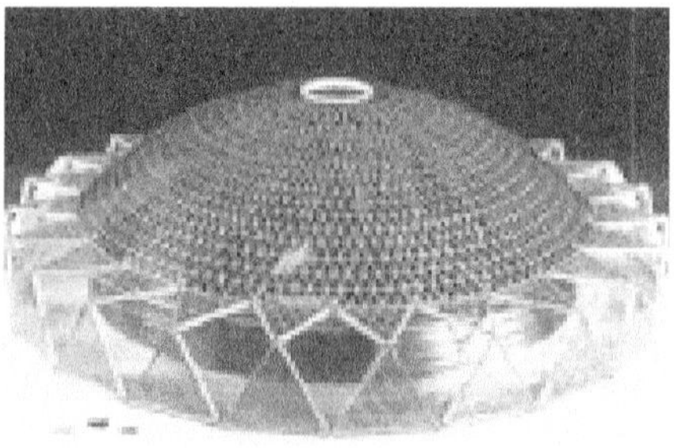

(b) 顶升途中

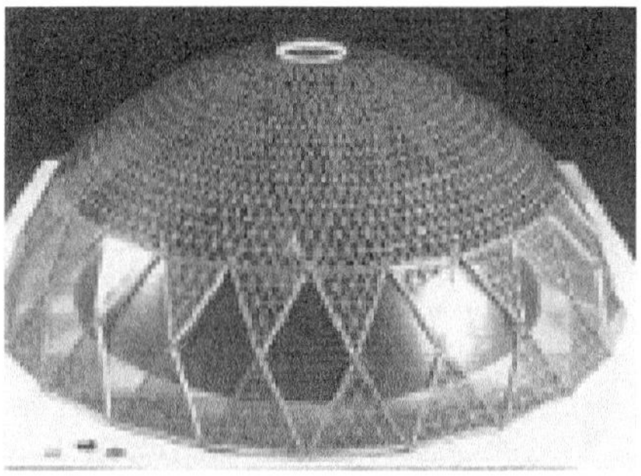

(c) 顶升完成

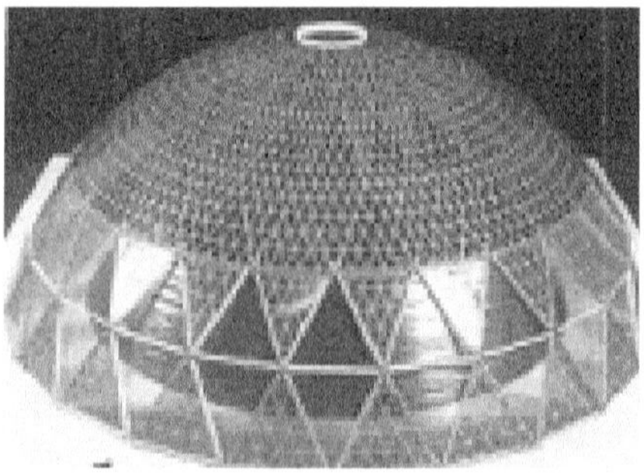

(d) 补杆并拆除顶升装置

图 1.8　攀达穹顶施工过程

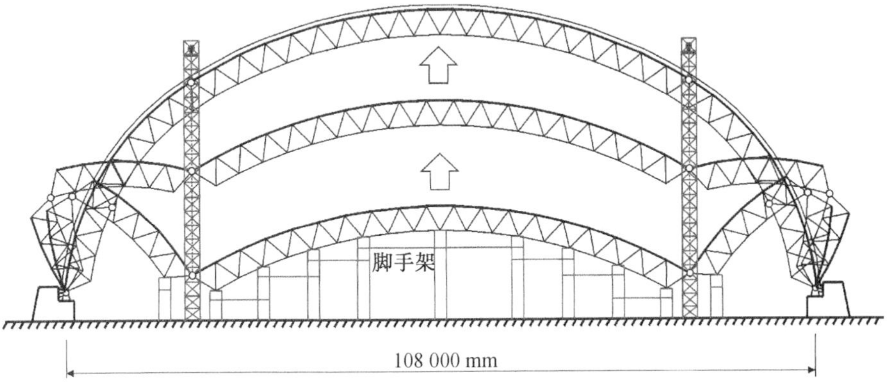

(a)“机构—结构理论”概念图

(b) 初始折叠状态

(c) 提升状态 1

(d) 提升状态 2

(e) 成形状态

图 1.9 河南鸭河口储煤结构的折叠式展开施工法

1.2 动不定结构研究的理论难点及关键科学问题

基于体系内部存在机构位移的特点，两大类动不定结构都是形状敏感的，其工作机理和力学特性很大程度上依赖于其自身的几何形状，如果没有合理的初始拓扑形态，动不定结构就不存在良好的工作性能。

因此，区别于动定结构，动不定结构主要关注的是形态与体系理论的研究，这也是这类结构的理论难点所在。如第一类动不定结构的找形、找力、成形分析；第二类动不定结构的位移协调路径、跟踪、机动性能、分支路径及设计的研究等。

下面详细阐述两类动不定结构的理论难点和存在的关键科学问题。

1）对于第一类动不定结构，由于必须施加合适的预应力才能最终成形，结构的刚度来源于预应力的导入，使结构能够实现从一组松弛的几何体到获取必要属性（理想设计形状和刚度）的过程，从而成为一个合理、高效的结构。因此此类结构的几何形状、拓扑关系与自应力传递模式是研究的重点。形态理论、成形技术的研究贯穿此类结构的设计与建造全过程，是亟须解决关键科学问题中的重点和难点，不仅影响到结构在建造过程中的合理性、高效性、经济性，而且影响到结构在使用过程中的安全性、可靠性。

（1）结构预应力的优化。研究初始预应力态全局优化理论，在特定几何拓扑下，如何确定合理可行且较优的预应力配置，最大限度发挥结构力学性能，这是一个找力的过程。

（2）结构体系的判定，这是至关重要的一项。包括内力的传递方式及平衡方式的研究，结构在特定预应力作用下能否达到稳定状态，即几何稳定性的研究、一阶无穷小机构及高阶无穷小机构的研究。

（3）结构合理几何与拓扑形式的确定。在给定条件下需要找到高效合理的初始结构形状，即找形分析。这里涉及自平衡结构的找形、不同约束条件下的结构找形、各类结构组合的协同找形、自适应的找形，以及数值算法的稳定性及理论方法的适用程度等。

（4）结构成形过程的研究。包括成形过程中实时力学模型的建立、预应力分批分次导入与结构形态和刚度之间的关系及规律、结构响应的研究、机构位移和弹性变形耦合的非线性计算理论、基于机构原理的成形理论研究、成形过程稳定性研究；运动路径的控制及轨迹跟踪、状态突变、全过程模拟技术等。

（5）矩阵的求解。矩阵的分解求解贯穿整个形态分析理论，特别是长方阵的存储形式和高效的数值分解技术研究。

2）可变、可动是第二类动不定结构特点，因此对于此类结构体系，我们更为关注的是它的几何形状和运动路径。

（1）体系判定。包括外荷载作用下的可动性判定和稳定性判定。

（2）设计方法。包括各类空间、平面机构（如单/多自由度机构、过约束机构、自适应机构）的整体几何设计、可动单元与节点的设计。

（3）跟踪技术。包括位移协调路径的研究、机动特性研究、运动分支研究、静动力响应、轨迹跟踪的数值模拟算法研究。

（4）同步控制技术。

（5）节点间隙影响研究。

1.3 动不定结构分析理论的研究现状

在动不定结构分析的基础理论方面，英国剑桥大学 Calladine 和 Pellegrino 首先对结构的平衡矩阵进行了研究，完成了力法的线性分析理论。他们认为，平衡矩阵中包含了结构丰富的静动特性。通过矩阵的奇异值分解（SVD）理论，他们对平衡矩阵的秩以及自应力模态、机构位移模态的分析，归纳出一套崭新的铰接杆系结构的体系分类准则以及杆系结构的几何稳定性判定[22-25]。文献［26］、［ 27］对一阶、高阶无穷小机构及其稳定条件进行了研究。此外文献［28］～［31］还进行了关于平衡矩阵存储、缩聚的理论的研究。日本东京大学半谷裕彦、美国伊利诺伊大学 Kuznetsov 教授等也做了大量的工作，对一阶无穷小机构位移进行分析，涉及不稳定平衡的理论和求解技术。日本东京大学半谷裕彦教授以广义逆为基础，建立约束方程，对刚性体系进行分析[32]。美国伊利诺伊大学 Kuznetsov 教授作了大量的工作，他同样是建立体系的约束方程，然后分析一阶无穷小机构位移[33]。Tarnai 研究了动不定杆系结构的位移协调路径与外荷载作用下的平衡形式问题[34]，以及零刚度弹性结构的稳定问题，包括失稳时的屈曲路径[35]。国内学者对索杆结构的体系分类、自平衡性能分析、预应力可行性、形态分析及稳定性分析也做了一定的研究[36-52]，但缺乏完整性和系统性。还有很多学者对力法进行了关注，自应力模态、机构位移模态等信息是有限元刚度矩阵 $\boldsymbol{K}$ 所无法获得的。因此，力法更适合分析一阶无穷小机构或有限机构存在的非传统结构体系。但可惜的是，由于对平衡矩阵的奇异值分解较为耗时，其运算速度无法与有限元中刚度矩阵三角分解相媲美，这是力法通常被忽略的一大原因。罗[38, 53]对力法进行了几何非线性的拓展，有效地处理无穷小机构的非线性静力分析。

在第一类动不定结构的形态分析和成形技术方面，法国、德国、加拿大等国外学者，如 Motro、Pellegrino、Barnes、Schek、Tibert [54-68]都相继对张拉整体、索网结构、膜结构的找形方法进行了系统的研究，并做了一定的改进。常用于结构形态分析和成形过程研究的方法可以归纳为以下几类：

（1）解析法。通常是基于一些规则的几何形体，直接分析其几何关系，通过演算相互间的长度、角度，得到结构的解析解。这类方法主要是处理一些规则的张拉整体结构。通常会给定拓扑和大致初始几何的形状，通过调整杆长来找到最终稳定形态。

（2）动力松弛法。这类方法其实是拟动力法。在外力 $\Delta\boldsymbol{P}$ 作用下，建立虚拟的动力方程

$$\boldsymbol{M}\ddot{\boldsymbol{d}} + \boldsymbol{C}\dot{\boldsymbol{d}} + \boldsymbol{K}\boldsymbol{d} = \Delta\boldsymbol{P} \tag{1.1}$$

和本构关系

$$\boldsymbol{t} = \boldsymbol{t}_0 + \boldsymbol{k}\boldsymbol{e} \tag{1.2}$$

$\boldsymbol{k}$ 为假想的微小的轴向刚度。同时，引入阻尼系数 $\boldsymbol{C}$。由不平衡力 $\Delta\boldsymbol{P}$ 计算节点加速度，并用

中心有限差分法计算各个时间步的速度和位移。最早动力松弛法广泛用于索膜结构的找形，后来学者们将它应用到动不定结构平衡状态确定的研究中。Motro 首先将动力松弛法应用于三棱柱张拉整体结构，得到的结构满足杆长与索长之比 $l_s/l_c=1.468$。Motro 等用这种方法分析了三棱柱、四棱柱的张拉整体，以及扩展的八面体结构[55]。动力松弛法找形的缺点在于当节点很多时，算法的收敛性较差。尤其是对于索杆长度比的种类要求很多时，算法更加难以实现。因此，对于不规则张拉整体结构的找形来说，本方法并不适合。

(3) 力密度法。特点是在给定结构拓扑关系和单元内力或力密度的情况下，建立整体平衡关系。这种方法主要用于索网结构的找形，由 Linkwitz[68] 和 Schek[66] 首先提出。将平衡方程转化为一组线性方程。

$$\boldsymbol{\Gamma}^{\mathrm{T}}\mathrm{diag}(\boldsymbol{\zeta})\boldsymbol{\Gamma x} = \boldsymbol{P}_x \tag{1.3.a}$$

$$\boldsymbol{\Gamma}^{\mathrm{T}}\mathrm{diag}(\boldsymbol{\zeta})\boldsymbol{\Gamma y} = \boldsymbol{P}_y \tag{1.3.b}$$

$$\boldsymbol{\Gamma}^{\mathrm{T}}\mathrm{diag}(\boldsymbol{\zeta})\boldsymbol{\Gamma z} = \boldsymbol{P}_z \tag{1.3.c}$$

这里，$\boldsymbol{\Gamma}$ 关联矩阵表示结构的拓扑关系，$\mathrm{diag}(\boldsymbol{\zeta})$ 为关于力密度 $\boldsymbol{\zeta}$ 的对角矩阵，$\boldsymbol{x}$ 为节点的 X 坐标，$\boldsymbol{P}_x$ 为节点力向量，其他自由度以此类推。将关联矩阵中约束的节点与自由节点分开

$$\boldsymbol{\Gamma}^{\mathrm{T}}\mathrm{diag}(\boldsymbol{\zeta})\boldsymbol{\Gamma x} = \boldsymbol{P}_x - \boldsymbol{\Gamma}^{\mathrm{T}}\mathrm{diag}(\boldsymbol{\zeta})\boldsymbol{\Gamma}_f\,\boldsymbol{x}_f \tag{1.4}$$

通常利用自应力找形不存在外荷载

$$\boldsymbol{P}_x = \boldsymbol{0} \tag{1.5}$$

因此

$$\boldsymbol{\Gamma}^{\mathrm{T}}\mathrm{diag}(\boldsymbol{\zeta})\boldsymbol{\Gamma x} = \boldsymbol{0} \tag{1.6}$$

在处理索网结构找形时，由于力密度 $\boldsymbol{\zeta}$ 均大于零，因此 $\boldsymbol{\Gamma}^{\mathrm{T}}\mathrm{diag}(\boldsymbol{\zeta})\boldsymbol{\Gamma}$ 为正方阵且正定，可以通过其逆矩阵求解节点坐标。膜结构的找形则可以用虚拟的索网结构处理。在张拉整体结构的力密度找形过程中，由于杆单元的存在，因此该矩阵半正定。

(4) 带约束的优化问题。将找形的问题转化为非线性的数学规划问题。以单元长度为目标值，列出一系列非线性的约束方程，以建立找形的数学模型。

(5) 能量法。Connelly 根据广义的能量方程，对张拉整体结构进行了找形分析。

(6) 简约坐标。Sultan 利用这种方法研究了柱状张拉整体结构的找形。该方法的缺点就是需要进行较多的符号运算。

近年来，国外的学者们已经开始摸索在结构学和机构学结合点上寻求突破，对第二类动不定结构展开研究。目前，对土木领域的机构研究主要集中在可展开结构、开合结构、折叠结构、快速组装结构的形态研究。发展针对某种特定用途的可折叠式结构研究，Escrig、Hoberman、Pellegrino、You、Chen、刘锡良、钱若军、罗尧治等[5, 6, 69-80]提出了一系列具有特定用途的可展式结构。采用多体动力学或广义逆法可以对这些机构运动形态

进行分析[81-85]。Pellegrino 等则基于平衡矩阵的分解对单自由度机构运动与分支进行了研究[86]。Tarnai 首次提出在一些单自由度的可变杆系结构的运动过程中存在着奇异性，他发现其中一类杆系结构的协调方程产生分叉和结构稳定性分析中反对称失稳的情形十分相似。Lengyel 等利用突变理论研究了机构运动的分岔，并与结构的稳定现象进行了对比[87-89]。他们所建议的方法可以使得我们对一个单自由度的可变体系在运动上可能出现的分叉有很好的了解。另外，有学者推导了可动单元的刚度矩阵，并进行了有限元的静力分析[90]。Han 和 Lee 还利用动力松弛法对第二类动不定结构的平衡及稳定状态进行了研究[92]。

可见，动不定结构的形态与体系研究一直受到国内外学者的关注，而这两大类动不定结构中涉及较多类型的个体，不仅形式多样，而且分析方法很多，但都没有很好地进行统一。要真正实现动不定结构的创新与发展，完善分析基础理论，则需要对前人理论进行总结，并提出较为统一的分析手段，以适用于内涵更广的动不定结构形式。

1.4 本书研究的主要内容

本书主要针对两类动不定结构形态与体系分析中存在的共性问题进行探讨和深入研究。以平衡矩阵的分析方法作为贯穿全书的主线，分别从矩阵分解理论及单元平衡矩阵推导、体系判定、基于几何非线性的力法算法及屈曲全过程跟踪、基于平衡矩阵的动不定结构找形分析、第二类动不定结构位移协调路径和机动性能研究以及数值设计方法，这几部分进行详细阐述。

本书的结构框图如下图：

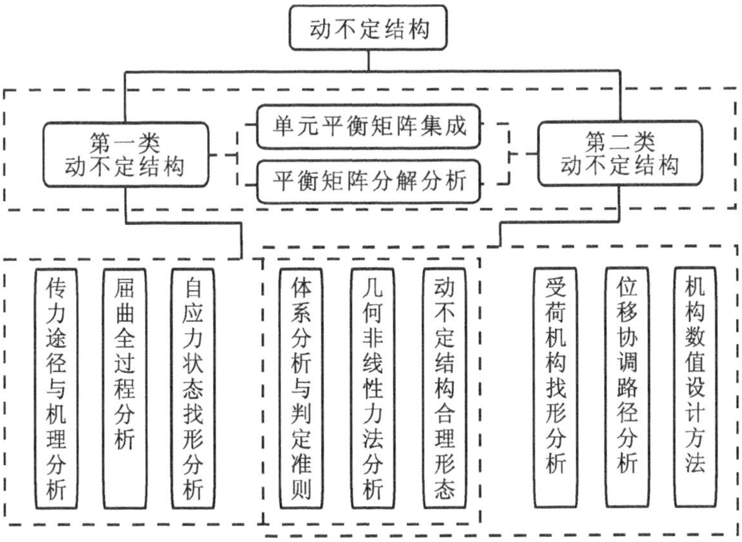

图 1.10 本书总体框图

(1) 结构矩阵分析理论和单元平衡矩阵推导。这些都是分析理论的基本数学工具。首先详细阐述了包括奇异值分解、矩阵缩聚在内的各种矩阵分析理论。其次，为建立本书关于动不定结构形态分析的力学基础工具，在杆元、梁元、索元的基础上利用矩阵缩聚理论，推导了滑动索、折梁剪式铰单元、多角折梁单元、放射状折梁单元的单元平衡矩阵，为后面各章节的体系形态分析提供基础。

(2) 动不定结构的体系分析。通过分析平衡矩阵 SVD 分解产物：自应力模态和机构位移模态，详细阐述两类动不定结构的机动特性和传力途径、工作机理，并与传统“Maxwell”准则进行了区分。针对第一类动不定结构，研究了其几何力分布，给出了几何稳定性判定准则。在这基础上，从系统的广义势能函数一阶变分和二阶变分出发，深入研究了荷载作用下第二类动不定结构（机构）的可动性及平衡稳定性，给出相应的判定准则，进一步完善了体系分类。以斜放四角锥网架为例，进行了各种结构形式的可动性研究，以指导工程应用，并编制了相应的体系判定程序模块。

(3) 几何非线性力法理论的研究。在线性力法的基础上，提出了对平衡矩阵进行几何非线性修正的迭代算法，并以实验验证。阐述了它与几何非线性有限元的异同，深入探讨了平衡矩阵与切线刚度矩阵、线性刚度矩阵、初始应力矩阵的联系。引入不同的荷载分步加载策略，结合非线性力法进行了结构屈曲全过程研究。以单自由度结构为例，研究了几何刚度与材料刚度的变化趋势，本质上说明了非线性力法将这两种刚度分离来求解动不定结构响应的优点。并将平衡矩阵分析方法与动力学相联系，分析动不定结构的机构位移模态与零频率自振模态的关系。将机构位移模态引入到第二类动不定结构的动力方程，可解出节点加速度、速度以及位移。

(4) 动不定结构的平衡矩阵找形方法分析。包括第一类动不定结构在自应力下的找形及第二类动不定结构（机构）在荷载作用下的找形研究。运用基于平衡矩阵的分解方法，解决了受荷载作用下多机构位移模态机构向平衡状态运动的协调路径跟踪问题。进一步将算法拓展到网状结构合理形态寻找上。另外，结合平衡矩阵分析方法及力密度法的特点，将它们有机结合相互迭代，研究了基于拓扑图表填涂的张拉整体结构找形分析方法，算法无需指定自应力，可以寻找到满足预期拓扑要求的单/多自应力模态张拉整体。以扩展八面体张拉整体、截顶四面体张拉整体、有序拓扑关系张拉整体为例进行了验证。

(5) 第二类动不定结构的协调路径及数值设计方法。基于平衡矩阵的奇异值分解，研究了单自由度机构运动路径分析的统一方法，提出主动控制与被动控制法。进行了柔性机构的运动研究，解决了机构位移与弹性变形耦合的运动路径跟踪问题。深入探讨了最小非零奇异值等机动特性以及体系转变问题。并以平面径向开合结构为例，提出了过约束机构的数值设计方法思想。最后研究了平面自适应折叠结构的几何设计及协调路径，并向三维机构进行了拓展。

第 2 章

矩阵分析方法及各类单元平衡矩阵的推导

2.1 引言

通常的有限元分析理论[93]通过建立体系的势能方程，利用最小势能原理建立节点位移 $\boldsymbol{d}$ 和节点外荷载 $\boldsymbol{P}$ 的关系，引入刚度矩阵 $\boldsymbol{K}$ 的概念，$\boldsymbol{K}$ 为正方阵，矩阵的维数为节点总自由度数。若刚度矩阵 $\boldsymbol{K}$ 可求逆，结构的节点位移响应可表示为

$$\boldsymbol{d} = \boldsymbol{K}^{-1}\boldsymbol{P}$$

单元内力响应可根据节点位移 $\boldsymbol{d}$ 和单元刚度矩阵 $\boldsymbol{k}^e$ 求得。因此，有限元法是基于节点位移的分析方法。刚度矩阵 $\boldsymbol{K}$ 中同时包含了几何拓扑提供的刚度以及材料本构提供的刚度。

另一种结构分析方法被称为力法（Force Method），将上述两种刚度分别处理。通过力平衡方程建立内力-外荷载关系、通过协调矩阵建立位移-应变关系、通过材料本构方程建立应力-应变关系，三个方程分别基于平衡矩阵、协调矩阵、柔度矩阵求解，而平衡矩阵与协调矩阵互为转置关系，因此平衡矩阵的分析贯穿力法分析始终。英国剑桥大学 Calladine 和 Pellegrino 首先对结构的平衡矩阵 $\boldsymbol{A}$ 进行了研究，完成了相应的线性力法分析理论[1, 22-24]。平衡矩阵经奇异值分解后，包含结构丰富的静动特性，这些特性是刚度矩阵所不具备的。在分析研究动不定结构时，力法具有相当的优势。平衡矩阵则是力法研究的基础，要将基于力法的分析理论向更多类型动不定结构作推广，则各种单元的平衡矩阵推导成为重中之重。这正是本章所要解决的问题。

需要指出的是，平衡矩阵是建立结构单元内力与节点外荷载之间联系的传递矩阵，为方便实现矩阵的数值分解，须保证传递矩阵为常量。以四节点面单元为例，单元内部各区域的平衡矩阵并不相同，它是局部坐标 x、y 的函数，在有限元法中是通过高斯积分实现结构响应分析的，只有高斯积分点上的平衡矩阵是常量。因此，为避免积分，这里讨论的均为常应变单元的平衡矩阵。

在前人研究的基础上，本章将从系统的势能函数出发，研究势能函数的一阶变分，建立结构平衡方程，阐述平衡矩阵的物理意义。另外，给出了矩阵奇异值分解（SVD）分析理论以及矩阵的缩聚理论[94, 95]。在各种典型单元（杆单元、梁单元、索单元、3 节点面单元）的平衡矩阵的基础之上，利用矩阵缩聚理论，封装内部自由度，集成各种超级单

元的平衡矩阵。分别构造了滑动索、多角折梁、折梁剪式铰、放射状折梁单元等常用于开合结构中的可动超级单元，提出了铰接杆系子结构平衡矩阵的集成方法，为后面动不定结构的体系分析、形态分析、机动性能分析打下基础。

2.2 平衡矩阵分析方法

2.2.1 势能函数的建立

建立结构的势能函数[5] $\boldsymbol{\Pi}_R$：

$$\boldsymbol{\Pi}_R = -\sum_{i=1}^{n} P_i (Q_i - Q_i^0) + \sum_{k=1}^{c} \Lambda_k F_k \tag{2.1}$$

这里 P_i 表示广义节点荷载，Q_i^0 和 Q_i 分别表示初始参考坐标和当前坐标。Λ_k 是拉格朗日乘子，F_k（Q_1，…，Q_n）$=0$ 是约束方程，n 表示广义自由度数，c 表示广义约束数。

系统处于平衡状态，可以用势能函数 $\boldsymbol{\Pi}_R$ 的一阶变分等于零表示：

$$\delta\boldsymbol{\Pi}_R = \mathbf{0}$$

即

$$\delta\boldsymbol{\Pi}_R = \left[\left(\frac{\partial \Pi_R}{\partial Q_i}\right)^{\mathrm{T}} \quad \left(\frac{\partial \Pi_R}{\partial \Lambda_k}\right)^{\mathrm{T}}\right]\begin{bmatrix}(\delta Q_i)\\(\delta \Lambda_k)\end{bmatrix} = \mathbf{0} \tag{2.2}$$

展开，分别得到平衡方程：

$$\left(\frac{\partial \boldsymbol{\Pi}_R}{\partial Q_i}\right) = -P_i + \sum_{k=1}^{c} \Lambda_k \frac{\partial F_k}{\partial Q_i} = 0,\ i=1,\ \cdots,\ n \tag{2.3}$$

和约束方程

$$\left(\frac{\partial \boldsymbol{\Pi}_R}{\partial \Lambda_k}\right) = F_k = 0,\ k=1,\ \cdots,\ c \tag{2.4}$$

根据式（2.3），得到平衡方程的矩阵表达式

$$\boldsymbol{J}^{\mathrm{T}}\boldsymbol{\Lambda} = \boldsymbol{P} \tag{2.5}$$

这里 $\boldsymbol{J}$ 是雅克比矩阵，$\boldsymbol{J} = [\partial F_k / \partial Q_i]_{c\times n}$。记 $\boldsymbol{A} = \boldsymbol{J}^{\mathrm{T}}$，$\boldsymbol{A}$ 就是平衡矩阵。$\boldsymbol{\Lambda}$ 的物理意义是单元内力，用 $\boldsymbol{t}$ 表示。式（2.5）可表示为

$$\boldsymbol{A}\boldsymbol{t} = \boldsymbol{P} \tag{2.6}$$

方程表示了结构体系各节点的力平衡关系，平衡矩阵的行数为结构总自由度数，列数为单元数。平衡矩阵仅体现了结构的几何拓扑关系，与材料本构无关。

相应的，我们可以建立体系的位移协调方程

$$\boldsymbol{Bd} = \boldsymbol{e} \tag{2.7}$$

其中 $\boldsymbol{B}$ 为协调矩阵，$\boldsymbol{d}$ 为节点位移，$\boldsymbol{e}$ 为单元变形。根据虚功原理

$$\boldsymbol{P}^{\mathrm{T}}\boldsymbol{d} = \boldsymbol{t}^{\mathrm{T}}\boldsymbol{e} \tag{2.8}$$

将方程（2.6）和（2.7）代入方程（2.8），有

$$\boldsymbol{t}^{\mathrm{T}}\boldsymbol{A}^{\mathrm{T}}\boldsymbol{d} = \boldsymbol{t}^{\mathrm{T}}\boldsymbol{Bd} \tag{2.9}$$

因此，对于任意的节点位移 $\boldsymbol{d}$，都存在转置关系

$$\boldsymbol{B} = \boldsymbol{A}^{\mathrm{T}} \tag{2.10}$$

建立材料的本构关系

$$\boldsymbol{Ft} = \boldsymbol{e} \tag{2.11}$$

将 $\boldsymbol{F}$ 定义为柔度矩阵。特别地，对于杆单元来说，

$$\boldsymbol{F} = \mathrm{diag}(L_1/EA, L_2/EA, L_3/EA, \cdots) \tag{2.12}$$

其中 E 为材料弹性模量，A 为单元截面积，L_i为单元长度。

2.2.2　矩阵的奇异值分解

根据矩阵分解理论，设 $\boldsymbol{A} \in C^{n_r \times n_c}$，秩 $\mathrm{rank}(\boldsymbol{A}) = r$。则存在酉矩阵 $\boldsymbol{U} \in C^{n_r \times n_r}$，$\boldsymbol{V} \in C^{n_c \times n_c}$，使得

$$\boldsymbol{A} = \boldsymbol{U}\begin{bmatrix} \boldsymbol{S} & \boldsymbol{0} \\ \boldsymbol{0} & \boldsymbol{0} \end{bmatrix}\boldsymbol{V}^{\mathrm{T}} \tag{2.13}$$

以杆系结构为例，式中 $n_r = 3J - C$，$n_c = B$。其中 J、B、C 分别表示结构的节点总数、杆件数、约束自由度数。$\boldsymbol{S} = \mathrm{diag}(S_{11}, S_{22}, \cdots, S_{rr})$，$S_{11} \geqslant S_{22} \geqslant \cdots \geqslant S_{rr} \geqslant 0$ 均为非零奇异值。$\boldsymbol{U}$、$\boldsymbol{V}$ 均为正交阵。记 $\boldsymbol{U} = [\boldsymbol{U}_r \quad \boldsymbol{U}_m]$，$\boldsymbol{V} = [\boldsymbol{V}_r \quad \boldsymbol{V}_s]$。其中 $\boldsymbol{U}_m$ 表示节点位移空间的正交基，为机构位移模态；$\boldsymbol{V}_s$ 表示单元内力空间的正交基，为自应力模态。存在下列正交关系

$$\boldsymbol{AV}_s = \boldsymbol{0} \tag{2.14}$$

$$\boldsymbol{A}^{\mathrm{T}}\boldsymbol{U}_m = \boldsymbol{0} \tag{2.15}$$

2.2.3　矩阵的缩聚理论

在新型张力结构或可展结构等动不定结构中常存在一些由基本单元组合而成的可动子结构，将这类子结构作为独立的单元，我们可以将这类单元称为超级单元。超级单元的使用既可以减少计算量，又可提供明确的物理意义，有利于结构的体系分析和形态分析。

超级单元的平衡矩阵可以由基本单元的平衡矩阵经缩聚内部自由度，成为可装配的子结构。设超级单元的内部自由度有 p 个，将平衡方程写成分块矩阵形式

$$\begin{pmatrix} \boldsymbol{A}_{mn} & \boldsymbol{A}_{mp} \\ \boldsymbol{A}_{pn} & \boldsymbol{A}_{pp} \end{pmatrix} \begin{pmatrix} \boldsymbol{t}_n \\ \boldsymbol{t}_p \end{pmatrix} = \begin{pmatrix} \boldsymbol{P}_m \\ \boldsymbol{P}_p = \boldsymbol{0} \end{pmatrix} \tag{2.16}$$

此时的平衡矩阵 **A** 已经分为四个子块，根据 Gauss-Jordan 变换，得到

$$\begin{pmatrix} \boldsymbol{A}^* & \boldsymbol{0} \\ \boldsymbol{A}_{pp}^{-1}\boldsymbol{A}_{pn} & \boldsymbol{I} \end{pmatrix} \tag{2.17}$$

其中

$$\boldsymbol{A}^* = \boldsymbol{A}_{mn} - \boldsymbol{A}_{mp}\boldsymbol{A}_{pp}{}^{-1}\boldsymbol{A}_{pn} \tag{2.18}$$

$\boldsymbol{A}^*$ 为自由度缩聚后的平衡矩阵，这样就可以用超级单元的内部自由度表示对外自由度，计算量可大大减少，而且单元的整体性较好。因此形成新的平衡方程如下

$$\boldsymbol{A}^*\boldsymbol{t}^* = \boldsymbol{P}^* \tag{2.19}$$

建立原结构与子结构参量之间的关系

$$\boldsymbol{t}^* = \boldsymbol{t}_n \tag{2.20}$$

$$\boldsymbol{P}^* = \boldsymbol{P}_m \tag{2.21}$$

相应的，列出超级单元的协调方程

$$\boldsymbol{B}^*\boldsymbol{d}^* = \boldsymbol{e}^* \tag{2.22}$$

$$\boldsymbol{B}^* = (\boldsymbol{A}^*)^{\mathrm{T}} \tag{2.23}$$

有关系

$$\boldsymbol{d}^* = \boldsymbol{d}_m \tag{2.24}$$

$$\boldsymbol{e}^* = \boldsymbol{e}_n - \boldsymbol{A}_{pn}^{\mathrm{T}}(\boldsymbol{A}_{pp}^{\mathrm{T}})^{-1}\boldsymbol{e}_p \tag{2.25}$$

建立超级单元的本构关系

$$\boldsymbol{F}^*\boldsymbol{t}^* = \boldsymbol{e}^* \tag{2.26}$$

推导柔度矩阵的表达式，由于

$$\begin{pmatrix} \boldsymbol{F}_{nn} & \boldsymbol{F}_{np} \\ \boldsymbol{F}_{pn} & \boldsymbol{F}_{pp} \end{pmatrix} \begin{pmatrix} \boldsymbol{t}_n \\ \boldsymbol{t}_p \end{pmatrix} = \begin{pmatrix} e_n \\ e_p \end{pmatrix} \tag{2.27}$$

$$\boldsymbol{F}^* = \boldsymbol{F}_{nn} - \boldsymbol{F}_{np}\boldsymbol{A}_{pp}^{-1}\boldsymbol{A}_{pn} - \boldsymbol{A}_{pn}^{\mathrm{T}}(\boldsymbol{A}_{pp}^{\mathrm{T}})^{-1}\boldsymbol{F}_{pn} + \boldsymbol{A}_{pn}^{\mathrm{T}}(\boldsymbol{A}_{pp}^{\mathrm{T}})^{-1}\boldsymbol{F}_{pp}\boldsymbol{A}_{pp}^{-1}\boldsymbol{A}_{pn} \tag{2.28}$$

这样就可以通过缩聚超级单元的 p 个内部自由度，由 $\boldsymbol{A}^*$，$\boldsymbol{t}^*$，$\boldsymbol{P}^*$，$(\boldsymbol{A}^*)^{\mathrm{T}}$，$\boldsymbol{d}^*$，$\boldsymbol{e}^*$，$\boldsymbol{F}^*$ 分别建立广义的平衡方程、协调方程、本构方程。

2.3　单元平衡矩阵的建立

本书关于动不定结构体系、形态分析等研究内容的根本在于单元平衡矩阵的建立以及整体平衡矩阵的集成。因此，下面将针对各类典型单元的平衡矩阵进行推导，并利用矩阵缩聚原理，集成动不定结构中的各类超级单元的平衡矩阵，为结构分析提供基础。

2.3.1　杆单元

最基本的结构体系为空间铰接杆系结构，它由三维的杆单元相互铰接而成，如图 2.1 所示，每个单元 k 连接节点 i，j，存在 6 个自由度（x_i，y_i，z_i，x_j，y_j，z_j）。约束方程 F_k 可以表示成

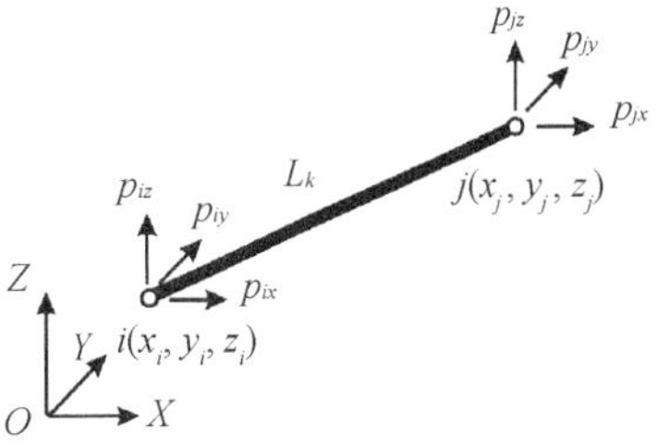

图 2.1　杆单元

$$F_k = \sqrt{(x_i - x_j)^2 + (y_i - y_j)^2 + (z_i - z_j)^2} - L_k = 0 \tag{2.29}$$

设 α、β、γ 分别为单元方向与 $+X$、$+Y$、$+Z$ 轴的夹角，引入三角函数记号 $c\alpha = \cos(\alpha)$，$s\alpha = \sin(\alpha)$，其余角度以此类推。则有 $c\alpha = (x_j - x_i)/L_k$，$c\beta = (y_j - y_i)/L_k$，$c\gamma = (z_j - z_i)/L_k$。设杆单元受节点力向量为 $\boldsymbol{P} = (p_{ix} \quad p_{iy} \quad p_{iz} \quad p_{jx} \quad p_{jy} \quad p_{jz})^{\mathrm{T}}$，轴向力为 $\boldsymbol{t} = t_k$，则存在力平衡关系

$$(-c\alpha \quad -c\beta \quad -c\gamma \quad c\alpha \quad c\beta \quad c\gamma)^{\mathrm{T}}\boldsymbol{t} = \boldsymbol{P} \tag{2.30}$$

显式表示杆单元平衡矩阵

$$\boldsymbol{A} = (-c\alpha \quad -c\beta \quad -c\gamma \quad c\alpha \quad c\beta \quad c\gamma)^{\mathrm{T}} \tag{2.31}$$

整个结构的平衡矩阵可根据单元平衡矩阵组装而成。图 2.2（a）所示平面结构的整体平衡矩阵分布如图 2.2（b）所示，已经除去节点 1、2 的约束自由度。

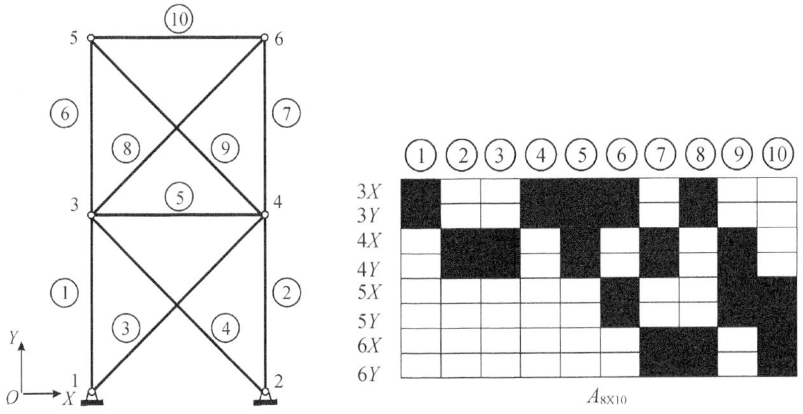

（a）平面结构　　（b）相应的平衡矩阵分布

图 2.2　结构平衡矩阵

2.3.2 索/滑动索单元

索单元的平衡矩阵与杆单元相同，只是索元的内力 $t > 0$。我们经常会遇到滑动索的情况，整个索段是连续的，中间经过若干滑动节点，在索段所在平面内工作。若中间节点光滑无摩擦，则各个子索段内力相等。如图 2.3 所示的平面滑动索$\overline{14}$，索Ⅰ、Ⅱ、Ⅲ通过节点 2，3 连接。索段Ⅰ的方向余弦分别为 $c\alpha^{\mathrm{I}} = (x_2 - x_1)/L^{\mathrm{I}}$，$s\alpha^{\mathrm{I}} = (y_2 - y_1)/L^{\mathrm{I}}$，其余索段的方向余弦以此类推。假设在节点 2 和节点 3 处具有摩擦力偶 c_2 和 c_3。建立此索段的平衡关系式：

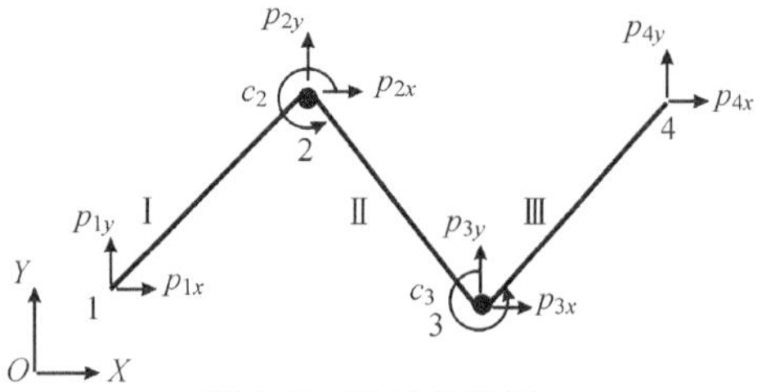

图 2.3　滑动索单元

$$\begin{pmatrix} -c\alpha^{\mathrm{I}} & 0 & 0 \\ -s\alpha^{\mathrm{I}} & 0 & 0 \\ c\alpha^{\mathrm{I}} & -c\alpha^{\mathrm{II}} & 0 \\ s\alpha^{\mathrm{I}} & -s\alpha^{\mathrm{II}} & 0 \\ 0 & c\alpha^{\mathrm{II}} & -c\alpha^{\mathrm{III}} \\ 0 & s\alpha^{\mathrm{II}} & -s\alpha^{\mathrm{III}} \\ 0 & 0 & c\alpha^{\mathrm{III}} \\ 0 & 0 & s\alpha^{\mathrm{III}} \\ r & -r & 0 \\ 0 & r & -r \end{pmatrix} \begin{pmatrix} T^{\mathrm{I}} \\ T^{\mathrm{II}} \\ T^{\mathrm{III}} \end{pmatrix} = \begin{pmatrix} p_{1x} \\ p_{1y} \\ p_{2x} \\ p_{2y} \\ p_{3x} \\ p_{3y} \\ p_{4x} \\ p_{4y} \\ c_2 \\ c_3 \end{pmatrix} \tag{2.32}$$

若节点 2 和节点 3 处无摩擦力，即

$$c_2 = 0,\ c_3 = 0 \tag{2.33}$$

三段索的索力存在关系

$$T^{\mathrm{I}} = T^{\mathrm{II}} = T^{\mathrm{III}} = T \tag{2.34}$$

根据矩阵缩聚理论，得到平衡方程

$$\begin{pmatrix} -c\alpha^{\mathrm{I}} \\ -s\alpha^{\mathrm{I}} \\ c\alpha^{\mathrm{I}} - c\alpha^{\mathrm{II}} \\ s\alpha^{\mathrm{I}} - s\alpha^{\mathrm{II}} \\ c\alpha^{\mathrm{II}} - c\alpha^{\mathrm{III}} \\ s\alpha^{\mathrm{II}} - s\alpha^{\mathrm{III}} \\ c\alpha^{\mathrm{III}} \\ s\alpha^{\mathrm{III}} \end{pmatrix} T = \begin{pmatrix} p_{1x} \\ p_{1y} \\ p_{2x} \\ p_{2y} \\ p_{3x} \\ p_{3y} \\ p_{4x} \\ p_{4y} \end{pmatrix} \tag{2.35}$$

得到无摩擦滑动索的平衡矩阵为

$$\boldsymbol{A}^{*}=(-c\alpha^{\mathrm{I}}\quad -s\alpha^{\mathrm{I}}\quad c\alpha^{\mathrm{I}}-c\alpha^{\mathrm{II}}\quad s\alpha^{\mathrm{I}}-s\alpha^{\mathrm{II}}\quad c\alpha^{\mathrm{II}}-c\alpha^{\mathrm{III}}\quad s\alpha^{\mathrm{II}}-s\alpha^{\mathrm{III}}\quad c\alpha^{\mathrm{III}}\quad s\alpha^{\mathrm{III}})^{\mathrm{T}} \tag{2.36}$$

2.3.3　平面梁单元

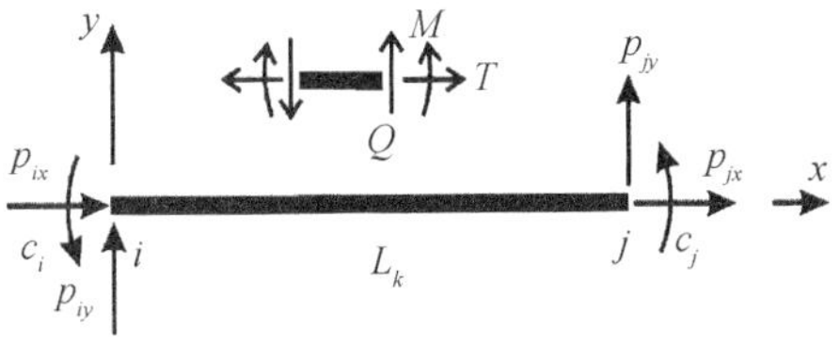

图 2.4　局部坐标下的平面梁单元

建立图 2.4 所示局部坐标下平面梁单元的平衡方程

$$\begin{pmatrix} -1 & 0 & 0 \\ 0 & -1/L_k & 1/L_k \\ 0 & -1 & 0 \\ 1 & 0 & 0 \\ 0 & 1/L_k & -1/L_k \\ 0 & 0 & 1 \end{pmatrix}\begin{pmatrix} T \\ M_i \\ M_j \end{pmatrix}=\begin{pmatrix} p_{ix} \\ p_{iy} \\ c_i \\ p_{jx} \\ p_{jy} \\ c_j \end{pmatrix} \tag{2.37}$$

其中 p_{ix}、p_{iy}、p_{jx}、p_{jy} 分别为梁单元两端节点外荷载，c_i、c_j 为梁元弯矩荷载。T 为轴向内力，M_i、M_j 分别为 i、j 点的弯矩内力。局部坐标下平面梁元平衡矩阵

$$\boldsymbol{A}'=\begin{pmatrix} -1 & 0 & 0 \\ 0 & -1/L_k & 1/L_k \\ 0 & -1 & 0 \\ 1 & 0 & 0 \\ 0 & 1/L_k & -1/L_k \\ 0 & 0 & 1 \end{pmatrix} \tag{2.38}$$

引入坐标转换矩阵

$$\boldsymbol{T}_2=\begin{pmatrix} \boldsymbol{\lambda} & \boldsymbol{0} \\ \boldsymbol{0} & \boldsymbol{\lambda} \end{pmatrix} \tag{2.39}$$

其中

$$\boldsymbol{\lambda}=\begin{pmatrix} c\alpha & c\beta & 0 \\ -c\beta & c\alpha & 0 \\ 0 & 0 & 1 \end{pmatrix} \tag{2.40}$$

整体坐标下的平衡矩阵

$$\boldsymbol{A} = \boldsymbol{T}_2 \boldsymbol{A}' \tag{2.41}$$

由于 $c\beta = s\alpha$，得到平面梁单元的平衡矩阵

$$\boldsymbol{A} = \begin{pmatrix} -c\alpha & s\alpha/L_k & -s\alpha/L_k \\ -s\alpha & -c\alpha/L_k & c\alpha/L_k \\ 0 & -1 & 0 \\ c\alpha & -s\alpha/L_k & s\alpha/L_k \\ s\alpha & c\alpha/L_k & -c\alpha/L_k \\ 0 & 0 & 1 \end{pmatrix} \tag{2.42}$$

2.3.4 面单元

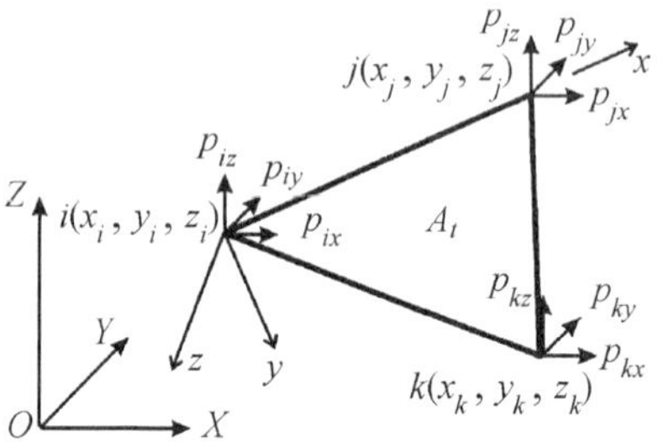

图 2.5　三角面单元

如图 2.5 所示，三角面单元 ijk，面积为 A_t。建立局部坐标下的平衡矩阵

$$\boldsymbol{A}' = \frac{1}{2A_t}\begin{pmatrix} -(y_k - y_j) & 0 & x_k - x_j \\ 0 & x_k - x_j & -(y_k - y_j) \\ 0 & 0 & 0 \\ -(y_i - y_k) & 0 & x_i - x_k \\ 0 & x_i - x_k & -(y_i - y_k) \\ 0 & 0 & 0 \\ -(y_j - y_i) & 0 & x_j - x_i \\ 0 & x_j - x_i & -(y_j - y_i) \\ 0 & 0 & 0 \end{pmatrix} \tag{2.43}$$

整体坐标下平衡矩阵为

$$\boldsymbol{A} = \boldsymbol{T}_3 \boldsymbol{A}' \tag{2.44}$$

其中 $\boldsymbol{T}_3$ 为坐标转换矩阵，

$$\boldsymbol{T}_3 = \begin{bmatrix} \boldsymbol{\lambda} & \boldsymbol{0} & \boldsymbol{0} \\ \boldsymbol{0} & \boldsymbol{\lambda} & \boldsymbol{0} \\ \boldsymbol{0} & \boldsymbol{0} & \boldsymbol{\lambda} \end{bmatrix} \tag{2.45}$$

$$\boldsymbol{\lambda} = \begin{bmatrix} \cos(X,\ x) & \cos(Y,\ x) & \cos(Z,\ x) \\ \cos(X,\ y) & \cos(Y,\ y) & \cos(Z,\ y) \\ \cos(X,\ z) & \cos(Y,\ z) & \cos(Z,\ z) \end{bmatrix} \tag{2.46}$$

上式中 $\cos(X,\ x)$ 表示局部坐标 x 轴与整体坐标 X 轴之间的方向余弦，以此类推。单元内力向量为

$$\boldsymbol{t} = (\sigma_x \quad \sigma_y \quad \tau_{xy})^{\mathrm{T}} \tag{2.47}$$

式中 σ_x、σ_x、τ_{xy} 分别表示单元内部两个方向的正应力和剪应力。

节点荷载向量为

$$\boldsymbol{P} = (p_{ix} \quad p_{iy} \quad p_{iz} \quad p_{jx} \quad p_{jy} \quad p_{jz} \quad p_{kx} \quad p_{ky} \quad p_{kz})^{\mathrm{T}} \tag{2.48}$$

2.3.5　杆系超级单元

如图 2.6 所示平面铰接杆系结构，可以将结构分为 5 个子结构 $\boldsymbol{I}\sim\boldsymbol{V}$，节点 1～6 是子结构对外自由度。利用矩阵缩聚理论即可集成杆系结构超级单元。以子结构 $\boldsymbol{I}$ 为例(图 2.7)，它包含 13 个杆单元、16 个自由度，因此子结构 $\boldsymbol{I}$ 的平衡矩阵 $\boldsymbol{A}$ 的维数是 16×13。节点 1 和 2 的 X、Y 自由度为对外自由度，其余为内部自由度。经缩聚后，平衡矩阵 $\boldsymbol{A}^*$ 的维数是 4×1。利用子结构组装的图 2.6 所示铰接杆系结构的平衡矩阵维数为 8×5，这将在第 6 章中予以介绍。

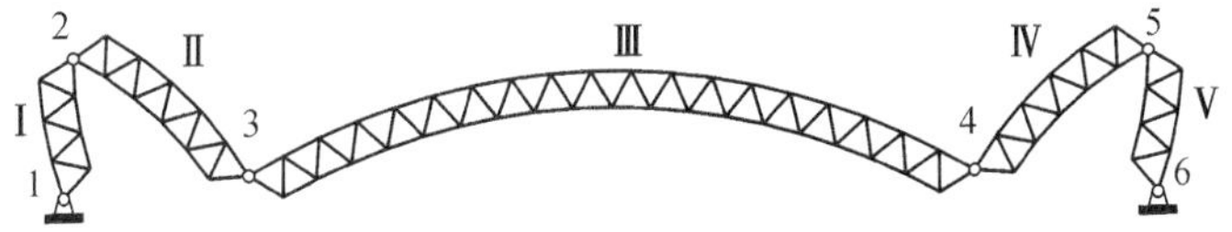

图 2.6　平面铰接杆系结构

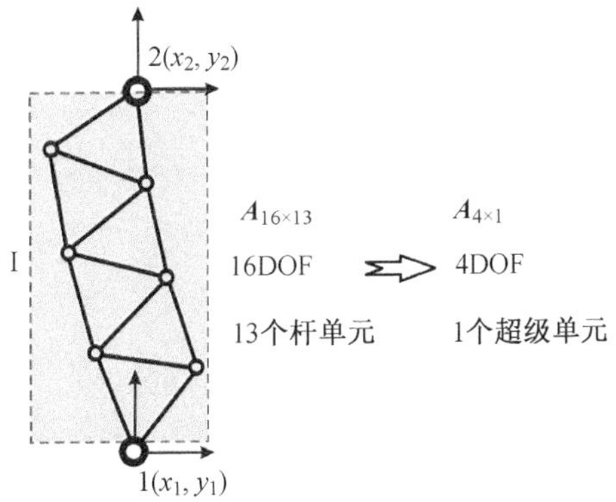

图 2.7　子结构 *I*

2.3.6 多角折梁单元

随着可展结构、可折叠结构的应用及发展[5, 6, 69-80]，越来越多的结构中包含有可动机构，而这些机构往往是由一些可动组件或单元组合而组成的。

美国工程师 Hoberman 发明了简单角梁剪式铰单元（平面折梁剪式伸缩单元）[69]，由两个相同的角梁连接而成，相互之间由销轴连接，组成可开启运动的结构，如图 2.8。满足关系式

$$\overline{BE}=\overline{DE},\quad \overline{AE}=\overline{CE},\quad \angle DBE=\alpha/2$$

利用这类单元，在 2002 年美国盐湖城冬奥会颁奖广场舞台上，建造了高 36 英尺的半圆形可开启 Hoberman 拱门结构，如图 2.9 所示。You 等人在此基础上发展了图 2.10 所示多角折梁单元[70]。下面将首先详细推导多角折梁单元的平衡矩阵。

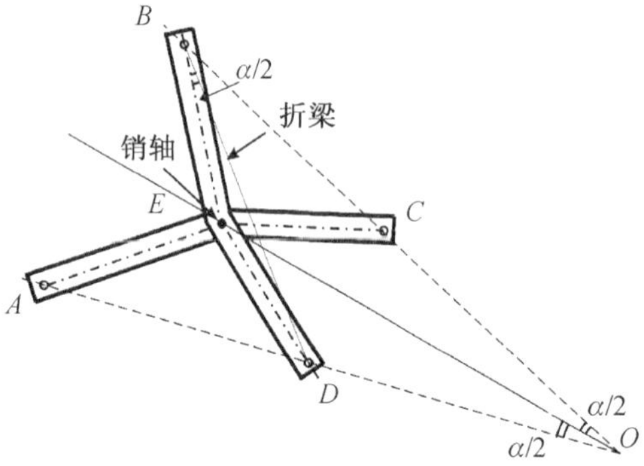

图 2.8 简单角梁剪式铰单元

图 2.9 Hoberman 拱门

利用以上矩阵缩聚理论，将平面梁单元向平面多角折梁超级单元作推广。假设此超级单元由 b 个梁单元首尾连接组成，则初始平衡矩阵 $\boldsymbol{A}$ 的维数是$(3b+3)\times 3b$。以图 2.10 所示二折梁单元为例。

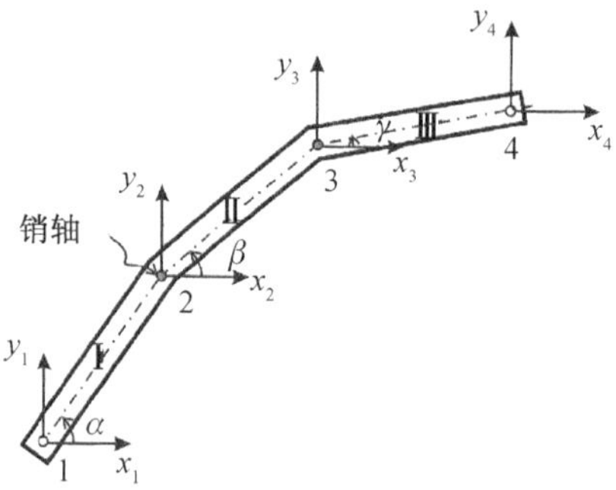

图 2.10 平面多角折梁单元

建立节点荷载向量

$$\boldsymbol{P}=(p_{1x}\quad p_{1y}\quad p_{2x}\quad p_{2y}\quad p_{3x}\quad p_{3y}\quad p_{4x}\quad p_{4y}\quad c_1\quad c_2\quad c_3\quad c_4)^{\mathrm{T}} \tag{2.49}$$

单元内力向量

$$\boldsymbol{t} = (T^{\mathrm{I}} \quad T^{\mathrm{II}} \quad T^{\mathrm{III}} \quad M_1^{\mathrm{I}} \quad M_2^{\mathrm{I}} \quad M_1^{\mathrm{II}} \quad M_2^{\mathrm{II}} \quad M_1^{\mathrm{III}} \quad M_2^{\mathrm{III}})^{\mathrm{T}} \tag{2.50}$$

其中 p_{ix}、p_{iy}、c_i分别为作用在节点 i 处的节点荷载和弯矩荷载，$i=1\sim4$；M_1^{I}、M_2^{I} 为单元Ⅰ的左右端点处的弯矩内力，Ⅱ、Ⅲ单元以此类推。

建立的平衡矩阵的维数为 12×9 ($b=3$)，见式 (2.51)。其中的α、β、γ 分别为图 2.10 所标注角度。

$$\boldsymbol{A} = \begin{pmatrix}
-c\alpha & 0 & 0 & \frac{s\alpha}{L^{\mathrm{I}}} & -\frac{s\alpha}{L^{\mathrm{I}}} & 0 & 0 & 0 & 0 \\
-s\alpha & 0 & 0 & -\frac{c\alpha}{L^{\mathrm{I}}} & \frac{c\alpha}{L^{\mathrm{I}}} & 0 & 0 & 0 & 0 \\
c\alpha & -c\beta & 0 & -\frac{s\alpha}{L^{\mathrm{I}}} & \frac{s\alpha}{L^{\mathrm{I}}} & \frac{s\beta}{L^{\mathrm{II}}} & -\frac{s\beta}{L^{\mathrm{II}}} & 0 & 0 \\
s\alpha & -s\beta & 0 & \frac{c\alpha}{L^{\mathrm{I}}} & -\frac{c\alpha}{L^{\mathrm{I}}} & -\frac{c\beta}{L^{\mathrm{II}}} & \frac{c\beta}{L^{\mathrm{II}}} & 0 & 0 \\
0 & c\beta & -c\gamma & 0 & 0 & -\frac{s\beta}{L^{\mathrm{II}}} & \frac{s\beta}{L^{\mathrm{II}}} & \frac{s\gamma}{L^{\mathrm{III}}} & -\frac{s\gamma}{L^{\mathrm{III}}} \\
0 & s\beta & -s\gamma & 0 & 0 & \frac{c\beta}{L^{\mathrm{II}}} & -\frac{c\beta}{L^{\mathrm{II}}} & -\frac{c\gamma}{L^{\mathrm{III}}} & \frac{c\gamma}{L^{\mathrm{III}}} \\
0 & 0 & c\gamma & 0 & 0 & 0 & 0 & -\frac{s\gamma}{L^{\mathrm{III}}} & \frac{s\gamma}{L^{\mathrm{III}}} \\
0 & 0 & s\gamma & 0 & 0 & 0 & 0 & \frac{c\gamma}{L^{\mathrm{III}}} & -\frac{c\gamma}{L^{\mathrm{III}}} \\
0 & 0 & 0 & -1 & 0 & 0 & 0 & 0 & 0 \\
0 & 0 & 0 & 0 & 1 & -1 & 0 & 0 & 0 \\
0 & 0 & 0 & 0 & 0 & 0 & 1 & -1 & 0 \\
0 & 0 & 0 & 0 & 0 & 0 & 0 & 0 & 1
\end{pmatrix} \tag{2.51}$$

假定此单元节点处不受弯矩外荷载作用，即

$$c_i = 0 \tag{2.52}$$

因此在节点 1～4 处存在弯矩平衡关系

$$M_1^{\mathrm{I}} = 0 \tag{2.53.a}$$

$$M_2^{\mathrm{I}} = M_1^{\mathrm{II}} = M^{\mathrm{I},\mathrm{II}} \tag{2.53.b}$$

$$M_2^{\mathrm{II}} = M_1^{\mathrm{III}} = M^{\mathrm{II},\mathrm{III}} \tag{2.53.c}$$

$$M_2^{\mathrm{III}} = 0 \tag{2.53.d}$$

根据矩阵缩聚理论，可对平衡矩阵 $\boldsymbol{A}$ 进一步简化。进行 Gauss-Jordan 变换，经若干次行列变换，并重新排列列向量后，缩聚后的平衡矩阵 $\boldsymbol{A}^*$ 的维数为$(2b+2)\times(2b-1)$，即 8×5，见式（2.54）。

$$
\boldsymbol{A}^{*}=\begin{pmatrix}
-c\alpha & 0 & 0 & -\dfrac{s\alpha}{L^{\mathrm{I}}} & 0 \\
-s\alpha & 0 & 0 & \dfrac{c\alpha}{L^{\mathrm{I}}} & 0 \\
c\alpha & -c\beta & 0 & \dfrac{s\alpha}{L^{\mathrm{I}}}+\dfrac{s\beta}{L^{\mathrm{II}}} & -\dfrac{s\beta}{L^{\mathrm{II}}} \\
s\alpha & -s\beta & 0 & -\left(\dfrac{c\alpha}{L^{\mathrm{I}}}+\dfrac{c\beta}{L^{\mathrm{II}}}\right) & \dfrac{c\beta}{L^{\mathrm{II}}} \\
0 & c\beta & -c\gamma & -\dfrac{s\beta}{L^{\mathrm{II}}} & \dfrac{s\beta}{L^{\mathrm{II}}}+\dfrac{s\gamma}{L^{\mathrm{III}}} \\
0 & s\beta & -s\gamma & \dfrac{c\beta}{L^{\mathrm{II}}} & -\left(\dfrac{c\beta}{L^{\mathrm{II}}}+\dfrac{c\gamma}{L^{\mathrm{III}}}\right) \\
0 & 0 & c\gamma & 0 & -\dfrac{s\gamma}{L^{\mathrm{III}}} \\
0 & 0 & s\gamma & 0 & \dfrac{c\gamma}{L^{\mathrm{III}}}
\end{pmatrix} \tag{2.54}
$$

此平面多角折梁超级单元的对外自由度为 8 个，分别是节点 1～4 的 X、Y 自由度。对外的单元内力有 5 个分量，分别是梁单元的Ⅰ、Ⅱ、Ⅲ的轴向力 T^{I}、T^{II}、T^{III}，和梁单元连接点 2、3 处的弯矩 $M^{\mathrm{I},\mathrm{II}}$、$M^{\mathrm{II},\mathrm{III}}$，相应的向量表示为

$$
\boldsymbol{P}^{*}=(p_{1x}\quad p_{1y}\quad p_{2x}\quad p_{2y}\quad p_{3x}\quad p_{3y}\quad p_{4x}\quad p_{4y})^{\mathrm{T}} \tag{2.55}
$$

$$
\boldsymbol{t}^{*}=(T^{\mathrm{I}}\quad T^{\mathrm{II}}\quad T^{\mathrm{III}}\quad M^{\mathrm{I},\mathrm{II}}\quad M^{\mathrm{II},\mathrm{III}})^{\mathrm{T}} \tag{2.56}
$$

空间的多角折梁单元可以由上述的平面单元经坐标转换进行推广。建立如图 2.11 所示局部与整体坐标系。局部坐标 x-y-z 定义规则为：原点定为起始点 1 处；向量 $\overrightarrow{12}$ 定义为 x 轴向；向量的差积 $\overrightarrow{12}\times\overrightarrow{23}$ 方向定义为 z 轴向；最后根据右手坐标准则 $\vec{z}\times\vec{x}$，定出 y 轴向。假定依然是节点处不受弯矩外荷载作用，折梁两端点 1、4 认为是铰接，单元只能在自身所在平面 x-y 内转动。

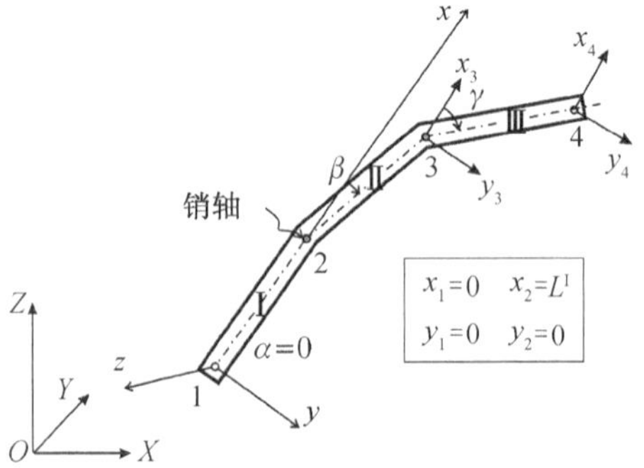

图 2.11　空间多角折梁单元

首先得到局部坐标系下平衡矩阵 $\boldsymbol{A}'$，

$$
\boldsymbol{A}' = \begin{pmatrix}
-1 & 0 & 0 & 0 & 0 & 0 & 0 & 0 & 0 \\
0 & 0 & 0 & 0 & 0 & \dfrac{1}{L^{\mathrm{I}}} & 0 & 0 & 0 \\
0 & 0 & 0 & 0 & 0 & 0 & 0 & 0 & 0 \\
1 & -c\beta & 0 & 0 & 0 & \dfrac{s\beta}{L^{\mathrm{II}}} & 0 & 0 & -\dfrac{s\beta}{L^{\mathrm{II}}} \\
0 & -s\beta & 0 & 0 & 0 & -\left(\dfrac{1}{L^{\mathrm{I}}}+\dfrac{c\beta}{L^{\mathrm{II}}}\right) & 0 & 0 & \dfrac{c\beta}{L^{\mathrm{II}}} \\
0 & 0 & 0 & 0 & 0 & 0 & 0 & 0 & 0 \\
0 & c\beta & -c\gamma & 0 & 0 & -\dfrac{s\beta}{L^{\mathrm{II}}} & 0 & 0 & \dfrac{s\beta}{L^{\mathrm{II}}}+\dfrac{s\gamma}{L^{\mathrm{III}}} \\
0 & s\beta & -s\gamma & 0 & 0 & \dfrac{c\beta}{L^{\mathrm{II}}} & 0 & 0 & -\left(\dfrac{c\beta}{L^{\mathrm{II}}}+\dfrac{c\gamma}{L^{\mathrm{III}}}\right) \\
0 & 0 & 0 & 0 & 0 & 0 & 0 & 0 & 0 \\
0 & 0 & c\gamma & 0 & 0 & 0 & 0 & 0 & -\dfrac{s\gamma}{L^{\mathrm{III}}} \\
0 & 0 & s\gamma & 0 & 0 & 0 & 0 & 0 & \dfrac{c\gamma}{L^{\mathrm{III}}} \\
0 & 0 & 0 & 0 & 0 & 0 & 0 & 0 & 0
\end{pmatrix} \tag{2.57}
$$

整体坐标下的平衡矩阵可仿造式（2.44）构造。

$$
\boldsymbol{A}^* = \boldsymbol{T}_4 \boldsymbol{A}' \tag{2.58}
$$

其中 $\boldsymbol{T}_4$ 为坐标转换矩阵，

$$
\boldsymbol{T}_4 = \begin{pmatrix}
\boldsymbol{\lambda} & \boldsymbol{0} & \boldsymbol{0} & \boldsymbol{0} \\
\boldsymbol{0} & \boldsymbol{\lambda} & \boldsymbol{0} & \boldsymbol{0} \\
\boldsymbol{0} & \boldsymbol{0} & \boldsymbol{\lambda} & \boldsymbol{0} \\
\boldsymbol{0} & \boldsymbol{0} & \boldsymbol{0} & \boldsymbol{\lambda}
\end{pmatrix} \tag{2.59}
$$

相应的节点外荷载与单元内力向量为

$$
\boldsymbol{P}^* = (p_{1x}\quad p_{1y}\quad p_{1z}\quad p_{2x}\quad p_{2y}\quad p_{2z}\quad p_{3x}\quad p_{3y}\quad p_{3z}\quad p_{4x}\quad p_{4y}\quad p_{4z})^{\mathrm{T}} \tag{2.60}
$$

$$
\boldsymbol{t}^* = (T^{\mathrm{I}}\quad T^{\mathrm{II}}\quad T^{\mathrm{III}}\quad M_x^{\mathrm{I},\mathrm{II}}\quad M_y^{\mathrm{I},\mathrm{II}}\quad M_z^{\mathrm{I},\mathrm{II}}\quad M_x^{\mathrm{II},\mathrm{III}}\quad M_y^{\mathrm{II},\mathrm{III}}\quad M_z^{\mathrm{II},\mathrm{III}})^{\mathrm{T}} \tag{2.61}
$$

2.3.7　折梁剪式铰超级单元

如前所述，开启结构中通常会将两个直梁由销轴连接作为一个可动的伸缩单元，如图 2.12 所示。此类超级单元的特点是在销轴节点 5 处不受外荷载作用，将其看成内部节点，且各节点处不受弯矩外荷载。总自由度数可缩减为 1～4 号节点的 X、Y 自由度。文献[29]、[31] 曾推导图 2.12 所示平面直梁剪式铰单元的平衡矩阵，本书将给出更一般的图 2.13 所示的平面折梁剪式铰单元平衡矩阵。

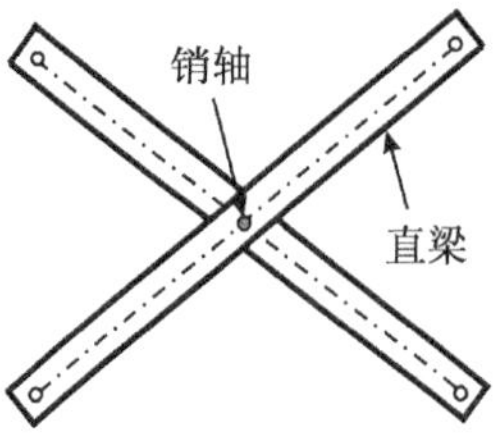

图 2.12　平面直梁剪式铰单元

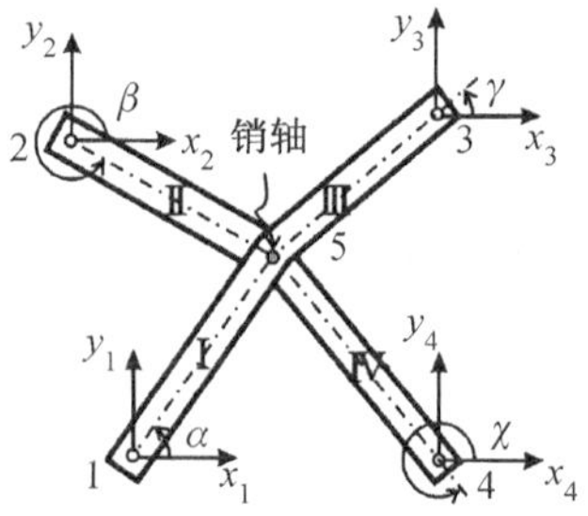

图 2.13　平面折梁剪式铰单元

平衡矩阵的维数从 18×12 经 Gauss-Jordan 变换以及缩聚理论，达到最终维数是 8×4 的 $\boldsymbol{A}^*$，对应的节点荷载向量以及单元内力向量分别为

$$\boldsymbol{P}^* = (p_{1x} \quad p_{1y} \quad p_{2x} \quad p_{2y} \quad p_{3x} \quad p_{3y} \quad p_{4x} \quad p_{4y})^{\mathrm{T}} \tag{2.62}$$

$$\boldsymbol{t}^* = (T^{\mathrm{I}} \quad T^{\mathrm{II}} \quad T^{\mathrm{III}} \quad T^{\mathrm{IV}})^{\mathrm{T}} \tag{2.63}$$

$\boldsymbol{A}^*$ 的表达式见式 (2.64)：

$$\boldsymbol{A}^* = \begin{pmatrix}
-c\alpha + \dfrac{s\alpha}{L^{\mathrm{I}}}u(\alpha) & \dfrac{s\alpha}{L^{\mathrm{I}}}u(\gamma) & \dfrac{s\alpha}{L^{\mathrm{I}}}u(\beta) & \dfrac{s\alpha}{L^{\mathrm{I}}}u(\chi) \\
-s\alpha - \dfrac{c\alpha}{L^{\mathrm{I}}}u(\alpha) & -\dfrac{c\alpha}{L^{\mathrm{I}}}u(\gamma) & -\dfrac{c\alpha}{L^{\mathrm{I}}}u(\beta) & -\dfrac{c\alpha}{L^{\mathrm{I}}}u(\chi) \\
\dfrac{s\beta}{L^{\mathrm{III}}}w(\alpha) & \dfrac{s\beta}{L^{\mathrm{III}}}w(\gamma) & -c\beta + \dfrac{s\beta}{L^{\mathrm{III}}}w(\beta) & \dfrac{s\beta}{L^{\mathrm{III}}}w(\chi) \\
-\dfrac{c\beta}{L^{\mathrm{III}}}w(\alpha) & -\dfrac{c\beta}{L^{\mathrm{III}}}w(\gamma) & -s\beta - \dfrac{c\beta}{L^{\mathrm{III}}}w(\beta) & -\dfrac{c\beta}{L^{\mathrm{III}}}w(\chi) \\
\dfrac{s\gamma}{L^{\mathrm{II}}}u(\alpha) & c\gamma + \dfrac{s\gamma}{L^{\mathrm{II}}}u(\gamma) & \dfrac{s\gamma}{L^{\mathrm{II}}}u(\beta) & \dfrac{s\gamma}{L^{\mathrm{II}}}u(\chi) \\
-\dfrac{c\gamma}{L^{\mathrm{II}}}u(\alpha) & s\gamma - \dfrac{c\gamma}{L^{\mathrm{II}}}u(\gamma) & -\dfrac{c\gamma}{L^{\mathrm{II}}}u(\beta) & -\dfrac{c\gamma}{L^{\mathrm{II}}}u(\chi) \\
\dfrac{s\chi}{L^{\mathrm{IV}}}w(\alpha) & \dfrac{s\chi}{L^{\mathrm{IV}}}w(\gamma) & \dfrac{s\chi}{L^{\mathrm{IV}}}w(\beta) & c\chi + \dfrac{s\chi}{L^{\mathrm{IV}}}w(\chi) \\
-\dfrac{c\chi}{L^{\mathrm{IV}}}w(\alpha) & -\dfrac{c\chi}{L^{\mathrm{IV}}}w(\gamma) & -\dfrac{c\chi}{L^{\mathrm{IV}}}w(\beta) & s\chi - \dfrac{c\chi}{L^{\mathrm{IV}}}w(\chi)
\end{pmatrix} \tag{2.64}$$

式 (2.64) 中 L^{I} 为梁单元Ⅰ的长度，以此类推。角度 α、β、γ、χ 如图 2.13 所示。参数 $u(\alpha)$，$u(\beta)$，$u(\gamma)$，$u(\chi)$ 的详细表达式：

$$u(\alpha)=\frac{-L^{\mathrm{I}}L^{\mathrm{II}}}{\zeta_\alpha^{\mathrm{I}}L^{\mathrm{I}}+\zeta_\alpha^{\mathrm{II}}L^{\mathrm{II}}} \tag{2.65.a}$$

$$u(\gamma)=\frac{L^{\mathrm{I}}L^{\mathrm{II}}}{\zeta_\gamma^{\mathrm{I}}L^{\mathrm{I}}+\zeta_\gamma^{\mathrm{II}}L^{\mathrm{II}}} \tag{2.65.b}$$

$$u(\beta)=\frac{-L^{\mathrm{I}}L^{\mathrm{II}}}{\zeta_\beta^{\mathrm{I}}L^{\mathrm{I}}+\zeta_\beta^{\mathrm{II}}L^{\mathrm{II}}} \tag{2.65.c}$$

$$u(\chi)=\frac{L^{\mathrm{I}}L^{\mathrm{II}}}{\zeta_\chi^{\mathrm{I}}L^{\mathrm{I}}+\zeta_\chi^{\mathrm{II}}L^{\mathrm{II}}} \tag{2.65.d}$$

其中参数

$$\zeta_\alpha^{\mathrm{I}}=\frac{\sin(\chi-\gamma)+(L^{\mathrm{IV}}/L^{\mathrm{III}})\sin(\beta-\gamma)}{\cos(\chi-\alpha)+(L^{\mathrm{IV}}/L^{\mathrm{III}})\cos(\beta-\alpha)} \tag{2.66.a}$$

$$\zeta_\alpha^{\mathrm{II}}=\frac{\sin(\chi-\alpha)+(L^{\mathrm{IV}}/L^{\mathrm{III}})\sin(\beta-\alpha)}{\cos(\chi-\alpha)+(L^{\mathrm{IV}}/L^{\mathrm{III}})\cos(\beta-\alpha)} \tag{2.66.b}$$

$$\zeta_\gamma^{\mathrm{I}}=\frac{\sin(\chi-\gamma)+(L^{\mathrm{IV}}/L^{\mathrm{III}})\sin(\beta-\gamma)}{\cos(\chi-\gamma)+(L^{\mathrm{IV}}/L^{\mathrm{III}})\cos(\beta-\gamma)} \tag{2.66.c}$$

$$\zeta_\gamma^{\mathrm{II}}=\frac{\sin(\chi-\alpha)+(L^{\mathrm{IV}}/L^{\mathrm{III}})\sin(\beta-\alpha)}{\cos(\chi-\gamma)+(L^{\mathrm{IV}}/L^{\mathrm{III}})\cos(\beta-\gamma)} \tag{2.66.d}$$

$$\zeta_\beta^{\mathrm{I}}=\frac{\sin(\chi-\gamma)+(L^{\mathrm{IV}}/L^{\mathrm{III}})\sin(\beta-\gamma)}{\cos(\chi-\beta)+(L^{\mathrm{IV}}/L^{\mathrm{III}})} \tag{2.66.e}$$

$$\zeta_\beta^{\mathrm{II}}=\frac{\sin(\chi-\alpha)+(L^{\mathrm{IV}}/L^{\mathrm{III}})\sin(\beta-\alpha)}{\cos(\chi-\beta)+(L^{\mathrm{IV}}/L^{\mathrm{III}})} \tag{2.66.f}$$

$$\zeta_\chi^{\mathrm{I}}=\frac{\sin(\chi-\gamma)+(L^{\mathrm{IV}}/L^{\mathrm{III}})\sin(\beta-\gamma)}{1+(L^{\mathrm{IV}}/L^{\mathrm{III}})\cos(\beta-\chi)} \tag{2.66.g}$$

$$\zeta_\chi^{\mathrm{II}}=\frac{\sin(\chi-\alpha)+(L^{\mathrm{IV}}/L^{\mathrm{III}})\sin(\beta-\alpha)}{1+(L^{\mathrm{IV}}/L^{\mathrm{III}})\cos(\beta-\chi)} \tag{2.66.h}$$

参数 $w(\alpha)$，$w(\beta)$，$w(\gamma)$，$w(\chi)$ 的详细表达式：

$$w(\alpha)=\frac{-L^{\mathrm{III}}L^{\mathrm{IV}}}{\zeta_\alpha^{\mathrm{III}}L^{\mathrm{III}}+\zeta_\alpha^{\mathrm{IV}}L^{\mathrm{IV}}} \tag{2.67.a}$$

$$w(\gamma)=\frac{L^{\mathrm{III}}L^{\mathrm{IV}}}{\zeta_\gamma^{\mathrm{III}}L^{\mathrm{III}}+\zeta_\gamma^{\mathrm{IV}}L^{\mathrm{IV}}} \tag{2.67.b}$$

$$w(\beta)=\frac{-L^{\mathrm{III}}L^{\mathrm{IV}}}{\zeta_\beta^{\mathrm{III}}L^{\mathrm{III}}+\zeta_\beta^{\mathrm{IV}}L^{\mathrm{IV}}} \tag{2.67.c}$$

$$w(\chi)=\frac{L^{\mathrm{III}}L^{\mathrm{IV}}}{\zeta_\chi^{\mathrm{III}}L^{\mathrm{III}}+\zeta_\chi^{\mathrm{IV}}L^{\mathrm{IV}}} \tag{2.67.d}$$

其中参数

$$\zeta_{\alpha}^{\mathrm{III}}=\frac{\sin(\chi-\gamma)+(L^{\mathrm{II}}/L^{\mathrm{I}})\sin(\chi-\alpha)}{\cos(\alpha-\gamma)+(L^{\mathrm{II}}/L^{\mathrm{I}})} \tag{2.68.a}$$

$$\zeta_{\alpha}^{\mathrm{IV}}=\frac{\sin(\beta-\gamma)+(L^{\mathrm{II}}/L^{\mathrm{I}})\sin(\beta-\alpha)}{\cos(\alpha-\gamma)+(L^{\mathrm{II}}/L^{\mathrm{I}})} \tag{2.68.b}$$

$$\zeta_{\gamma}^{\mathrm{III}}=\frac{\sin(\chi-\gamma)+(L^{\mathrm{II}}/L^{\mathrm{I}})\sin(\chi-\alpha)}{1+(L^{\mathrm{II}}/L^{\mathrm{I}})\cos(\gamma-\alpha)} \tag{2.68.c}$$

$$\zeta_{\gamma}^{\mathrm{IV}}=\frac{\sin(\beta-\gamma)+(L^{\mathrm{II}}/L^{\mathrm{I}})\sin(\beta-\alpha)}{1+(L^{\mathrm{II}}/L^{\mathrm{I}})\cos(\gamma-\alpha)} \tag{2.68.d}$$

$$\zeta_{\beta}^{\mathrm{III}}=\frac{\sin(\chi-\gamma)+(L^{\mathrm{II}}/L^{\mathrm{I}})\sin(\chi-\alpha)}{\cos(\beta-\gamma)+(L^{\mathrm{II}}/L^{\mathrm{I}})\cos(\beta-\alpha)} \tag{2.68.e}$$

$$\zeta_{\beta}^{\mathrm{IV}}=\frac{\sin(\beta-\gamma)+(L^{\mathrm{II}}/L^{\mathrm{I}})\sin(\beta-\alpha)}{\cos(\beta-\alpha)+(L^{\mathrm{II}}/L^{\mathrm{I}})\cos(\beta-\alpha)} \tag{2.68.f}$$

$$\zeta_{\chi}^{\mathrm{III}}=\frac{\sin(\chi-\gamma)+(L^{\mathrm{II}}/L^{\mathrm{I}})\sin(\chi-\alpha)}{\cos(\chi-\gamma)+(L^{\mathrm{II}}/L^{\mathrm{I}})\cos(\chi-\alpha)} \tag{2.68.g}$$

$$\zeta_{\chi}^{\mathrm{IV}}=\frac{\sin(\beta-\gamma)+(L^{\mathrm{II}}/L^{\mathrm{I}})\sin(\beta-\alpha)}{\cos(\chi-\gamma)+(L^{\mathrm{II}}/L^{\mathrm{I}})\cos(\chi-\alpha)} \tag{2.68.h}$$

特别地，若取 $\alpha=\gamma$，$\beta=\chi$,则图 2.13 单元将成为图 2.12 所示单元,式(2.64) 平衡矩阵 $\boldsymbol{A}^{*}$ 将退化为平面直梁剪式铰的平衡矩阵形式,相应的参数 $u(\alpha)$，$u(\beta)$，$w(\alpha)$，$w(\beta)$ 的表达式退化为：

$$u(\alpha)=-u(\gamma)=\frac{-L^{\mathrm{I}}L^{\mathrm{II}}}{L^{\mathrm{I}}+L^{\mathrm{II}}}\cot(\beta-\alpha) \tag{2.69.a}$$

$$u(\beta)=-u(\chi)=\frac{-L^{\mathrm{I}}L^{\mathrm{II}}}{L^{\mathrm{I}}+L^{\mathrm{II}}}\csc(\beta-\alpha) \tag{2.69.b}$$

$$w(\alpha)=-w(\gamma)=\frac{-L^{\mathrm{III}}L^{\mathrm{IV}}}{L^{\mathrm{III}}+L^{\mathrm{IV}}}\csc(\beta-\alpha) \tag{2.69.c}$$

$$w(\beta)=-w(\chi)=\frac{-L^{\mathrm{III}}L^{\mathrm{IV}}}{L^{\mathrm{III}}+L^{\mathrm{IV}}}\cot(\beta-\alpha) \tag{2.69.d}$$

此时的 $\boldsymbol{A}^{*}$ 与文献［29］、［31］的推导结果吻合。

2.3.8 放射状折梁单元

如果说 2.3.6 节阐述的多角折梁超级单元是梁元首尾连接的深度表示。那么这一节将讨论的单元中梁元汇聚于一点，为广度表示，这里称之为放射状折梁单元，如图 2.14 所示。

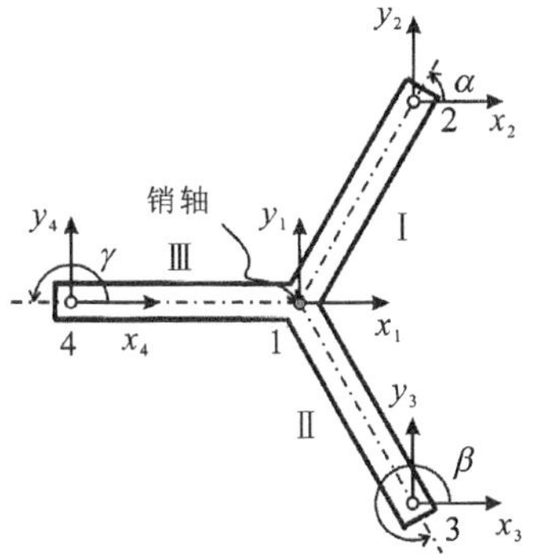

图 2.14　平面多角折梁单元

单元定义时起始点为中间点，节点荷载和单元内力向量为

$$\boldsymbol{P}=(p_{1x}\quad p_{1y}\quad p_{2x}\quad p_{2y}\quad p_{3x}\quad p_{3y}\quad p_{4x}\quad p_{4y}\quad c_1\quad c_2\quad c_3\quad c_4)^{\mathrm{T}} \tag{2.70}$$

$$\boldsymbol{t}=(T^{\mathrm{I}}\quad T^{\mathrm{II}}\quad T^{\mathrm{III}}\quad M_1^{\mathrm{I}}\quad M_2^{\mathrm{I}}\quad M_1^{\mathrm{II}}\quad M_2^{\mathrm{II}}\quad M_1^{\mathrm{III}}\quad M_2^{\mathrm{III}})^{\mathrm{T}} \tag{2.71}$$

假设此超级单元由 b 个梁元汇聚于一点，初始平衡矩阵 **A** 维数为（$3b+3$）$\times 3b$（$b=3$），见式（2.72）：

$$\boldsymbol{A}=\begin{pmatrix}
-c\alpha & -c\beta & -c\gamma & \dfrac{s\alpha}{L^{\mathrm{I}}} & -\dfrac{s\alpha}{L^{\mathrm{I}}} & \dfrac{s\beta}{L^{\mathrm{II}}} & -\dfrac{s\beta}{L^{\mathrm{II}}} & \dfrac{s\gamma}{L^{\mathrm{III}}} & -\dfrac{s\gamma}{L^{\mathrm{III}}} \\
-s\alpha & -s\beta & -s\gamma & -\dfrac{c\alpha}{L^{\mathrm{I}}} & \dfrac{c\alpha}{L^{\mathrm{I}}} & -\dfrac{c\beta}{L^{\mathrm{II}}} & \dfrac{c\beta}{L^{\mathrm{II}}} & -\dfrac{c\gamma}{L^{\mathrm{III}}} & \dfrac{c\gamma}{L^{\mathrm{III}}} \\
c\alpha & 0 & 0 & -\dfrac{s\alpha}{L^{\mathrm{I}}} & \dfrac{s\alpha}{L^{\mathrm{I}}} & 0 & 0 & 0 & 0 \\
s\alpha & 0 & 0 & \dfrac{c\alpha}{L^{\mathrm{I}}} & -\dfrac{c\alpha}{L^{\mathrm{I}}} & 0 & 0 & 0 & 0 \\
0 & c\beta & 0 & 0 & 0 & -\dfrac{s\beta}{L^{\mathrm{II}}} & \dfrac{s\beta}{L^{\mathrm{II}}} & 0 & 0 \\
0 & s\beta & 0 & 0 & 0 & \dfrac{c\beta}{L^{\mathrm{II}}} & -\dfrac{c\beta}{L^{\mathrm{II}}} & 0 & 0 \\
0 & 0 & c\gamma & 0 & 0 & 0 & 0 & -\dfrac{s\gamma}{L^{\mathrm{III}}} & \dfrac{s\gamma}{L^{\mathrm{III}}} \\
0 & 0 & s\gamma & 0 & 0 & 0 & 0 & \dfrac{c\gamma}{L^{\mathrm{III}}} & -\dfrac{c\gamma}{L^{\mathrm{III}}} \\
0 & 0 & 0 & -1 & 0 & -1 & 0 & -1 & 0 \\
0 & 0 & 0 & 0 & 1 & 0 & 0 & 0 & 0 \\
0 & 0 & 0 & 0 & 0 & 0 & 1 & 0 & 0 \\
0 & 0 & 0 & 0 & 0 & 0 & 0 & 0 & 1
\end{pmatrix} \tag{2.72}$$

假定此单元节点处不受弯矩外荷载作用，即

$$c_i = 0 \tag{2.73}$$

节点 1～4 处存在弯矩平衡关系

$$M_2^{\mathrm{I}} = M_2^{\mathrm{II}} = M_2^{\mathrm{III}} = 0 \tag{2.74.a}$$

$$M_1^{\mathrm{I}} + M_1^{\mathrm{II}} + M_1^{\mathrm{III}} = 0 \tag{2.74.b}$$

可将最后一个梁单元的弯矩 M_1^{III} 略去，用 M_1^{I} 和 M_1^{II} 来表示。根据矩阵缩聚理论，对 $\boldsymbol{A}$ 进一步简化。缩聚后的平衡矩阵 $\boldsymbol{A}^*$ 的维数为$(2b+2)\times(2b-1)$，即 8×5，见式 (2.75)：

$$\boldsymbol{A}^* = \begin{pmatrix} -c\alpha & -c\beta & -c\gamma & \frac{s\alpha}{L^{\mathrm{I}}}-\frac{s\gamma}{L^{\mathrm{III}}} & \frac{s\beta}{L^{\mathrm{II}}}-\frac{s\gamma}{L^{\mathrm{III}}} \\ -s\alpha & -s\beta & -s\gamma & -\frac{c\alpha}{L^{\mathrm{I}}}+\frac{c\gamma}{L^{\mathrm{III}}} & -\frac{c\beta}{L^{\mathrm{II}}}+\frac{c\gamma}{L^{\mathrm{III}}} \\ c\alpha & 0 & 0 & -\frac{s\alpha}{L^{\mathrm{I}}} & 0 \\ s\alpha & 0 & 0 & \frac{c\alpha}{L^{\mathrm{I}}} & 0 \\ 0 & c\beta & 0 & 0 & -\frac{s\beta}{L^{\mathrm{II}}} \\ 0 & s\beta & 0 & 0 & \frac{c\beta}{L^{\mathrm{II}}} \\ 0 & 0 & c\gamma & \frac{s\gamma}{L^{\mathrm{III}}} & \frac{s\gamma}{L^{\mathrm{III}}} \\ 0 & 0 & s\gamma & -\frac{c\gamma}{L^{\mathrm{III}}} & -\frac{c\gamma}{L^{\mathrm{III}}} \end{pmatrix} \tag{2.75}$$

此平面多角折梁超级单元的对外自由度为 8 个，分别是节点 1～4 的 X、Y 自由度。对外的单元内力有 5 个分量，分别是梁单元的Ⅰ、Ⅱ、Ⅲ的轴向力 T^{I}、T^{II}、T^{III}，和梁单元Ⅰ、Ⅱ在连接点 1 处的弯矩 M_1^{I} 和 M_1^{II}，梁单元Ⅲ在连接点 1 处的弯矩 M_1^{III} 可用 M_1^{I} 和 M_1^{II} 表示，相应的向量表示为

$$\boldsymbol{P}^* = (p_{1x} \quad p_{1y} \quad p_{2x} \quad p_{2y} \quad p_{3x} \quad p_{3y} \quad p_{4x} \quad p_{4y})^{\mathrm{T}} \tag{2.76}$$

$$\boldsymbol{t}^* = (T^{\mathrm{I}} \quad T^{\mathrm{II}} \quad T^{\mathrm{III}} \quad M_1^{\mathrm{I}} \quad M_1^{\mathrm{II}})^{T} \tag{2.77}$$

2.4 本章小结

(1) 结构平衡矩阵是力法分析理论的基础，在本书各个部分均有涉及，贯穿本书全

篇。在动不定结构体系分析和形态分析中，必须推导各类单元平衡矩阵，并集成结构的整体平衡矩阵。

(2) 建立系统势能函数，其一阶变分等于零对应系统的平衡状态，平衡方程正是在这种情况下建立的。书中指出了平衡矩阵的物理意义，为单元内力与外荷载之间的传递矩阵。它仅体现了结构的几何和拓扑关系，与材料本构无关。

(3) 关于平衡矩阵的分解方法是方程求解的数学基础。由于平衡矩阵是长方阵，本章引入了平衡矩阵的奇异值分解理论及用于子结构的矩阵缩聚理论。

(4) 本书所讨论的均为常应变单元的平衡矩阵。本章首先建立了杆单元、索单元、梁单元、3 节点面单元等常用单元的平衡矩阵，利用矩阵缩聚理论，推导了滑动索单元、杆系子结构超级单元，以及平面多角折梁单元、折梁剪式铰单元、平面放射状折梁单元的平衡矩阵，并向空间折梁单元进行了推广。这些工作为后面几章的动不定结构的体系、形态数值分析研究打下基础，以便将基于平衡矩阵的结构分析方法向各种新型动不定结构作进一步推广。

第 3 章

动不定结构的可动性与稳定性判定研究

3.1 引言

结构体系的分类分析涉及很多因素，包括自身拓扑形态、本构关系、外荷载等。Maxwell 提出了著名的“Maxwell 准则”[96]，该准则通过铰接杆系中的杆件数 B、节点数 J 及约束数量 C 之间的关系来判定结构体系。对于空间杆系结构，若满足 $\boldsymbol{B} \geqslant 3\boldsymbol{J}-\boldsymbol{C}$，结构为几何不变；反之，结构几何可变。长期以来，在传统的结构分析、设计中，都必须遵守 Maxwell 准则，即几何不变。Maxwell 准则提供了判断杆件体系是否可以成为结构的原理，从而形成了传统的结构范畴。然而 Maxwell 准则只是提供了判断结构稳定性的必要条件，而非充分条件。现实中存在少于 Maxwell 准则所要求杆件数的稳定体系（图 3.1）和多于准则要求杆件数的不稳定体系（图 3.2），而且 Maxwell 准则无法区分图 3.3（a，b）所示两结构的区别。

(a) 张拉整体结构

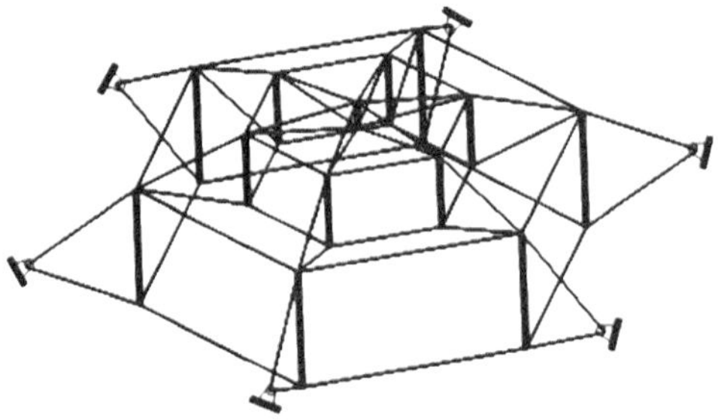

(b) 索穹顶结构

图 3.1　稳定结构体系

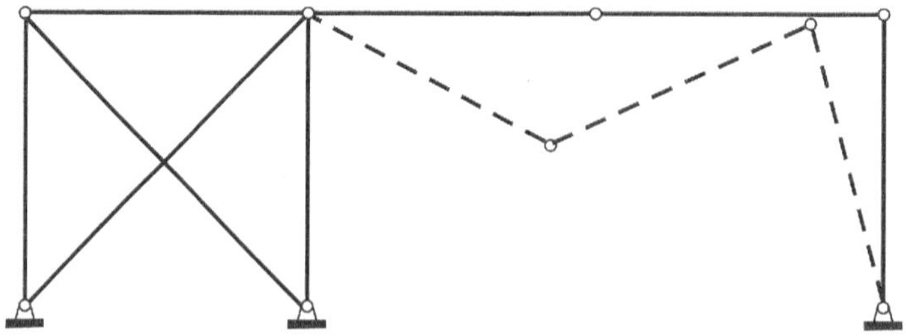

图 3.2　不稳结构体系

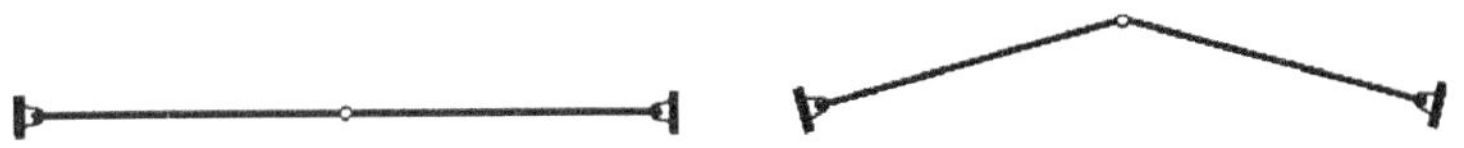

(a) 一阶无穷小机构　　(b) 静定结构

图 3.3　二杆结构体系

另外，还可以集成结构的总体刚度矩阵 $\boldsymbol{K}$，通过考察矩阵的正定性来定性地判定结构的几何稳定性，若刚度矩阵 $\boldsymbol{K}$ 正定，则结构几何不变，若 $\boldsymbol{K}$ 非正定，则结构几何可变。预应力结构则可以通过考察切线刚度矩阵 $\boldsymbol{K}_T$ 的正定性来识别结构的几何稳定性。

国内外学者对如图 3.1（a，b）、图 3.3（a）这类结构的几何稳定性进行了广泛研究[1, 2, 4, 5, 22-27, 36-52]。Kötter 采用体系能量的变分原则判定机构能否通过自应力得到机构刚化，从而判定是否为一阶无穷小机构（infinitesimal mechanism），基于 Mohr 和 Foppl 的工作，在微小的变化下，他建立体系的应变能函数 Φ。以节点坐标为变量对 Φ 进行一阶变分，得到外荷载为零下的平衡方程。Kötter 指出，对于那些符合 $\delta^2\Phi$ 总是为正定（或负定）的体系才能刚化，且只有一阶无穷小机构位移，也就是 m 个机构位移模态。Kötter 还指出他的方法通过考虑 s 个相对应自应力模态的 Φ_i 函数可以推广到是 $s>1$，如果 $\delta^2\Phi_1=\cdots=\delta^2\Phi_{s-1}=0$，假如 $\delta^2\Phi_s$ 为正定（或者负定）则体系可以刚化。Kuznetsov 指出假如自应力加入到杆系中，一阶无穷小机构将处于几何稳定[33]。这些方法都是在实际操作中基于把体系约束为 $s=1$ 的 Kötter 准则的现代版本。Fowler 和 Guest 对“Maxwell”准则进行了对称性拓展[98]，Kovács 研究了高对称结构的可动性[99]。Tarnai 和 Szabó 分析了预应力一阶无穷小机构的刚性与稳定性[100]。

英国剑桥大学 Calladine 和 Pellegrino 对铰接杆系结构提出了较为系统的体系分类准则[1]，并研究了铰接杆系结构的几何稳定性矩阵判定法[22, 23]，认为若自应力能够提供给每个机构位移于正的一阶刚度，则机构为一阶无穷小机构，他们采用几何力和机构位移的乘积（Force Product），得出了判定一阶无穷小机构的方法，其间采用了平衡矩阵奇异值分解（SVD）法。国内学者也对索杆结构的体系分类及几何稳定性分析也做了一定的研究，涉及索杆结构的体系分类准则和几何稳定判定法[38, 39, 43-47, 49, 51]。

根据定义，几何稳定性成为两类动不定结构划分的依据。显然，第二类动不定结构是几何不稳定的。但我们认为，结构是否稳定或可动是多方面的。自由态和荷载态两种不同的状况下会表现出完全不同的性状。第二类动不定结构经过有限机构位移后可形成结构，或者受一定外荷载作用后，几何意义上可变的第二类动不定结构又可演变为可承受外界扰动相对稳定的结构。因此，系统地对动不定结构的可动性、稳定性判定进行研究很有意义。

本章首先对动不定结构进行几何稳定性分析，从本质上解释第一类动不定结构的内力传递方式，以及多自应力模态动不定结构的可行预应力分布。其次研究第二类动不定结构在受荷情况下的可动性以及平衡稳定性，提出相应的判定准则。结合斜放四角锥网架结构，研究了不同支承条件、周边连接状态下的可动性，从理论出发，为这一结构安全应用于实际工程提供了建议。

研究发现，即使是几何可变第二类动不定结构在特定荷载作用下，依然能保持不动，并处于稳定态。因此以前的杆系结构或索杆结构体系分类准则以及稳定判定准则，对于判定第二类动不定结构可动性与稳定性并不完全适用，它们往往都只停留在结构不受外荷载作用下的几何稳定性研究。

3.2 结构体系分类

3.2.1 基于平衡矩阵分析的体系分类

由平衡矩阵的奇异值分解得到两个向量：机构位移模态 $\boldsymbol{U}_m$、自应力模态 $\boldsymbol{V}_s$，分别为结构节点位移空间和杆力空间的一组正交基。机构位移模态的物理意义就是结构可能发生的几何运动变位模式；自应力模态的物理意义就是结构可能存在的内力传递模式。这里，引入变量 m 和 s 分别表示机构位移模态数和自应力模态数，有 $m=n_r-r$，$s=n_c-r$。

Pellegrino 和 Calladine 在文献 [1] 中，对铰接杆系结构进行了新的分类，分类原则就是基于机构位移模态数 m 和自应力模态数 s 的判断。见表 3.1。

表 3.1　结构体系分类

结构类型	静动特性	平衡方程解
Ⅰ	$s=0$ 静定 $m=0$ 动定	**A** 为满秩方阵，静定结构 方程（2.6)、(2.7）有唯一解
Ⅱ	$s=0$ 静定 $m>0$ 动不定	**A** 为列满秩长方阵，存在机构位移模态 方程（2-6）有唯一解 方程（2-7）有无穷多解
Ⅲ	$s>0$ 静不定 $m=0$ 动定	**A** 为行满秩长方阵，存在自应力模态，超静定结构 方程（2-6）有无穷多解 方程（2-7）有唯一解
Ⅳ	$s>0$ 静不定 $m>0$ 动不定	同时存在机构位移模态和自应力模态 方程（2-6)、(2-7）有唯一解

基于这种分类方法，类型Ⅰ为静定结构，不存在机构位移模态和自应力模态，此类结构不可施加预应力，且不可发生零应变几何变位，如图 3.4（a）所示；类型Ⅱ为有限机构，此类结构可以产生零应变的几何大变位，当然它不可施加预应力以达到自平衡，如图 3.4（b）所示；类型Ⅲ为超静定结构，它可以施加预应力，在零外荷载下达到自平衡，如图 3.4（c）所示；类型Ⅳ则是一类较为特殊的结构，它既可产生零应变几何大变位，又可施加预应力，张拉整体结构、索穹顶结构等一些张力结构均属于此类型。若产生的零应变几何大变位能够在自应力作用下得到刚化，它就可以成为几何稳定的结构，通常称为

无限小机构，如图 3.4（d）所示。

本书按照机构位移是否可以拓展为原则，将Ⅱ和Ⅳ两类动不定结构重新划分，即第一类动不定结构和第二类动不定结构。

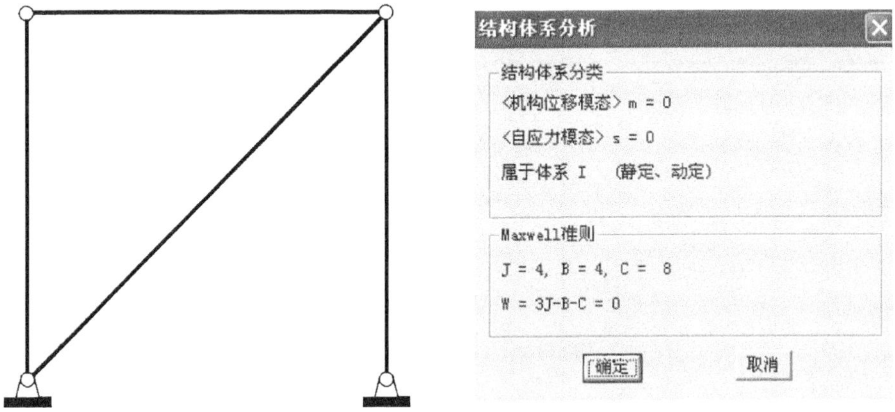

(a) 类型Ⅰ

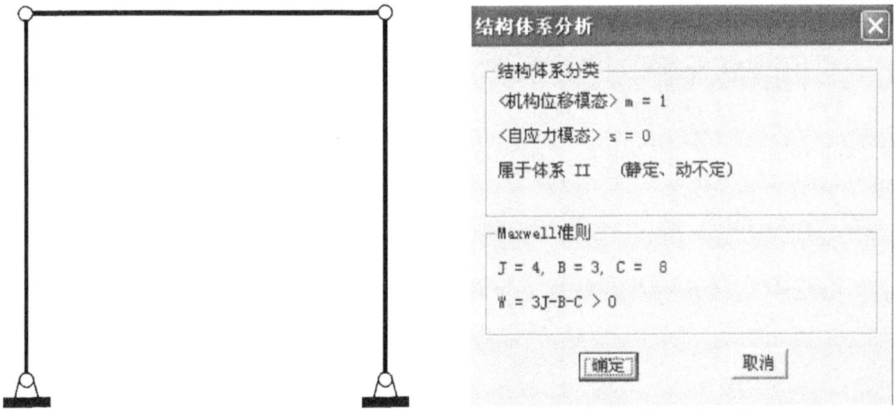

(b) 类型Ⅱ

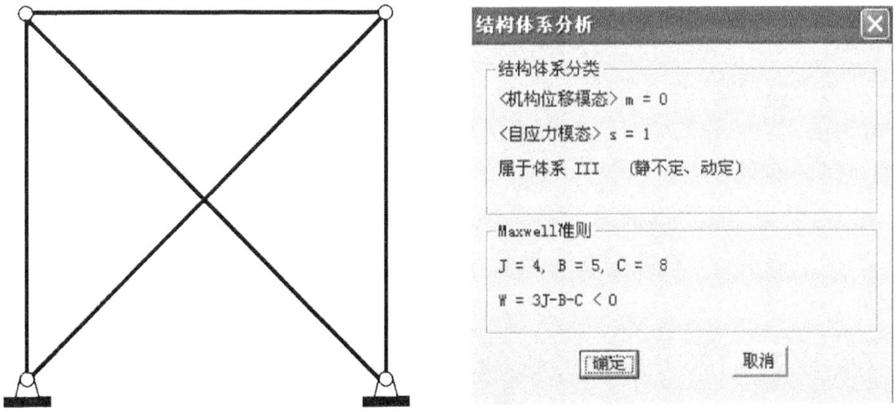

(c) 类型Ⅲ

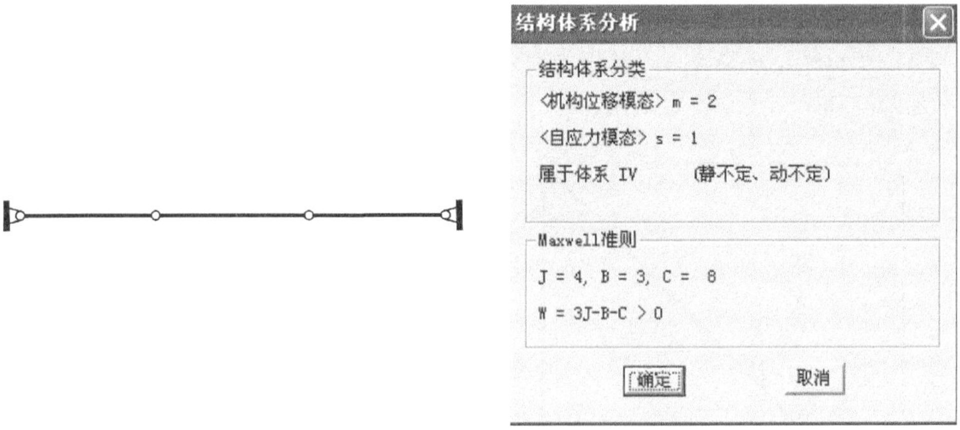

(d) 类型Ⅳ

图 3.4　各类结构体系分析

第一类动不定结构的机构位移只是一个趋势，不可延拓，它归属于Ⅳ类结构，机构位移在自应力下会得到刚化。此类结构可以实现传力途径合理、造型美观、经济等效果，与常规结构设计所不同的是，我们需要找到合理的几何和拓扑以及内力分布，这个过程就是找形过程，本书将在第 5 章中对各类找形方法进行详细阐述。

而第二类动不定结构的机构位移可以在无应变情况下延拓，就是通常所说的机构，包括表 3.1 中的Ⅱ类结构，以及Ⅳ类结构中的部分过约束机构。

3.2.2　与 Maxwell 准则的关系

基于平衡矩阵 **A** 的奇异值分解判定与 Maxwell 准则有着必然的联系。由于 $m = n_r - r$，$s = n_c - r$。且 $n_r = 3J - C$，$n_c = B$。所以可以用 m 和 s 表示 Maxwell 判定准则

$$
\begin{aligned}
W &= 3J - B - C = n_r - n_c = (n_r - r) - (n_c - r) \\
W &= m - s
\end{aligned}
\tag{3.1}
$$

可见，Maxwell 准则判定值 W 等于机构位移模态数 m 与自应力模态数 s 的差。Maxwell 准则只对 m 和 s 的大小作了比较，机构位移模态数多于自应力模态数时，$W = m - s > 0$，几何可变；反之，几何不变。但此准则忽视了 m、s 对应的机构位移模态 $\boldsymbol{U}_m$ 和自应力模态 $\boldsymbol{V}_s$ 之间的关系，自应力的存在可以约束可能的机构位移，使结构趋于稳定。而平衡矩阵奇异值分解判定法引入几何力 $\boldsymbol{G}$ 的概念，通过建立 $\boldsymbol{U}_m$、$\boldsymbol{V}_s$ 之间的关系来判定结构几何稳定性。对于较复杂结构，Maxwell 准则无法准确判定结构的几何稳定性，而平衡矩阵奇异值分解判定法则揭示了结构稳定的本质，能够较为准确地给出判定公式。

3.3　动不定结构的几何稳定性判定

需要对几何稳定性概念进行划定。结构的几何稳定性是指结构在无外荷载状态下的稳

定性，可以包括自由状态、自应力状态两大类。

首先分别就表 3.1 四大类结构的几何稳定性进行详细阐述。

动定结构（对应表 3.1 中Ⅰ、Ⅲ）不存在机构位移模态 $\boldsymbol{U}_m(m=0)$，不论是否存在自应力模态 $\boldsymbol{V}_s$，结构都没有内部机构位移，所以动定结构均几何稳定。

而几何稳定性的判定可以成为两类动不定结构划分的依据。第二类动不定结构存在机构位移模态 $\boldsymbol{U}_m$ $(m>0)$，但不能传递自应力使结构刚化，所以是几何不稳定的。只有几何稳定的动不定结构划为第一类动不定结构。

下面进行动不定结构的几何稳定性分析。

若节点发生机构位移 $\boldsymbol{d}$，由于自应力 $\boldsymbol{V}_s$ 的存在，节点处将产生不平衡力，这个不平衡力称为几何力 $\boldsymbol{G}$，由相应的自应力模态和内部机构位移模态求得。

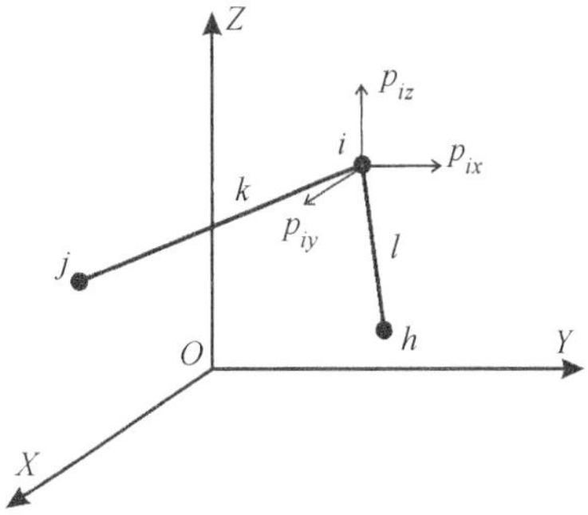

图 3.5　几何坐标关系

如图 3.5 所示，建立节点 i 处平衡方程：

$$\frac{x_i-x_h}{L_l}t_l^s+\frac{x_i-x_j}{L_k}t_k^s=p_{ix} \tag{3.2.a}$$

$$\frac{y_i-y_h}{L_l}t_l^s+\frac{y_i-y_j}{L_k}t_k^s=p_{iy} \tag{3.2.b}$$

$$\frac{z_i-z_h}{L_l}t_l^s+\frac{z_i-z_j}{L_k}t_k^s=p_{iz} \tag{3.2.c}$$

这里 t_l^s、t_k^s 分别为 s 自应力模态下单元 l、k 的轴力分量。假设结构发生无限小位移 $\boldsymbol{d}^m$，同样在节点 i 处建立平衡方程：

$$\frac{(x_i+d_{ix}^m)-(x_h+d_{hx}^m)}{L_l}t_l^s+\frac{(x_i+d_{ix}^m)-(x_j+d_{jx}^m)}{L_k}t_k^s=p'_{ix} \tag{3.3.a}$$

$$\frac{(y_i+d_{iy}^m)-(y_h+d_{hy}^m)}{L_l}t_l^s+\frac{(y_i+d_{iy}^m)-(y_j+d_{jy}^m)}{L_k}t_k^s=p'_{iy} \tag{3.3.b}$$

$$\frac{(z_i+d_{iz}^m)-(z_h+d_{hz}^m)}{L_l}t_l^s+\frac{(z_i+d_{iz}^m)-(z_j+d_{jz}^m)}{L_k}t_k^s=p'_{iz} \tag{3.3.c}$$

$(d_{ix}^m, d_{iy}^m, d_{iz}^m)$、$(d_{jx}^m, d_{jy}^m, d_{jz}^m)$、$(d_{hx}^m, d_{hy}^m, d_{hz}^m)$ 分别为对应于 m 机构位移模态的节点 i、j、h 的无限小机构位移。与式（3.2.a，3.2.b，3.2.c）比较，引入节点不平衡力 g，这种不平衡力是由于发生节点无限小几何变位导致的，因此，称这种不平衡力为几何力(Geometrical Force)，满足关系

$$p_{ix}+g_{ix}=p'_{ix} \tag{3.4.a}$$

$$p_{iy} + g_{iy} = p'_{iy} \tag{3.4.b}$$

$$p_{iz} + g_{iz} = p'_{iz} \tag{3.4.c}$$

得到节点 i 处的几何力 g 公式：

$$g_{ix} = \frac{(d_{ix}^m - d_{hx}^m)}{L_l} t_l^s + \frac{(d_{ix}^m - d_{jx}^m)}{L_k} t_k^s \tag{3.5.a}$$

$$g_{iy} = \frac{(d_{iy}^m - d_{hy}^m)}{L_l} t_l^s + \frac{(d_{iy}^m - d_{jy}^m)}{L_k} t_k^s \tag{3.5.b}$$

$$g_{iz} = \frac{(d_{iz}^m - d_{hz}^m)}{L_l} t_l^s + \frac{(d_{iz}^m - d_{jz}^m)}{L_k} t_k^s \tag{3.5.c}$$

或表达为：

$$g_{i\xi}^m = \sum_u \frac{t_u^s}{L_u} (d_{i\xi}^m - d_{h\xi}^m) \tag{3.6}$$

式中，ε 表示 x、y、z，u 为与节点 i 连接的单元编号集合，$\frac{t_u^s}{L_u}$ 为 u 单元力密度。对应 s 自应力模态的几何力矩阵 $\boldsymbol{G}^n$ 可通过结构各节点的 $g_{i\xi}^m$ 集成。若结构存在多个机构位移模态（$m>1$），则此时的几何力矩阵可表示为：

$$\boldsymbol{G}_s = (\boldsymbol{G}^1 \quad \boldsymbol{G}^2 \quad \cdots \quad \boldsymbol{G}^m) \tag{3.7}$$

$\boldsymbol{G}^m$ 的维数为 $n_r \times 1$，$\boldsymbol{G}_s$ 的维数为 $n_r \times m$。

公式（3.2.a，3.2.b，3.2.c）表示的节点平衡方程可以用平衡矩阵表示：

$$\boldsymbol{At} = \boldsymbol{P} \tag{3.8}$$

方程两边求一阶变分，

$$\delta\boldsymbol{A} \cdot \boldsymbol{t} + \boldsymbol{A} \cdot \delta\boldsymbol{t} = \delta\boldsymbol{P} \tag{3.9}$$

$$\delta\boldsymbol{t} = \boldsymbol{0} \tag{3.10}$$

$\delta\boldsymbol{A}$ 为发生无限小位移 $\boldsymbol{d}^m$ 后的平衡矩阵 $\boldsymbol{A}'$ 相对初始平衡矩阵 $\boldsymbol{A}$ 的增量，$\delta\boldsymbol{P}$ 即为几何力矩阵 $\boldsymbol{G}_s$，满足

$$\boldsymbol{G}_s = \delta\boldsymbol{A} \cdot \boldsymbol{t} \tag{3.11}$$

Calladine 和 Pellegrino 提出使用乘积力（Product Force）：$\boldsymbol{G}^{\mathrm{T}} \boldsymbol{U}_m$ 的正定性来判定结构的机构位移是否在自应力模态下得到刚化，若对任意的非零向量 $\boldsymbol{\beta}_{m\times 1}$ 满足

$$\boldsymbol{\beta}^{\mathrm{T}} \boldsymbol{G}^{\mathrm{T}} \boldsymbol{U}_m \boldsymbol{\beta} > 0 \tag{3.12}$$

则说明机构位移模态的任意组合都将在自应力模态下得到刚化，结构几何稳定。值得说明

的是，对于多自应力模态（$s>1$）结构，施加了预应力 $\boldsymbol{t}_{pres}=\boldsymbol{V}_s\boldsymbol{\alpha}$，同样可以根据判定乘积力的正定性来判定结构的几何稳定性

$$\boldsymbol{\beta}^{\mathrm{T}}\sum_{i=1}^{s}(\alpha_i \boldsymbol{G}_i^{\mathrm{T}}\boldsymbol{U}_m)\boldsymbol{\beta}>0 \tag{3.13}$$

因此，满足式（3.12）或式（3.13）的Ⅳ类结构的初始形状可认为是几何稳定的。

3.4　第一类动不定结构内力传递模式

3.4.1　单自应力模态第一类动不定结构的可行预应力

第一类动不定结构同时具有机构位移模态和自应力模态，因此可以看做是一种可施加预应力的动不定结构，它包含了其他结构体系不具有的特性。

第一类动不定结构从自应力中获得刚度，充分发挥张力单元受拉特性，从而最大程度节省材料，减少荷载效应。第一类动不定结构必须施加预应力才能成形，结构的工作机理和特性依赖于自身的形状，没有合理的初始形态，结构就没有良好的工作性能。因此，研究张力结构的内力分布、传递方式以及整体稳定性能是深层次揭示该结构内在机理的基础。预应力的确定都有一个前提，即结构的几何与拓扑是给定的，因此这种预应力确定方式可以称为第一类动不定结构的找力过程。

第一类动不定结构通常包括索、杆、梁、膜等单元。结构体系可达到自平衡，如诸多张拉整体结构，也可以与约束边界达到广义的自平衡，如索穹顶结构、索桁架结构、索网结构等。

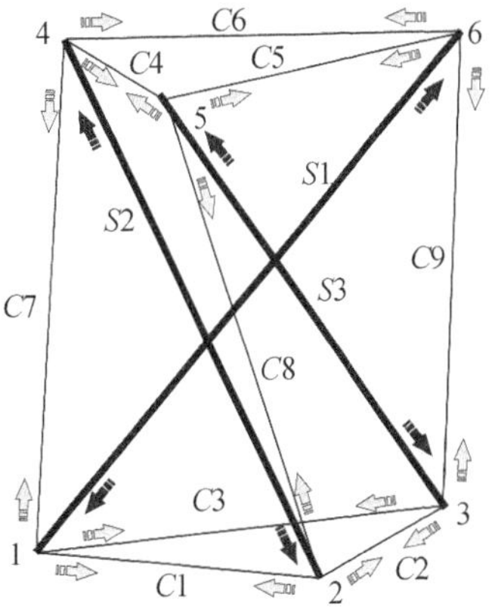

图 3.6　单自应力模态结构（$s=1$）

图 3.6 所示结构是单自由度模态（$s=1$）张拉整体结构，节点坐标列于表 3.2。因此，预应力的施加比例唯一，自应力空间是一维的。预应力 $\boldsymbol{t}_{pres}$ 表示为

$$\boldsymbol{t}_{pres}=\alpha\boldsymbol{V}_s \tag{3.14}$$

其中 α 为预应力系数，$\boldsymbol{V}_s$ 为 $n_c\times 1$ 维自应力模态列向量。预应力值 $\boldsymbol{t}_{pres}$ 见表 3.3.

考察其几何稳定性。由于 $m=1$，几何力矩阵 $\boldsymbol{G}_s$ 的维数为 12×1，计算得到

$$\boldsymbol{G}^{\mathrm{T}}\boldsymbol{U}_m=137.494$$

因此，此结构几何稳定，为第一类动不定结构。

表 3.2　图 3.6 所示张拉整体结构节点坐标值

节点号	1	2	3	4	5	6
X	1.000	−0.500	−0.500	0.866	−0.866	0.000
Y	0.000	0.866	−0.866	0.500	0.500	−1.000
Z	0.000	0.000	0.000	2.000	2.000	2.000

表 3.3　图 3.6 所示张拉整体结构预应力值

单元号	$S1\sim S3$（杆）	$C1\sim C6$（索）	$S7\sim S9$（索）
$\boldsymbol{V}_s$	−0.429	0.154	0.319
$\boldsymbol{t}_{pres}$	-0.429α	0.154α	0.319α

而对于多自应力模态（$s>1$）的第一类动不定结构，$\boldsymbol{V}_s$ 为 $n_c\times s$ 维自应力模态列向量，每一列表示一个独立的自应力模态，相互正交，形成自应力空间。

自应力模态数的多少将影响预应力的施加，零外荷预应力是各个自应力模态的线性组合，计算涉及模态间组合系数的确定，这将在下面一节详细阐述。

3.4.2　多自应力模态第一类动不定结构的可行预应力

多自应力模态第一类动不定结构的预应力可以表示为

$$\boldsymbol{t}_{pres}=\boldsymbol{V}_s\boldsymbol{\alpha} \tag{3.15}$$

其中 $\boldsymbol{\alpha}$ 为 $s\times 1$ 维组合向量，$\boldsymbol{V}_s$ 为 $n_c\times s$ 维自应力模态向量。预应力值 $\boldsymbol{t}_{pres}$ 的确定其实就是 $\boldsymbol{\alpha}$ 的确定。理论上来说，可以有无穷多个组合情况，但一旦施加一些人为因素在内的话，$\boldsymbol{\alpha}$ 可以唯一确定。这些人为因素可以表达为：至少指定 s 个单元的内力；索杆张力结构中索必须受拉、杆受压；机构位移在预应力上得到刚化，即结构是几何稳定的以及结构的经济性等。加入这些人为约束后确定的预应力可以称为可行预应力或最优预应力。

袁行飞在文献［42］中提出了求解多自应力模态索穹顶结构整体可行预应力的算法，这种算法不仅能够“满足杆件受压、索受拉的条件，而且具有同类（组）杆件初始内力相等和整体自应力平衡等特点”[44]，可以为此类结构的设计提供有效的理论依据。

首先利用结构的对称性，将非同等位置的单元加以区别分类。预应力

$$\boldsymbol{t}_{pres}=(t_1\quad t_1\quad\cdots\quad t_2\quad t_2\quad\cdots\quad t_n\quad\cdots\quad t_n)^{\mathrm{T}} \tag{3.16}$$

其中 n 为单元类别数。定义集合 $\boldsymbol{\Theta}_k(1\leqslant k\leqslant n)$ 为同一类别 k 包含的单元号。

不失一般性，令 $\alpha_1=1$，则整体可行预应力又可以表示为

$$\boldsymbol{t}_{pres}=\boldsymbol{V}_{s1}+\boldsymbol{V}_{s2}\alpha_2+\cdots+\boldsymbol{V}_{ss}\alpha_s \tag{3.17}$$

$$-\boldsymbol{V}_{s1}=\boldsymbol{V}_{s2}\alpha_2+\cdots+\boldsymbol{V}_{ss}\alpha_s-\boldsymbol{t}_{pres} \tag{3.18}$$

记为

$$-\boldsymbol{V}_{s1}=\widetilde{\boldsymbol{V}}_s\widetilde{\boldsymbol{\alpha}} \tag{3.19}$$

其中 $\widetilde{\boldsymbol{V}}_s=(\boldsymbol{V}_{s2}\quad \boldsymbol{V}_{s3}\quad \cdots\quad \boldsymbol{V}_{ss}\quad \boldsymbol{e}_1\quad \boldsymbol{e}_2\quad \cdots\quad \boldsymbol{e}_n)$，$\boldsymbol{V}_{s1}=(t_{1i}\quad t_{2i}\quad \cdots\quad 1\quad \cdots\quad t_{bi})^{\mathrm{T}}$，$\boldsymbol{e}_i$ 对应 i 类单元的基向量。根据单元类型，若 j 号单元为受压的杆件则 $\boldsymbol{e}_{ij}=1$，若 j 号单元为受拉的索，则 $\boldsymbol{e}_{ij}=-1$，其余为 0。即

$$\boldsymbol{e}_{ij}=-1\quad j\in\Theta_i\quad j\text{ 号单元为杆}\tag{3.20.a}$$

$$\boldsymbol{e}_{ij}=1\quad j\in\Theta_i\quad j\text{ 号单元为索}\tag{3.20.b}$$

解方程（3.19）即可解得自应力模态组合系数 $\boldsymbol{\alpha}$。这样求得的预应力可以保证所有的杆件受压，索受拉，至于结构在此预应力 $\boldsymbol{t}_{pres}$ 下的稳定性，可以式（3.13）进行判定。

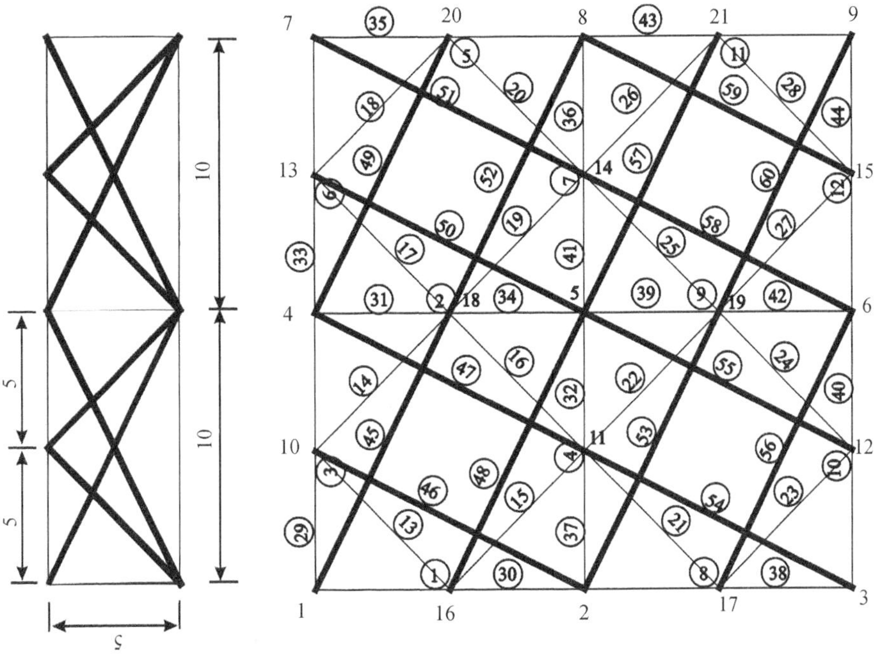

(a) 平面图、立面图

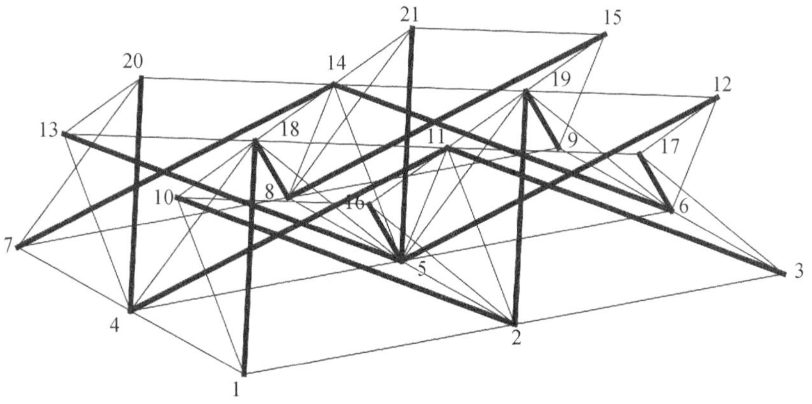

(b) 轴侧图

图 3.7　多自应力模态结构（s=4）

以图 3.7 所示平板型张拉整体结构为例，进行简要的阐述。经体系分析得，$m=1$，$s=4$（已排除 6 个刚体自由度），对单元进行相应的分类，见表 3.4。利用上面的初始预应力算法，得

$$\tilde{\boldsymbol{\alpha}} = (-0.551\quad 0.298\quad -1.054\quad 0.233\quad 0.117\quad 0.165\quad 0.165\quad -0.286)^{\mathrm{T}}$$

自应力组合系数

$$\boldsymbol{\alpha} = (1.000\quad -0.551\quad 0.298\quad -1.054)^{\mathrm{T}}$$

预应力 $\boldsymbol{t}_{pres}$ 见表 3.4。

表 3.4　平板型张拉整体结构单元分类及可行预应力

单元分组		单元号	预应力 $\boldsymbol{t}_{pres}$
索	Ⅰ	②④⑦⑨	1.305
	Ⅱ	①③⑤⑥⑧⑩⑪⑫	0.652
	Ⅲ	⑬～㉘	0.923
	Ⅳ	㉙～㊹	0.923
杆	Ⅴ	㊺～㊿	−1.598

此结构的几何力矩阵 $\boldsymbol{G}_s$ 的维数为 57×1，计算得到

$$\sum_{i=1}^{4}(\alpha_i \boldsymbol{G}_i^{\mathrm{T}} \boldsymbol{U}_m) = 41.010$$

因此，此结构几何稳定，为第一类动不定结构。

3.5　第二类动不定结构的受荷可动性及平衡稳定性判定

可以发现，对第二类动不定结构，不管是 Maxwell 准则还是几何稳定性判定法，判定都是几何不稳定的。但在 $\boldsymbol{P}_1$ 作用右图 3.8 所示第二类动不定结构不仅能达到平衡，而且在微小摄动下，可以维持初始几何形态，因此是平衡稳定的。下面就第二类动不定结构的平衡稳定问题进行讨论。

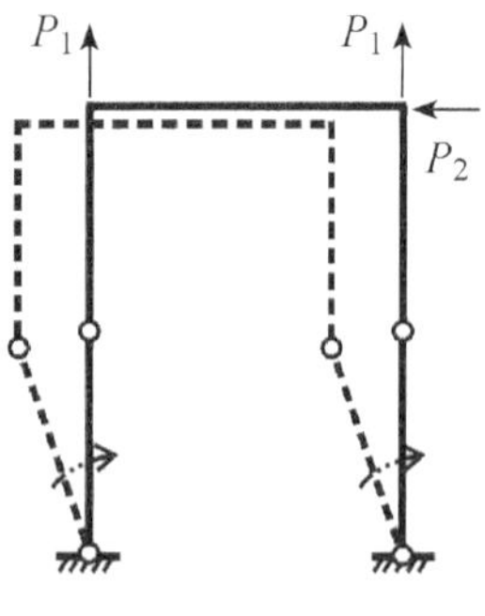

图 3.8　荷载作用下的机构

图 3.8 给出了最简单的第二类动不定结构——单杆机构，进行受外荷载 $\boldsymbol{P}$ 作用下的平衡与稳定讨论。

约束铰处添加假想刚度为 K 的弹簧，机构受微小扰动 θ，向下作用的荷载 P 对系统做正功。建立势能方程（取初始状态为零势能）

$$\Phi = K\theta - PL(1-\cos\theta) \tag{3.21}$$

分别求得能量的一阶变分和二阶变分

$$\frac{\partial \Phi}{\partial \theta} = K - PL\sin\theta \tag{3.22}$$

$$\frac{\partial^2 \Phi}{\partial \theta^2} = -PL\cos\theta \tag{3.23}$$

一阶变分（3.22）等于零，得

$$\frac{\partial \Phi}{\partial \theta} = 0,\ K \to 0,\ \Rightarrow \theta = 0 \tag{3.24}$$

对应机构的平衡状态。代入能量的二阶变分

$$\theta = 0,\ \Rightarrow \frac{\partial^2 \Phi}{\partial \theta^2} = -PL \tag{3.25}$$

若 $P<0$，即对应图 3.9（b），则 $\frac{\partial^2 \Phi}{\partial \theta^2}>0$，机构稳定；若 $P>0$，即对应图 3.9（c），$\frac{\partial^2 \Phi}{\partial \theta^2}<0$，机构不稳定。

可见，几何不稳的第二类动不定结构不但能承受一定荷载，而且可在该荷载下稳定地维持自身拓扑形态。

因此，动不定结构的稳定性涉及多方面，正如第一类动不定结构在自应力效应下会产生几何力使之得到刚化以实现体系的稳定，第二类动不定结构在合适的外荷载下不仅能维持平衡，且能实现稳定以抵御扰动（图 3.8、图 3.9b）。

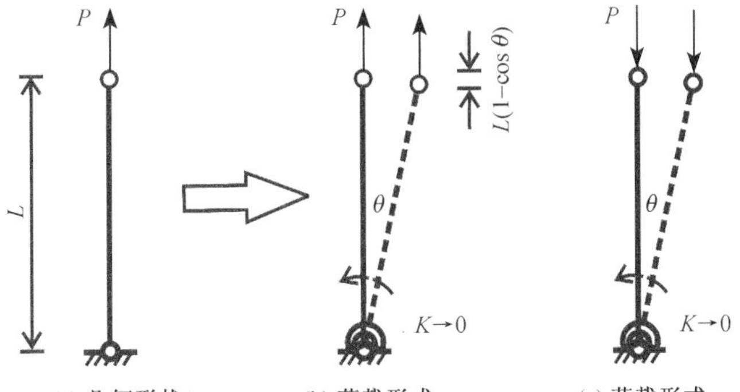

图 3.9　单杆机构

动不定结构的稳定性可概括为几何稳定与平衡稳定两类，区别在于前者由结构自身拓扑决定；后者考虑外荷载影响，对于结构来说是更广义的稳定。

3.5.1　第二类动不定结构的受荷可动性判定

建立自由态下第二类动不定结构的力平衡方程

$$\boldsymbol{At} = \boldsymbol{0} \tag{3.26}$$

方程（3.26）为齐次线性方程组。

对于无自应力模态（$s=0$）的第二类动不定结构（机构），存在关系 $n_r > n_c$ 且 $\mathrm{rank}(\boldsymbol{A}) = r = n_c$，系数矩阵 $\boldsymbol{A}$ 列满秩。因此方程（3.26）无非零解，t 恒等于零

$$\boldsymbol{t} \equiv \boldsymbol{0} \tag{3.27}$$

它无法靠单元内力的传递来维持体系的力平衡。

施加合适的非零外荷载 $\boldsymbol{P}$，它可以维持力平衡关系

$$\boldsymbol{At} = \boldsymbol{P} \tag{3.28}$$

且存在唯一的非零内力解 $\boldsymbol{t}$。

判定机构在外荷载 $\boldsymbol{P}$ 作用下是否可动，就是判定机构能否维持初始几何状态，是否处于平衡状态。等价问题是平衡方程（3.28）是否有非零解。因此，机构不可动的充要条件是存在这样一组杆力 $\boldsymbol{t}$，满足平衡方程（3.28）。根据线性代数知识，方程（3.28）有解的充要条件是

$$\mathrm{rank}(\boldsymbol{A}) = \mathrm{rank}(\boldsymbol{A} \mid \boldsymbol{P}) \tag{3.29}$$

其中 $\mathrm{rank}(\boldsymbol{A}) = r = n_c$。平衡矩阵 $\boldsymbol{A}$ 经奇异值分解得到机构位移模态 $\boldsymbol{U}_m$，根据正交性，满足：

$$\boldsymbol{A}^{\mathrm{T}}\boldsymbol{U}_m = \boldsymbol{0} \tag{3.30}$$

式（3.30）左右同时左乘 $\boldsymbol{t}^{\mathrm{T}}$，并转置

$$\boldsymbol{t}^{\mathrm{T}} \cdot \boldsymbol{A}^{\mathrm{T}}\boldsymbol{U}_m = \boldsymbol{t}^{\mathrm{T}} \cdot \boldsymbol{0} \tag{3.31}$$

$$(\boldsymbol{t}^{\mathrm{T}} \cdot \boldsymbol{A}^{\mathrm{T}}\boldsymbol{U}_m)^T = \boldsymbol{0} \tag{3.32}$$

$$\boldsymbol{U}_m^{\mathrm{T}}\boldsymbol{At} = \boldsymbol{0} \tag{3.33}$$

将（3.28）式代入（3.33）式

$$\boldsymbol{U}_m^{\mathrm{T}}\boldsymbol{P} = \boldsymbol{0} \tag{3.34}$$

因此，上式可作为机构可动性判定公式。若荷载向量 $\boldsymbol{P}$ 与机构位移向量 $\boldsymbol{U}_m$ 正交，则机构将依靠外荷载 $\boldsymbol{P}$ 在该位移模态上得到刚化，则机构不可动。否则

$$\boldsymbol{U}_m^{\mathrm{T}}\boldsymbol{P} \neq \boldsymbol{0} \tag{3.35}$$

平衡方程（3.28）无解，不存在 $\boldsymbol{t}$ 与 $\boldsymbol{P}$ 平衡，无法维持机构的力平衡，机构可动。它将改变原有形态，以寻求新的平衡状态。

需要指出的是，对于 $m>1$ 的机构，存在多个机构位移模态 $\boldsymbol{U}_m^{(r)}$，$r=1, \cdots, m$。这类机构需对所有 $\boldsymbol{U}_m^{(r)}$ 均满足式（3.35）时，才能判定机构不可动。

• 连杆机构可动性判定

如图 3.10 所示，由铰接连接的三根杆件组成。平衡矩阵的秩 $r=3$，自应力模态数

$s=0$，独立机构位移模态数 $m=1$。由于不存在自应力模态，无法传递一阶刚度，几何不稳定。计算得到机构位移模态为：

$$\boldsymbol{U}_1=(-0.408\quad 0.408\quad 0\quad 0.816)^{\mathrm{T}}$$

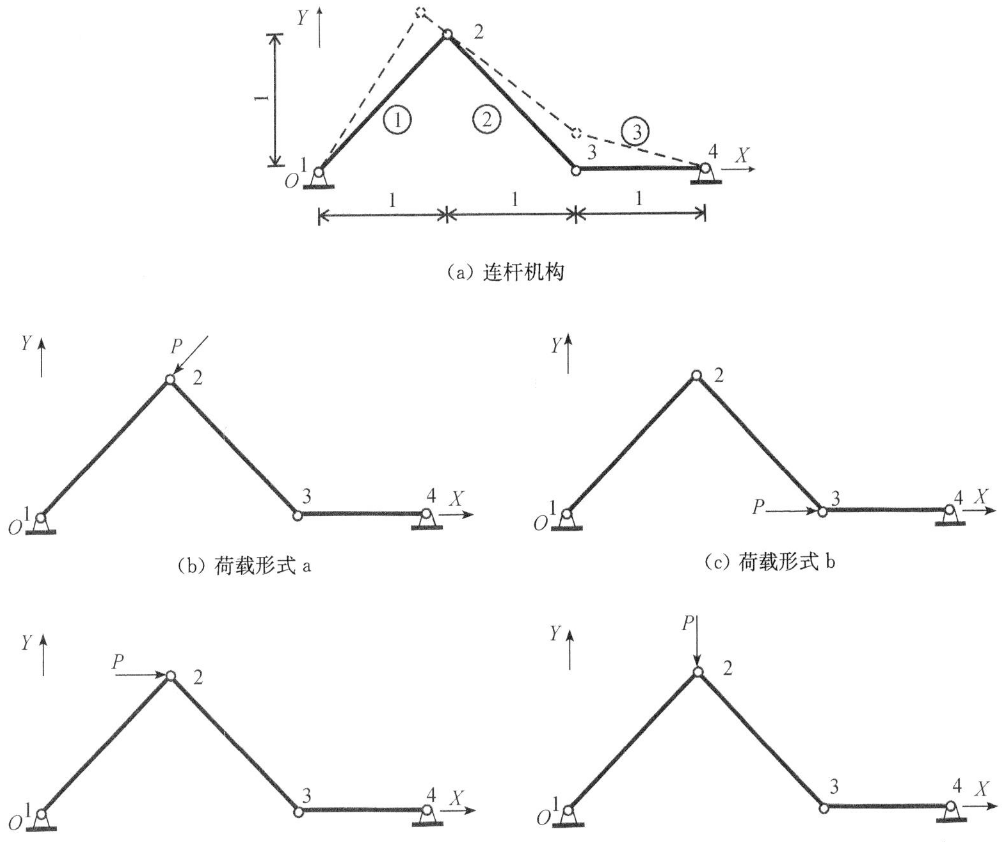

(a) 连杆机构

(b) 荷载形式 a

(c) 荷载形式 b

(d) 荷载形式 c

(e) 荷载形式 d

图 3.10　受荷连杆机构

表 3.5 列出了不同荷载条件下，结构可动性情况。

表 3.5　不同荷载条件下结构可动性

图例	荷载向量	可动性	单元内力
图 3—10（b）	$\boldsymbol{P}=(-0.707\quad -0.707\quad 0\quad 0)^{\mathrm{T}}$	$\boldsymbol{U}_1^{\mathrm{T}}\boldsymbol{P}=\boldsymbol{0}$ 不动	$\boldsymbol{t}=(-1\quad 0\quad 0)^{\mathrm{T}}$
图 3—10（c）	$\boldsymbol{P}=(0\quad 0\quad 1\quad 0)^{\mathrm{T}}$	$\boldsymbol{U}_1^{\mathrm{T}}\boldsymbol{P}=\boldsymbol{0}$ 不动	$\boldsymbol{t}=(0\quad 0\quad -1)^{\mathrm{T}}$
图 3—10（d）	$\boldsymbol{P}=(1\quad 0\quad 0\quad 0)^{\mathrm{T}}$	$\boldsymbol{U}_1^{\mathrm{T}}\boldsymbol{P}\neq\boldsymbol{0}$ 可动	不存在与 $\boldsymbol{P}$ 平衡的 $\boldsymbol{t}$
图 3—10（e）	$\boldsymbol{P}=(0\quad 1\quad 0\quad 0)^{\mathrm{T}}$	$\boldsymbol{U}_1^{\mathrm{T}}\boldsymbol{P}\neq\boldsymbol{0}$ 可动	不存在与 $\boldsymbol{P}$ 平衡的 $\boldsymbol{t}$

上面讨论的第二类动不定结构不存在过约束，即 $s=0$。当有自应力模态存在时，机构会在自应力的作用下得到刚化，通常称为无限小机构（Infinitesimal Mechanism）。无限小机构通过自内力与外荷载实现相互平衡，因此可动性判定公式无法适用，机构位移模态

对无限小机构来说只是一个位移趋势而已。

但存在这样一种第二类动不定结构，它有自应力模态（$s>0$），可称为过约束机构。机构位移无法在自应力作用下刚化机构。如图 3.11 所示平面开合结构就是一例。可动性判定公式同样适用于过约束机构。

• 平面圆形开合结构可动性判定

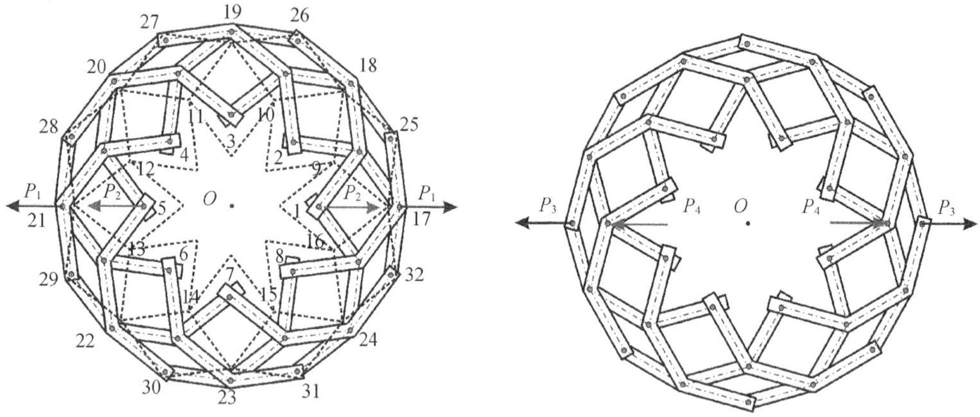

(a) 荷载形式 a　　　　(b) 荷载形式 b

图 3.11　平面圆形开合结构

如图 3.11 所示，节点 1～8；9～16；17～24；25～32 分别为半径 R 为 6.533；10.366；12.620；12.954 的同心圆的 8 等分点。结构由多角折梁单元通过销轴连接而成。体系分析知，自应力模态 $s=20$，机构位移模态 $m=1$（已排除 3 个刚体位移），图中虚线为机构位移模态 $\boldsymbol{U}_m$。

现在考察在不同荷载情况下结构的可动性。先看图 3.11（a）示第一组荷载

$$\boldsymbol{P}_1=(\cdots 0\quad p_1\quad 0\cdots 0\quad p_1\quad 0\cdots)^{\mathrm{T}},\ p_1\neq 0$$

$$\boldsymbol{P}_2=(\cdots 0\quad p_2\quad 0\cdots 0\quad p_2\quad 0\cdots)^{\mathrm{T}},\ p_2\neq 0$$

计算机构位移模态与外荷载的乘积

$$\boldsymbol{U}_m^{\mathrm{T}}\boldsymbol{P}_1=-0.1667p_1$$

$$\boldsymbol{U}_m^{\mathrm{T}}\boldsymbol{P}_2=-0.5579p_2$$

因此结构在 $\boldsymbol{P}_1$ 和 $\boldsymbol{P}_2$ 单独作用下均可动。但是当荷载满足

$$p_2=-0.299p_1$$

$\boldsymbol{P}_1$ 和 $\boldsymbol{P}_2$ 同时作用使结构不可动，即

$$\boldsymbol{U}_m^{\mathrm{T}}(\boldsymbol{P}_1+\boldsymbol{P}_2)=\boldsymbol{0}$$

两个荷载刚好反向。此时单元的内力见表 3.6。

表3.6 平面圆形开合结构受 P_1+P_2 作用下梁单元内力

超级单元	T^{I}	T^{II}	T^{III}	$M^{\mathrm{I},\mathrm{II}}$	$M^{\mathrm{II},\mathrm{III}}$
1 (1-9-18-26)	0.000	−0.152	−0.075	0.940	0.199
2 (2-10-19-27)	0.068	0.193	−0.045	−0.108	−0.361
3 (3-11-20-28)	0.160	0.354	0.201	−0.615	−0.446
4 (4-12-21-29)	0.038	0.193	0.130	−0.301	0.889
5 (5-13-22-30)	0.000	−0.152	−0.075	0.940	0.199
6 (6-14-23-31)	0.068	0.193	−0.045	−0.108	−0.361
7 (7-15-24-32)	0.160	0.354	0.201	−0.615	−0.446
8 (8-16-17-25)	0.038	0.193	0.130	−0.301	0.889
9 (1-16-24-31)	0.000	−0.152	−0.075	−0.940	−0.199
10 (8-15-23-30)	0.068	0.193	−0.045	0.108	0.361
11 (7-14-22-29)	0.160	0.354	0.201	0.615	0.446
12 (6-13-21-28)	0.038	0.193	0.130	0.301	−0.889
13 (5-12-20-27)	0.000	−0.152	−0.075	−0.940	−0.199
14 (4-11-19-26)	0.068	0.193	−0.045	0.108	0.361
15 (3-10-18-25)	0.160	0.354	0.201	0.615	0.446
16 (2-9-17-32)	0.038	0.193	0.130	0.301	−0.889

继续考察图3.11(b)所示结构，是3.11(a)示结构绕圆心逆时针旋转 π/8 所得，分别受 $\boldsymbol{P}_3$、$\boldsymbol{P}_4$ 作用。

$$\boldsymbol{P}_3=(\cdots 0 \quad p_3 \quad 0\cdots 0 \quad p_3 \quad 0\cdots)^{\mathrm{T}},\ \boldsymbol{P}_3\neq 0$$

$$\boldsymbol{P}_4=(\cdots 0 \quad p_4 \quad 0\cdots 0 \quad p_4 \quad 0\cdots)^{\mathrm{T}},\ \boldsymbol{P}_4\neq 0$$

有

$$\boldsymbol{U}_m^{\mathrm{T}}\boldsymbol{P}_3=-0.0841p_3$$

$$\boldsymbol{U}_m^{\mathrm{T}}\boldsymbol{P}_4=0.3922p_4$$

同样，结构在 $\boldsymbol{P}_3$ 和 $\boldsymbol{P}_4$ 单独作用下均可动。但是当荷载满足

$$\boldsymbol{P}_4=0.214p_3$$

$\boldsymbol{P}_3$ 和 $\boldsymbol{P}_4$ 同时作用使结构不可动，即

$$\boldsymbol{U}_m^{\mathrm{T}}(\boldsymbol{P}_3+\boldsymbol{P}_4)=0$$

此时这两个荷载同向。单元的内力见表 3.7。

表 3.7 平面圆形开合结构受 P_3+P_4 作用下梁单元内力

超级单元	$T^{Ⅰ}$	$T^{Ⅱ}$	$T^{Ⅲ}$	$M^{Ⅰ,Ⅱ}$	$M^{Ⅱ,Ⅲ}$
1 (1-9-18-26)	−0.205	0.033	−0.123	0.739	−0.165
2 (2-10-19-27)	0.221	0.517	0.146	−0.699	−0.764
3 (3-11-20-28)	0.192	0.576	1.238	−0.885	−0.930
4 (4-12-21-29)	−0.196	−0.931	0.050	0.798	1.026
5 (5-13-22-30)	−0.205	0.033	−0.123	0.739	−0.165
6 (6-14-23-31)	0.221	0.517	0.146	−0.699	−0.764
7 (7-15-24-32)	0.192	0.576	1.238	−0.885	−0.930
8 (8-16-17-25)	−0.196	−0.931	0.050	0.798	1.026
9 (1-16-24-31)	−0.196	−0.931	0.050	−0.798	−1.026
10 (8-15-23-30)	−0.205	0.033	−0.123	−0.739	0.165
11 (7-14-22-29)	0.221	0.517	0.146	0.699	0.764
12 (6-13-21-28)	0.192	0.576	1.238	0.885	0.930
13 (5-12-20-27)	−0.196	−0.931	0.050	−0.798	−1.026
14 (4-11-19-26)	−0.205	0.033	−0.123	−0.739	0.165
15 (3-10-18-25)	0.221	0.517	0.146	0.699	0.764
16 (2-9-17-32)	0.192	0.576	1.238	0.885	0.930

从上面的可动性判定也可以看出，此开合结构在内圈只要施加较小的荷载就可以与外圈的荷载相平衡，也就是说内圈设驱动的效率会比外圈设驱动高。

3.5.2 第二类动不定结构的受荷平衡稳定性判定

平衡态下的结构体系在外界扰动下，可以存在图 3.12 所示三种不同状态。第二类动不定结构（机构）在满足方程（3.34）的外荷载 $\boldsymbol{P}$ 作用下处于平衡状态 Ψ^0。若出现微小扰动（$\delta\boldsymbol{d}$）机构将偏离当前平衡位置，$\boldsymbol{P}$ 是否有能力将机构返回平衡状态 Ψ^0，还是偏离至状态 $\Psi^{\delta d}$，就涉及机构稳定性问题。

在势力场中，$\xi=\xi_0$ 处系统平衡的充要条件是 Φ 的一阶等时变分等于零，这是平衡的能量判据[97]。其中，图 3.12 中状态（a）是稳定平衡，球的位置小扰动将不能显著改变系统状态；（b）是不稳定平衡，任意小扰动将导致很大变化，最终偏离初始平衡位置；（c）是随遇平衡。对于单自由度体系，在 $\xi=\xi_0$ 处 Φ 的二阶等时变分大于零，则系统处于稳定平衡状态；若小于零，则系统处于不稳平衡状态；若等于零，需分析更高阶变分的值。需要指出的是，可动性与稳定性是不同的概念，体系不平衡表现为可动，而稳定是基于不可动这一层面来继续分析不同平衡状态。

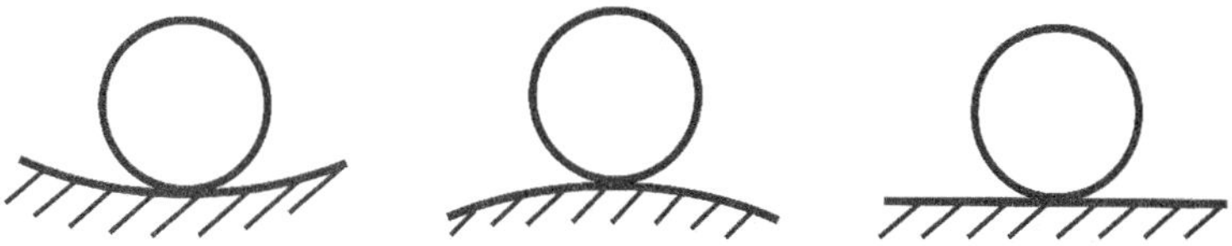

(a) 稳定平衡　　(b) 不稳定平衡　　(c) 随遇平衡

图 3.12　球面平衡状态

对势能函数求二阶变分 $\delta^2 \boldsymbol{\Pi}_R$，得出机构平衡状态下的稳定性判定

$$\delta^2 \boldsymbol{\Pi}_R = \begin{cases} > \mathbf{0} & \text{稳定} \\ = \mathbf{0} & \text{考察 } \delta^t \boldsymbol{\Pi}_R,\ t > 2 \\ < \mathbf{0} & \text{不稳定} \end{cases} \tag{3.36}$$

展开 $\delta^2 \boldsymbol{\Pi}_R$

$$\delta^2 \boldsymbol{\Pi}_R = [(\delta Q_i)^{\mathrm{T}} \quad (\delta \Lambda_k)^{\mathrm{T}}] \begin{bmatrix} \left(\sum_{h=1}^{c} \Lambda_h \dfrac{\partial^2 F_h}{\partial Q_i \partial Q_j} \right) & \left(\dfrac{\partial F_i}{\partial Q_k} \right) \\ \left(\dfrac{\partial F_k}{\partial Q_i} \right) & (\boldsymbol{F}) \end{bmatrix} \begin{bmatrix} (\delta Q_i) \\ (\delta \Lambda_k) \end{bmatrix} \tag{3.37}$$

令 $\boldsymbol{H} = \left[\sum_{h=1}^{c} \Lambda_h \dfrac{\partial^2 F_h}{\partial Q_i \partial Q_j} \right]_{n\times n}$，$\boldsymbol{J} = \left[\dfrac{\partial F_k}{\partial Q_i} \right]_{l\times n}$，$\mathrm{d}\boldsymbol{Q} = [\delta Q_i]_{n\times 1}$，$\mathrm{d}\boldsymbol{P} = [\delta P_j]_{n\times 1}$，则

$$\delta^2 \boldsymbol{\Pi}_R = [\mathrm{d}\boldsymbol{Q}^{\mathrm{T}} \quad \mathrm{d}\boldsymbol{\Lambda}^{\mathrm{T}}] \begin{bmatrix} \mathrm{d}\boldsymbol{P} \\ \mathrm{d}\boldsymbol{t} \end{bmatrix} \tag{3.38}$$

$$\begin{bmatrix} \mathrm{d}\boldsymbol{P} \\ \mathrm{d}\boldsymbol{t} \end{bmatrix} = \begin{bmatrix} \boldsymbol{H} & \boldsymbol{J}^{\mathrm{T}} \\ \boldsymbol{J} & \boldsymbol{F} \end{bmatrix} \begin{bmatrix} \mathrm{d}\boldsymbol{Q} \\ \mathrm{d}\boldsymbol{\Lambda} \end{bmatrix} \tag{3.39}$$

式 (3.39) 中，$\boldsymbol{H}$ 为 $\sum_{h=1}^{c} \Lambda_h F_h$ 的海塞矩阵（Hessian Matrix），$\boldsymbol{J}$ 为 F_k 的雅克比矩阵 (Jacobian Matrix)，$\boldsymbol{F}$ 为柔度矩阵；$\mathrm{d}\boldsymbol{Q}$ 为节点坐标增量，$\mathrm{d}\boldsymbol{\Lambda}$ 为杆力增量；$\mathrm{d}\boldsymbol{P}$ 为节点荷载增量，$\mathrm{d}\boldsymbol{t}$ 为杆件伸缩量增量。以空间杆系机构为例，

$$F_k = \sqrt{(x_i - x_j)^2 + (y_i - y_j)^2 + (z_i - z_j)^2} - L_k = 0 \tag{3.40}$$

若杆件为刚体，不考虑弹性变形，杆长未发生改变

$$\boldsymbol{F} = \mathbf{0} \tag{3.41}$$

$$\mathrm{d}\boldsymbol{\Lambda} = \mathbf{0} \tag{3.42}$$

将 (3.41)、(3.42) 代入 (3.38)、(3.39)，得

$$\delta^2 \boldsymbol{\Pi}_R = \mathrm{d}\boldsymbol{Q}^{\mathrm{T}} \cdot \mathrm{d}\boldsymbol{P} \tag{3.43}$$

$$\mathrm{d}\boldsymbol{P} = \boldsymbol{H} \cdot \mathrm{d}\boldsymbol{Q} \tag{3.44}$$

因此，根据稳定性判定式（3.36），稳定的充要条件是

$$\mathrm{d}\boldsymbol{Q}^{\mathrm{T}} \cdot \boldsymbol{H} \cdot \mathrm{d}\boldsymbol{Q} > 0 \tag{3.45}$$

$\mathrm{d}\boldsymbol{Q}$ 为节点位移增量，当机构发生微小扰动时

$$\mathrm{d}\boldsymbol{Q} = \boldsymbol{U}_m^{(r)} \tag{3.46}$$

式中 $r = 1, \cdots, m$。机构的平衡稳定性判定公式为

$$(\boldsymbol{U}_m^{(r)})^{\mathrm{T}} \cdot \boldsymbol{H} \cdot \boldsymbol{U}_m^{(r)} \tag{3.47}$$

现在，进一步推导判定公式。图 3.5 所示子结构，设（d_{ix}^m，d_{iy}^m，d_{iz}^m）、（d_{jx}^m，d_{jy}^m，d_{jz}^m）、（d_{hx}^m，d_{hy}^m，d_{hz}^m）分别对应于第 m 机构位移模态下节点 i、j、h 的机构位移。t_l^s、t_k^s 分别为 s 自应力模态下单元 l、k 的轴力分量，即 Λ_l、Λ_k。建立 Hessian 矩阵 $\boldsymbol{H}$ 在节点 i 处的子矩阵为

$$\boldsymbol{H}^{(i)} = \begin{bmatrix} \frac{t_l}{L_l}+\frac{t_k}{L_k} & 0 & 0 & -\frac{t_k}{L_k} & 0 & 0 & -\frac{t_l}{L_l} & 0 & 0 \\ 0 & \frac{t_l}{L_l}+\frac{t_k}{L_k} & 0 & 0 & -\frac{t_k}{L_k} & 0 & 0 & -\frac{t_l}{L_l} & 0 \\ 0 & 0 & \frac{t_l}{L_l}+\frac{t_k}{L_k} & 0 & 0 & -\frac{t_k}{L_k} & 0 & 0 & -\frac{t_l}{L_l} \end{bmatrix} \begin{matrix} \cdots x_i \\ \cdots y_i \\ \cdots z_i \end{matrix} \tag{3.48}$$

$\boldsymbol{H}^{(i)}$ 的列数为连接节点 i 的连接自由度数（包括节点 i 自由度），记为 ζ_i，图 3.5 所示子结构 $\zeta_i = 9$。由机构所有节点的 $\boldsymbol{H}^{(i)}$ 集成总体 $\boldsymbol{H}_{n\times n}$。$\dfrac{t_k}{L_k}$ 即为杆件 k 力密度。

由于机构中 ζ_i 不尽相等，$\boldsymbol{H}^{(i)}$ 维数不确定，不便于计算机编程。因此可以采用基于杆件 k 和 κ_i 的 $\boldsymbol{H}_{\kappa_i}^{(k)}$ 存储，κ_i(= 1，2，3) 为与 k 关联的起始节点 i 的自由度号。

$$\boldsymbol{H}_{\kappa_i=1}^{(k)} = \begin{bmatrix} \frac{t_k}{L_k} & 0 & 0 & -\frac{t_k}{L_k} & 0 & 0 \end{bmatrix} \tag{3.49.a}$$

$$\boldsymbol{H}_{\kappa_i=2}^{(k)} = \begin{bmatrix} 0 & \frac{t_k}{L_k} & 0 & 0 & -\frac{t_k}{L_k} & 0 \end{bmatrix} \tag{3.49.b}$$

$$\boldsymbol{H}_{\kappa_i=3}^{(k)} = \begin{bmatrix} 0 & 0 & \frac{t_k}{L_k} & 0 & 0 & -\frac{t_k}{L_k} \end{bmatrix} \tag{3.49.c}$$

将机构中所有 $\boldsymbol{H}_{\kappa_i}^{(k)}$（$i = 1, \cdots, J$）集成并考虑边界条件，最终集成 $\boldsymbol{H}_{n\times n}$。

对于只存在单一机构位移模态的杆系机构（m=1），平衡稳定性判定公式为

$$\boldsymbol{U}_m^{\mathrm{T}} \cdot \boldsymbol{H} \cdot \boldsymbol{U}_m > 0 \quad \text{稳定平衡} \tag{3.50.a}$$

$$\boldsymbol{U}_m^{\mathrm{T}} \cdot \boldsymbol{H} \cdot \boldsymbol{U}_m = 0 \quad \text{随遇平衡} \tag{3.50.b}$$

$$\boldsymbol{U}_m^{\mathrm{T}} \cdot \boldsymbol{H} \cdot \boldsymbol{U}_m < 0 \quad \text{不稳平衡} \tag{3.50.c}$$

对于多个机构位移模态的杆系机构（$m > 1$），平衡稳定性判定公式为

$$\boldsymbol{U}_m^{\mathrm{T}} \cdot \boldsymbol{H} \cdot \boldsymbol{U}_m \ \text{正定} \quad \text{稳定平衡} \tag{3.51.a}$$

$$\boldsymbol{U}_m^{\mathrm{T}} \cdot \boldsymbol{H} \cdot \boldsymbol{U}_m = \boldsymbol{0} \quad \text{随遇平衡} \tag{3.51.b}$$

$$\boldsymbol{U}_m^{\mathrm{T}} \cdot \boldsymbol{H} \cdot \boldsymbol{U}_m \ \text{负定} \quad \text{不稳平衡} \tag{3.51.c}$$

根据矩阵理论

$$\begin{aligned} &\boldsymbol{H}_{n\times n} \quad \text{正定} \quad \Leftrightarrow \quad \forall\ \boldsymbol{X}_{n\times 1}(=\{x_1, x_2, \cdots, x_n\}^{\mathrm{T}}) \\ &\text{s. t.} \quad \boldsymbol{X}^{\mathrm{T}} \cdot \boldsymbol{H} \cdot \boldsymbol{X} > 0 \end{aligned} \tag{3.52}$$

由机构位移模态 $\boldsymbol{U}_m$ 构成的线性空间必然被 $\boldsymbol{X}$ 构成的线性空间包含，即 $\Re^n(\boldsymbol{U}_m) \subseteq \Re^n(\boldsymbol{X})$，因此可以将 $\boldsymbol{H}_{n\times n}$ 的正定性作为机构平衡稳定性的充分条件

$$\boldsymbol{H}_{n\times n} \quad \text{正定} \quad \Rightarrow \quad \text{机构稳定平衡} \tag{3.53}$$

$$\boldsymbol{H}_{n\times n} \quad \text{负定} \quad \Rightarrow \quad \text{机构不稳平衡} \tag{3.54}$$

若 $\boldsymbol{H}_{n\times n}$ 正不定、负不定或不定，则考察 $\boldsymbol{U}_m^{\mathrm{T}} \cdot \boldsymbol{H} \cdot \boldsymbol{U}_m$ 的正定性。

- 悬杆机构可动性、稳定性判定

图 3.13 示悬杆机构的平衡矩阵

$$\boldsymbol{A} = \begin{bmatrix} 0 & -1 & 0 \\ 1 & 0 & 0 \\ 0 & 1 & 0 \\ 0 & 0 & 1 \end{bmatrix}, \ m = 1, \ s = 0$$

对于情况图 3.13（b）

$$\boldsymbol{t} = \begin{bmatrix} 1 \\ 0 \\ 1 \end{bmatrix} \quad \boldsymbol{H} = \begin{bmatrix} 1 & 0 & 0 & 0 \\ 0 & 1 & 0 & 0 \\ 0 & 0 & 1 & 0 \\ 0 & 0 & 0 & 1 \end{bmatrix} \quad \boldsymbol{U}_m = \begin{bmatrix} -0.707 \\ 0 \\ -0.707 \\ 0 \end{bmatrix} \quad \boldsymbol{P} = \begin{bmatrix} 0 \\ 1 \\ 0 \\ 1 \end{bmatrix}$$

由于 $\boldsymbol{U}_m^{\mathrm{T}}\boldsymbol{P} = 0$，机构不可动；$\boldsymbol{U}_m^{\mathrm{T}} \cdot \boldsymbol{H} \cdot \boldsymbol{U}_m = 1$，所以机构稳定平衡。

对于情况图 3.13（c）

$$\boldsymbol{t} = \begin{bmatrix} -1 \\ 0 \\ -1 \end{bmatrix} \quad \boldsymbol{H} = \begin{bmatrix} -1 & 0 & 0 & 0 \\ 0 & -1 & 0 & 0 \\ 0 & 0 & -1 & 0 \\ 0 & 0 & 0 & -1 \end{bmatrix} \quad \boldsymbol{U}_m = \begin{bmatrix} -0.707 \\ 0 \\ -0.707 \\ 0 \end{bmatrix} \quad \boldsymbol{P} = \begin{bmatrix} 0 \\ -1 \\ 0 \\ -1 \end{bmatrix}$$

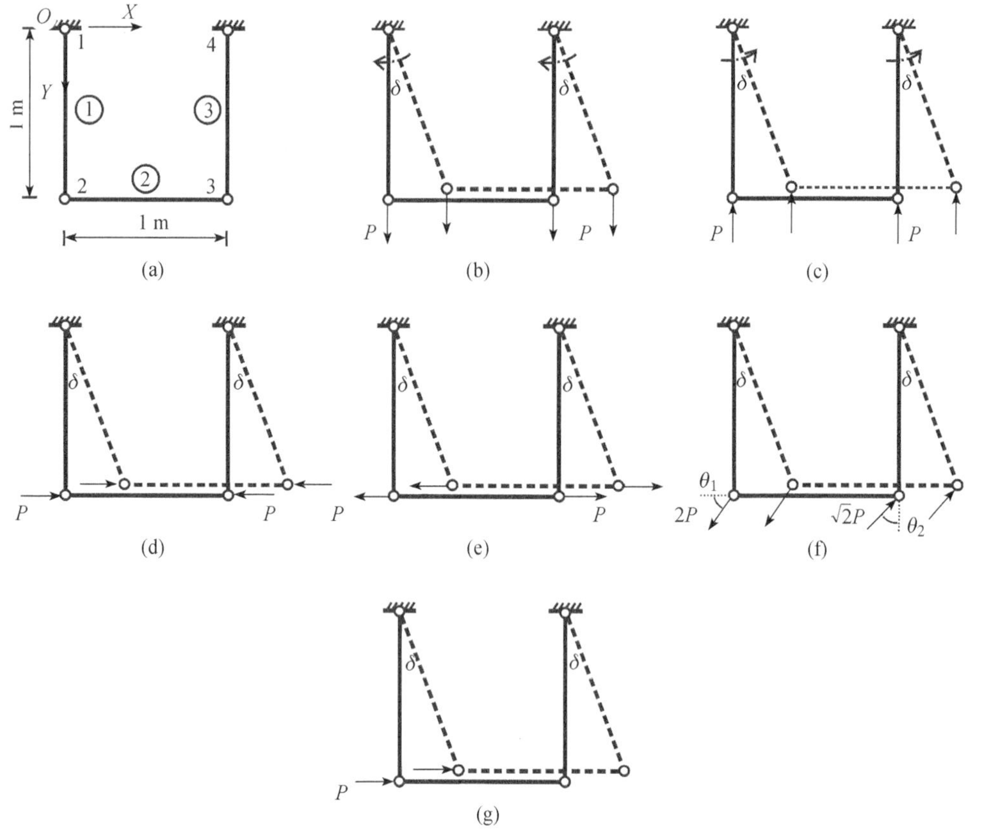

(b) ～ (g) 受不同形式荷载作用

图 3.13　悬杆机构

由于 $\boldsymbol{U}_m^{\mathrm{T}}\boldsymbol{P}=0$，机构不可动；$\boldsymbol{U}_m^{\mathrm{T}}\cdot\boldsymbol{H}\cdot\boldsymbol{U}_m=-1$，所以机构不稳定平衡。

对于情况图 3.13（d）

$$\boldsymbol{t}=\begin{bmatrix}0\\-1\\0\end{bmatrix}\quad \boldsymbol{H}=\begin{bmatrix}-1&0&1&0\\0&-1&0&1\\1&0&-1&0\\0&1&0&-1\end{bmatrix}\quad \boldsymbol{U}_m=\begin{bmatrix}-0.707\\0\\-0.707\\0\end{bmatrix}\quad \boldsymbol{P}=\begin{bmatrix}1\\0\\-1\\0\end{bmatrix}$$

由于 $\boldsymbol{U}_m^{\mathrm{T}}\boldsymbol{P}=0$，机构不可动；$\boldsymbol{U}_m^{\mathrm{T}}\cdot\boldsymbol{H}\cdot\boldsymbol{U}_m=0$，所以机构随遇平衡。

对于情况图 3.13（e）

$$\boldsymbol{t}=\begin{bmatrix}0\\1\\0\end{bmatrix}\quad \boldsymbol{H}=\begin{bmatrix}1&0&-1&0\\0&1&0&-1\\-1&0&1&0\\0&-1&0&1\end{bmatrix}\quad \boldsymbol{U}_m=\begin{bmatrix}-0.707\\0\\-0.707\\0\end{bmatrix}\quad \boldsymbol{P}=\begin{bmatrix}-1\\0\\1\\0\end{bmatrix}$$

由于 $\boldsymbol{U}_m^{\mathrm{T}}\boldsymbol{P}=0$，机构不可动；$\boldsymbol{U}_m^{\mathrm{T}}\cdot\boldsymbol{H}\cdot\boldsymbol{U}_m=0$，所以机构随遇平衡。

对于情况图 3.13 (f)，$\theta_1 = 60°$，$\theta_2 = 45°$

$$t = \begin{bmatrix} 1.732 \\ 1 \\ -1 \end{bmatrix} \quad H = \begin{bmatrix} 2.732 & 0 & -1 & 0 \\ 0 & 2.732 & 0 & -1 \\ -1 & 0 & 0 & 0 \\ 0 & -1 & 0 & 0 \end{bmatrix} \quad U_m = \begin{bmatrix} -0.707 \\ 0 \\ -0.707 \\ 0 \end{bmatrix} \quad P = \begin{bmatrix} -1 \\ 1.732 \\ 1 \\ -1 \end{bmatrix}$$

由于 $U_m^{\mathrm{T}} P = 0$，机构不可动；$U_m^{\mathrm{T}} \cdot H \cdot U_m = 0.366$，所以机构稳定平衡。

对于情况图 3.13 (g)

$$H = \begin{bmatrix} 1 & 0 & -1 & 0 \\ 0 & 1 & 0 & -1 \\ -1 & 0 & 1 & 0 \\ 0 & -1 & 0 & 1 \end{bmatrix} \quad U_m = \begin{bmatrix} -0.707 \\ 0 \\ -0.707 \\ 0 \end{bmatrix} \quad P = \begin{bmatrix} 1 \\ 0 \\ 0 \\ 0 \end{bmatrix}$$

由于 $U_m^{\mathrm{T}} P = -0.707 \neq 0$，机构可动，不平衡。

当发生微小扰动 δ 时，节点 2 的位移轨迹见图 3.14。图 3.13 (b) 和 3.13 (f) 两种情况，它将返回初始平衡状态；图 3.13 (c) 将偏离初始平衡状态；图 3.13 (d) 和 3.13 (e) 两种情况，处于中性平衡状态。

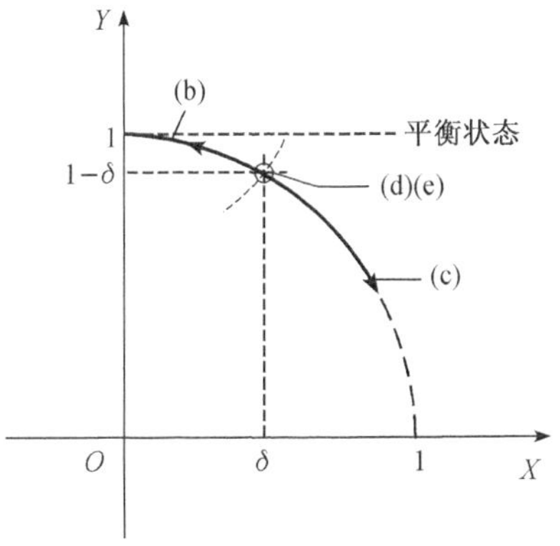

图 3.14　2 号节点轨迹

- 单杆机构稳定性判定

对于情况图 3.9 (b)

$$H = \begin{bmatrix} 1 & 0 \\ 0 & 1 \end{bmatrix}$$

海塞矩阵正定，机构稳定平衡。

对于情况图 3.9 (c)

$$H = \begin{bmatrix} -1 & 0 \\ 0 & -1 \end{bmatrix}$$

海塞矩阵负定，机构不稳定平衡。

- 多位移模态机构可动性、稳定性判定

图 3.15 所示为多机构位移模态（$m>1$）的铰接杆系机构，包含有两个全等的 Watt 机构，由水平杆件连接。Tarnai 和 Szabó 曾研究过这一机构的运动分支问题[34]。这里将研究不同荷载状态下机构的可动性和稳定性。平衡矩阵 **A** 为列满秩，$m=2$，$s=0$。基于奇异值分解，可以计算出机构位移模态。

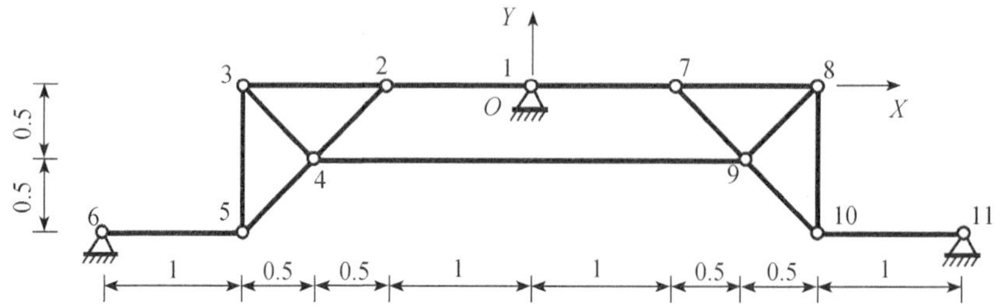

(a) 机构几何参数

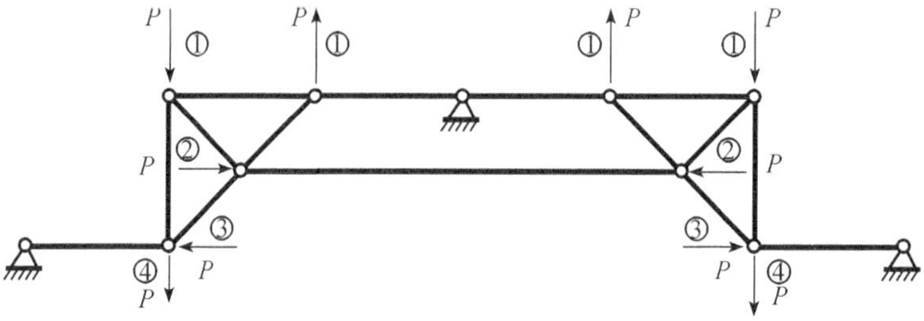

(b) 荷载模式

图 3.15　多位移模态机构

$$\boldsymbol{U}_m=\begin{bmatrix}0 & 0.486 & 0 & 0.486 & 0 & 0.486 & 0 & 0.486 & 0 & 0.116 & 0 & 0.116 & 0 & 0.116 & 0 & 0.116\\ 0 & -0.116 & 0 & -0.116 & 0 & -0.116 & 0 & -0.116 & 0 & 0.486 & 0 & 0.486 & 0 & 0.486 & 0 & 0.486\end{bmatrix}^{\mathrm{T}}$$

若施加荷载①，得

$$\boldsymbol{U}_m^{\mathrm{T}}\boldsymbol{P}=\begin{bmatrix}0\\0\end{bmatrix}\quad \boldsymbol{U}_m^{\mathrm{T}}\cdot\boldsymbol{H}\cdot\boldsymbol{U}_m=\begin{bmatrix}0.5 & 0\\0 & 0.5\end{bmatrix}$$

所以机构不可动且稳定平衡。

若施加荷载②，得

$$\boldsymbol{U}_m^{\mathrm{T}}\boldsymbol{P}=\begin{bmatrix}0\\0\end{bmatrix}\quad \boldsymbol{U}_m^{\mathrm{T}}\cdot\boldsymbol{H}\cdot\boldsymbol{U}_m=\begin{bmatrix}0 & 0\\0 & 0\end{bmatrix}$$

所以机构不可动且随遇平衡。

若施加荷载③，得

$$\boldsymbol{U}_m^{\mathrm{T}}\boldsymbol{P}=\begin{bmatrix}0\\0\end{bmatrix}\quad \boldsymbol{U}_m^{\mathrm{T}}\cdot\boldsymbol{H}\cdot\boldsymbol{U}_m=\begin{bmatrix}-0.25&0\\0&-0.25\end{bmatrix}$$

所以机构不可动且不稳定平衡。

若施加荷载④，得

$$\boldsymbol{U}_m^{\mathrm{T}}\boldsymbol{P}=\begin{bmatrix}-0.602\\-0.371\end{bmatrix}\neq\boldsymbol{0}$$

所以机构可动，不平衡。

3.6　斜放四角锥平板网架的可动性分析

3.6.1　斜放四角锥平板网架组成特点

图 3.16（a）为矩形斜放四角锥平板网架的平面布置图，可见组成斜放四角锥网架的基本单元是呈五面体的倒置四角锥（图 3.16b），锥顶之间通过连接下弦杆件组成结构。下弦杆与边界平行或垂直，上弦网格正交斜放，下弦网格正交正放。上弦杆长为下弦杆长的 $\sqrt{2}/2$ 倍，周边下弦支承时，上弦杆受压，下弦杆受拉。斜放四角锥网架本身是几何可变的结构，若为下弦支承，图 3.16（c）所示的四角锥体将发生可动趋势，为动不定结构。因此，需设置周边连杆才能保证其几何不变性。

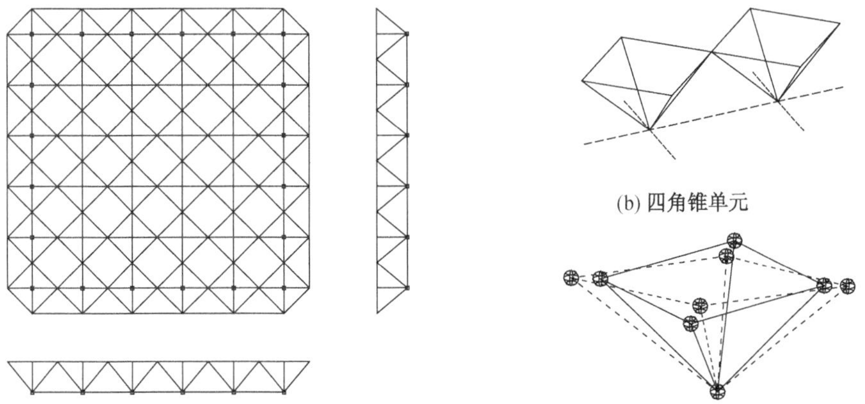

(a) 网格布置　(b) 四角锥单元　(c) 单元变形趋势

图 3.16　斜放四角锥平板网架

3.6.2 斜放四角锥平板网架可动性判定

应用基于平衡矩阵奇异值分解的结构体系分析方法，考虑支承形式不同（周边支承、点支承）、上弦周边是否连接系杆及连接数量、外荷载形式等因素的影响，对斜放四角锥平板网架的可动性进行系统研究。

首先组装斜放四角锥平板网架结构的平衡矩阵 $\boldsymbol{A}$，求得对应机构位移模态、自应力模态，并判定结构的几何可动性，与 Maxwell 准则判定结果作对比，列于表 3.8。图3.17～3.22 给出了各种情况下网架布置图和机构位移模态示意图，图 3.23 给出了两种不同的加载形式，形式一施加竖向荷载 $\boldsymbol{P}_1$，形式二施加水平向荷载 $\boldsymbol{P}_2$。

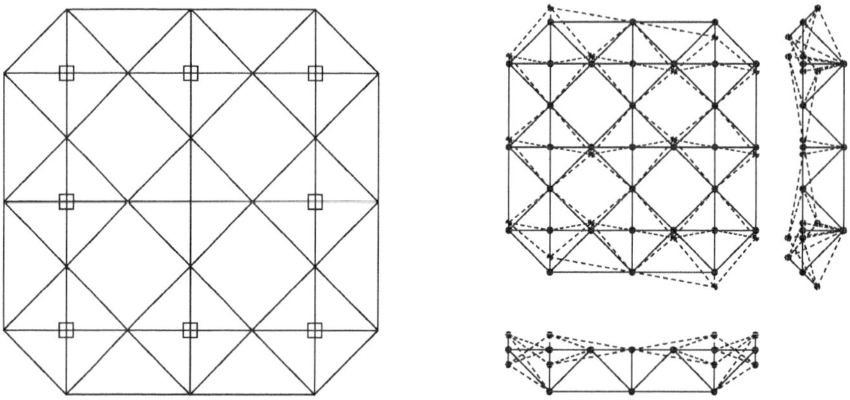

(a) 网格形式　　　　(b) 机构位移模态一

图 3.17　周边支承

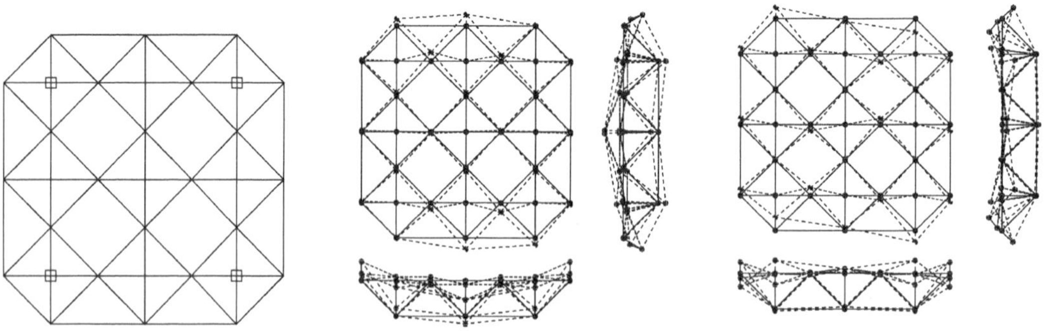

(a) 支承布置 1　　　　(b) 机构位移模态一　　　　(c) 机构位移模态二

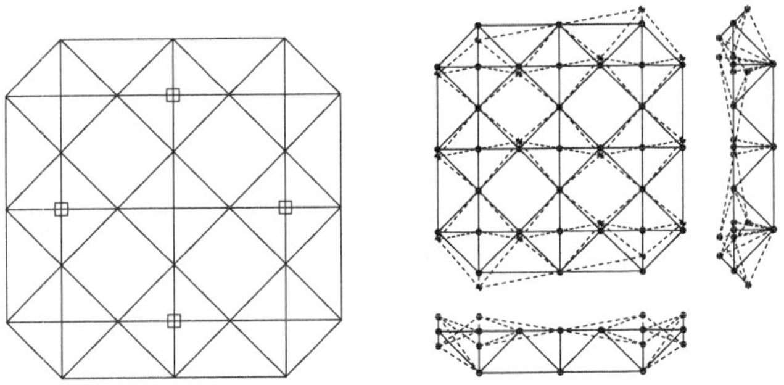

（d）支承布置 2　　（e）机构位移模态三

图 3.18　点支承

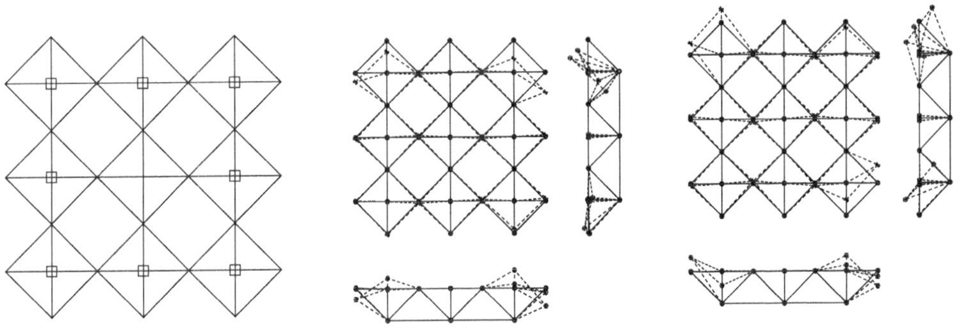

（a）网格形式　　（b）机构位移模态一　　（c）机构位移模态二

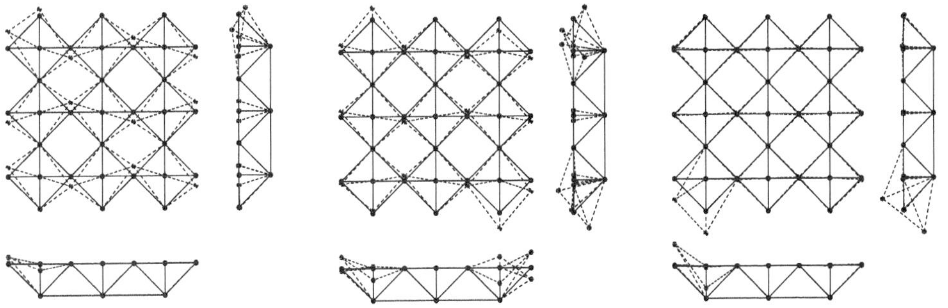

（d）机构位移模态三　　（e）机构位移模态四　　（f）机构位移模态五

图 3.19　周边无连杆、周边支承

斜放四角锥平板网架结构一般而言由于 $s>0$，均归属于静不定结构。表 3.8 中几何稳定的结构均为瞬变结构，在任意荷载作用下结构不可动（假设结构为刚体，忽略杆件极限承载力的影响）。周边未设连杆的斜放四角锥体系几何不稳，在一定的荷载作用下将发生变位。表中斜放四角锥周边无连杆、设点支承 1（图 3.20），并受 $\boldsymbol{P}_2$ 形式的荷载（图 3.23b）作用时，$\boldsymbol{U}_m^{\mathrm{T}}\boldsymbol{P}\neq\boldsymbol{0}$，该结构将发生机构运动。

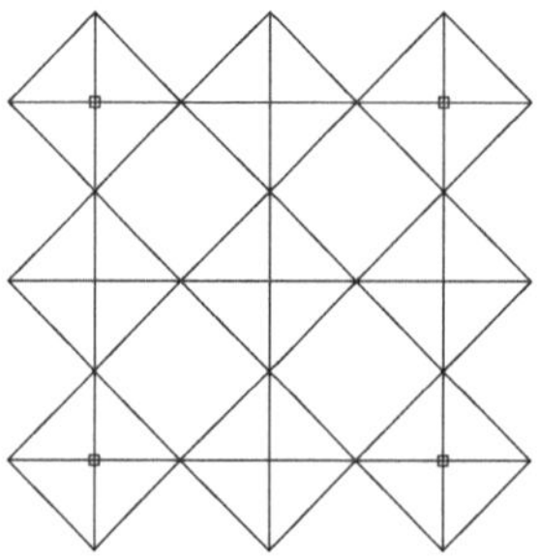

图 3.20　周边无连杆、点支承 1

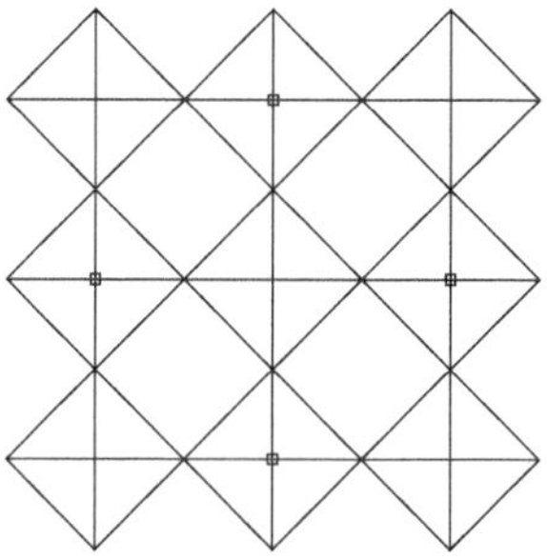

图 3.21　周边无连杆、点支承 2

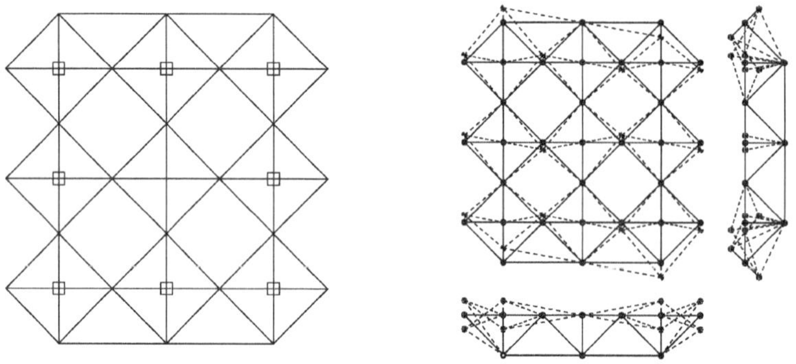

（a）网格形式　　（b）机构位移模态一

图 3.22　对边有连杆、周边支承

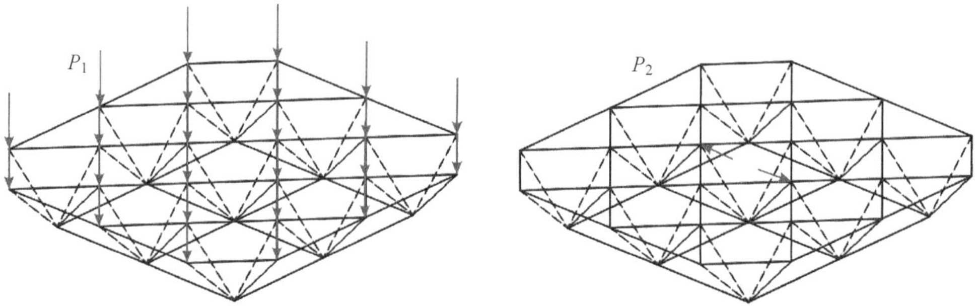

（a）外荷载形式一（$\boldsymbol{P}_1$）　　（b）外荷载形式二（$\boldsymbol{P}_2$）

图 3.23　加载方式

运用传统的 Maxwell 准则判定此结构的几何可变性未必完全适用，它仅对机构位移模态数和自应力模态数的大小关系作了讨论，至于杆件间的相互约束关系无法从判定公式中给出，无法揭示结构几何可变性的本质。从表 3.8“周边无连杆、周边支承”（图 3.19）的情况可以看出，Maxwell 准则判定的几何不变（$W < 0$）结构实质上是几何不稳定的，此时的刚度矩阵 $\boldsymbol{K}$ 奇异。

表 3.8　斜放四角锥平板网架可动性判定

可动性判定 影响因素			基于平衡矩阵奇异值分解判定法				Maxwell 判定			
			m	s	$\boldsymbol{G}^{\mathrm{T}}\boldsymbol{U}_m$	$\dfrac{\boldsymbol{U}_m^{\mathrm{T}}\boldsymbol{P}_1}{\boldsymbol{U}_m^{\mathrm{T}}\boldsymbol{P}_2}$	几何 稳定性	J	B	S
								$W=3J-B-S$		
下弦支承	周边支承 (图 3.17)		1	18	正定	**0**	几何 稳定	33	92	24
						0		$W=-17<0$ 几何不变		
	点支承 (图 3.18)	布置一	2	7	正定	**0**	几何 稳定	33	92	12
						$(-1.3, 0.322)^{\mathrm{T}}$		$W=-5<0$ 几何不变		
		布置二	1	6	正定	**0**	几何 稳定	33	92	12
						0		$W=-5<0$ 几何不变		
	周边无连杆、周边支承 (图 3.19)		5	14	非正定	**0**	几何 不稳定	33	84	24
						0		$W=-9<0$ 几何不变		
	周边无连杆、点支承 1 (图 3.20)		8	5	非正定	**0**	几何 不稳定	33	84	12
						$(-0.449, 0.0379,$ $0.735, -0.165,$ $-0.506, 0.511,$ $0.744, -0.186)^{\mathrm{T}}$		$W=3>0$ 几何可变		
	周边无连杆、点支承 2 (图 3.21)		5	2	**0**	**0**	几何 不稳定	33	84	12
						0		$W=3>0$ 几何可变		
	对边设连杆 (图 3.22)		1	14	正定	**0**	几何 稳定	33	88	24
						0		$W=-13<0$ 几何不变		

注：表中荷载向量 $\boldsymbol{P}_1$、$\boldsymbol{P}_2$ 的节点分量取 10。

　　斜放四角锥平板网架由于其基本组成单元为四角锥体，结构自身就是一个几何可变的体系（图 3.24），要使其安全地运用到结构设计中，需合理地添加连杆并增加一定的约束条件。对比表 3.8 中是否设周边连杆的情况，结果显示周边添加连杆后，机构位移模态数 m 明显减少，自应力模态数 s 明显增大，这对结构十分有利，结构从原先的几何不稳变为几何稳定。因此，周边连杆的设置对斜放四角锥平板网架的可动性十分重要。结构下弦周边支承时，需在边界上提供较强的支撑；结构下弦点支承时，则需设边桁架，以加强结构的稳定性，提高网架平面内的扭转刚度。

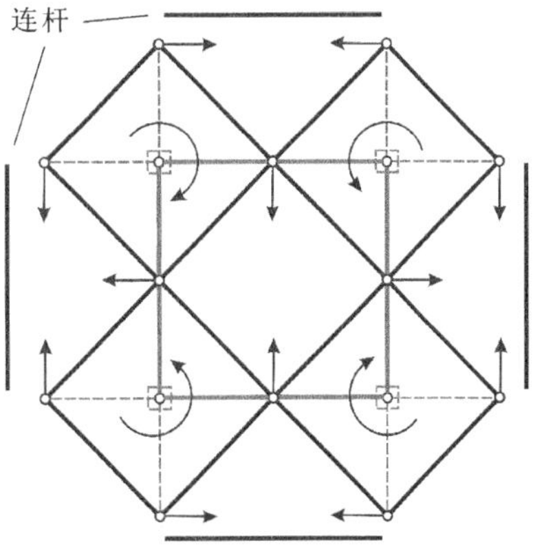

图 3.24　斜放四角锥变形趋势

　　表 3.8 中网架点支承布置 1，几何稳定，但受荷载 $\boldsymbol{P}_2$ 作用时，静力计算结果显示将发生大位移。所以虽然根据基于矩阵奇异值分解法的判定准则判定为几何稳定结构，但是在工程中还是应该避免出现瞬变结构，应加强周边约束，使得网架在任意荷载下均不可动。

3.7 本章小结

本章总结了前人在结构体系分类方面的成果，系统阐述了自应力模态、机构位移模态等参量的物理意义。研究了动不定结构的可动性与稳定性，分别从零外荷自内力第一类动不定结构和受荷第二类动不定结构的体系分析两方面进行详细讨论。

针对单、多自应力模态第一类动不定结构，从本质上解释其内力传递方式及可行预应力分布，推导几何力矩阵，建立几何稳定性判定准则。这部分主要在于总结归纳前人学者的研究成果并加以系统化。

其次，本章解决了荷载作用下第二类动不定结构的可动问题和平衡稳定问题，完善了机构稳定理论，给出了统一的判别式。通过计算机构位移模态以及 Hessian 矩阵，将外荷载影响考虑，推导荷载作用下它的可动性判定公式，以及平衡状态下的稳定判定公式，并对随遇平衡判定也予以了阐述。同时给出典型算例验证判定公式的准确性，归纳出判定表。其中，机构可动性判定公式可以作为外荷载是否为机构平衡力的判定准则。最后详细研究了斜放四角锥网架的可动性。得出如下结论：

（1）动定结构由于不存在机构位移模态，体系几何稳定。

（2）第一类动不定结构由于机构位移会在自应力下得到刚化，几何稳定；但同时存在这样的外荷载，使结构发生可动的趋势，因此此类结构属瞬变体系。

（3）第二类动不定结构在一定外荷载条件下，若满足荷载向量与机构位移模态正交，则不可动。

（4）为便于理解，列杆系结构可动性判定表如下：

表 3.9 杆系结构可动性判定准则归类

结构可动性	判定公式		体系分类
不可动	几何稳定	$m=0$	动定结构
	几何不稳	$m>0$，$s=0$，$\boldsymbol{U}_m^{\mathrm{T}}\boldsymbol{P}=\boldsymbol{0}$	第二类动不定结构
		$m>0$，$s>0$，$\boldsymbol{\beta}^{\mathrm{T}}\boldsymbol{G}^{\mathrm{T}}\boldsymbol{U}_m\boldsymbol{\beta}=0$ 且 $\boldsymbol{U}_m^{\mathrm{T}}\boldsymbol{P}=\boldsymbol{0}$	
瞬变	几何稳定	$m>0$，$\beta^{\mathrm{T}}G^{\mathrm{T}}\boldsymbol{U}_m\boldsymbol{\beta}>0$	第一类动不定结构
可动	几何不稳	$m>0$，$s=0$，$\boldsymbol{U}_m^{\mathrm{T}}\boldsymbol{P}\neq\boldsymbol{0}$	第二类动不定结构
		$m>0$，$s>0$，$\boldsymbol{\beta}^{\mathrm{T}}\boldsymbol{G}^{\mathrm{T}}\boldsymbol{U}_m\boldsymbol{\beta}=0$ 且 $\boldsymbol{U}_m^{\mathrm{T}}\boldsymbol{P}\neq\boldsymbol{0}$	

（5）本章解决的杆系机构（第二类动不定结构）在荷载作用下的可动性判定以及平衡稳定判定较几何稳定更广义。它们虽然在自由状态下表现出形态的不确定性，且无法对其施加预应力，或即使可加预应力也不能刚化机构位移，但在特定外荷载作用下，它们同样存在与结构类似的刚化效应，使自身处于稳定平衡状态。书中将结构稳定的理念运用在可以发生几何大位移的机构上，通过分析势力场下机构势能函数的一阶、二阶变分，推出

了动不定结构平衡方程和稳定判据，并结合矩阵奇异值分解理论，不仅给出了动不定结构在外荷载作用下的可动判定公式，而且分析了三种不同平衡形式（稳定、随遇、不稳），最后给出判定式（列于表 3.10）。

表 3.10　机构可动性、平衡稳定性判定表

<table>
<tr><th colspan="3">可动性判定</th><th colspan="2">平衡稳定判定</th></tr>
<tr><td rowspan="4">$m=1$</td><td rowspan="3">不可动</td><td rowspan="3">$\boldsymbol{U}_m^{\mathrm{T}}\boldsymbol{P}=0$</td><td>稳定平衡</td><td>$\boldsymbol{U}_m^{\mathrm{T}}\cdot\boldsymbol{H}\cdot\boldsymbol{U}_m>0$</td></tr>
<tr><td>随遇平衡</td><td>$\boldsymbol{U}_m^{\mathrm{T}}\cdot\boldsymbol{H}\cdot\boldsymbol{U}_m=0$</td></tr>
<tr><td>不稳平衡</td><td>$\boldsymbol{U}_m^{\mathrm{T}}\cdot\boldsymbol{H}\cdot\boldsymbol{U}_m<0$</td></tr>
<tr><td>可动</td><td>$\boldsymbol{U}_m^{\mathrm{T}}\boldsymbol{P}\neq 0$</td><td colspan="2"></td></tr>
<tr><td rowspan="4">$m>1$</td><td rowspan="3">不可动</td><td rowspan="3">$\boldsymbol{U}_m^{\mathrm{T}}\boldsymbol{P}=\boldsymbol{0}$</td><td>稳定平衡</td><td>$\boldsymbol{U}_m^{\mathrm{T}}\cdot\boldsymbol{H}\cdot\boldsymbol{U}_m$正定</td></tr>
<tr><td>随遇平衡</td><td>$\boldsymbol{U}_m^{\mathrm{T}}\cdot\boldsymbol{H}\cdot\boldsymbol{U}_m=\boldsymbol{0}$</td></tr>
<tr><td>不稳平衡</td><td>$\boldsymbol{U}_m^{\mathrm{T}}\cdot\boldsymbol{H}\cdot\boldsymbol{U}_m$负定</td></tr>
<tr><td>可动</td><td>$\boldsymbol{U}_m^{\mathrm{T}}\boldsymbol{P}\neq\boldsymbol{0}$</td><td colspan="2"></td></tr>
</table>

（6）本章认为杆系机构与弹性结构一样，同样存在一系列的稳定问题，包括平衡、平衡形式、屈曲形态、分支类型、屈曲荷载等问题。书中解决了前两个问题。

（7）斜放四角锥的基本组成单元四角锥体为动不定结构，要使其安全运用到结构设计中，需合理添加连杆并增加一定的约束条件。通过深入研究斜放四角锥平板网架各种形式（是否设周边连杆、支承方式）的可动性，本书指出：为避免在工程中出现瞬变，应加强周边约束，使得网架在任意荷载下均不可动，以加强结构的稳定性，提高网架平面内的扭转刚度。

第 4 章

结构几何非线性力法分析理论

4.1 引言

结构响应分析通常主要采用基于位移为变量的有限元法（FEM）[100]。随着一些新型空间结构、可展结构等动不定结构的应用以及施工方法的发展，结构中越来越多地包含有一阶无穷小机构甚至有限机构。因此，在研究这类非传统结构的平衡路径时，对体系机动性能的考察显得尤为重要。传统的有限元方法不经特殊处理常常不能奏效或者无法获取更多结构内在的信息。而力法理论不同于有限元法，Calladine 和 Pellegrino 系统地对该理论进行了研究。力法无需集成刚度矩阵以及直接对矩阵求逆，有效避免了有限元法中刚度矩阵 $\boldsymbol{K}$ 在结构几何可变情况下出现奇异或病态的缺陷，适合分析动不定结构。

当结构表现出强非线性时，为获得更为精确的计算结果，本章将提出对力法进行几何非线性修正的理论，使分析结果更加精确。对各个构型的平衡矩阵进行修正，替代了切线刚度矩阵 $\boldsymbol{K}_T$ 的集成，不仅可以进行静力分析，更可以进行刚体位移和弹性变形耦合的机构运动路径跟踪。

结构的屈曲全过程分析一般可以分为荷载步和迭代步，应用基于 Newton-Raphson 迭代法、荷载增量法或位移增量法的几何非线性有限元法（NFEM）可以顺利跟踪结构前屈曲的平衡路径。但由于结构在屈曲极值点附近的切线刚度矩阵 $\boldsymbol{K}_T$ 出现病态甚至奇异，使用上述增量法无法越过极值点。为跟踪结构的屈曲后性态，1979 年 Riks 和 Wempner 提出了弧长加载策略[102,103]，随后 Crisfied 等对其进行了修正[104,105]。本章将应用几何非线性修正的力法，结合不同的加载策略，进行结构体系的全过程跟踪。该分析方法通过对结构平衡矩阵进行不断修正并奇异值分解，不但能跟踪到屈曲平衡路径，精确到达奇异点，而且能够跟踪包括一阶无穷小机构和有限机构在内的机构运动平衡路径，获得更多机动信息。经引入弧长增量加载策略，可跟踪结构屈曲后行为。此法由于将结构的几何拓扑与本构关系分离处理，在对非传统结构进行屈曲分析时更具内在优势。本章将采用 Modified Newton-Raphson 迭代法并辅以弧长加载策略，完整给出一套结构以及非传统结构平衡路径跟踪的新算法。同时以单自由度结构为例，详细解释平衡路径上结构几何刚度和材料刚度的变化关系。

当然基于力法的分析方法和基于有限元的分析方法都可以归结于能量问题，本质上看是统一的。本章将从势能函数出发，详细阐述两者的统一性，讨论平衡矩阵 $\boldsymbol{A}$ 与线性刚度矩阵 $\boldsymbol{K}$ 、切线刚度矩阵 $\boldsymbol{K}_T$ 以及初始应力矩阵 $\boldsymbol{K}_s$ 的关系。

4.2　线性力法分析理论

4.2.1　平衡方程的建立

力法理论中的平衡方程以及协调方程可以表示成下面的矩阵形式：

$$\boldsymbol{At} = \boldsymbol{P} \tag{4.1}$$

$$\boldsymbol{Bd} = \boldsymbol{e} \tag{4.2}$$

在上一章中已经证明

$$\boldsymbol{B} = \boldsymbol{A}^{\mathrm{T}} \tag{4.3}$$

因此方程（4.2）可以表示成

$$\boldsymbol{A}^{\mathrm{T}}\boldsymbol{d} = \boldsymbol{e} \tag{4.4}$$

假定材料是线弹性的，我们可以建立本构方程：

$$\boldsymbol{e} = \boldsymbol{e}^0 + \boldsymbol{Ft} \tag{4.5}$$

其中 $\boldsymbol{e}^0$ 是初始伸长。结构的响应可以方便地联立方程（4.1）、（4.4）、（4.5）求解。

4.2.2　结构响应的求解

当结构静不定（$s \neq 0$）或动不定（$m \neq 0$）时，矩阵 $\boldsymbol{A}$ 成为长方阵，这时只能通过平衡矩阵 $\boldsymbol{A}$ 的子空间以及零空间的基求解。运用平衡矩阵奇异值分解，得到自应力模态 $\boldsymbol{V}_s$ 和机构位移模态 $\boldsymbol{U}_m$。单元内力 $\boldsymbol{t}$ 和节点位移 $\boldsymbol{d}$ 可以分别表示为特解和通解之和。

$$\boldsymbol{t} = \boldsymbol{t}' + \boldsymbol{V}_s\boldsymbol{\alpha} \tag{4.6}$$

$$\boldsymbol{d} = \boldsymbol{d}' + \boldsymbol{U}_m\boldsymbol{\beta} \tag{4.7}$$

$\boldsymbol{\alpha}$ 和 $\boldsymbol{\beta}$ 分别为自应力模态和机构位移模态的组合系数向量，$\boldsymbol{t}'$ 和 $\boldsymbol{d}'$ 为方程（4.1）和（4.4）的特解，具体可表示为

$$\boldsymbol{t}' = \boldsymbol{V}_r\boldsymbol{S}^{-1}\boldsymbol{U}_r^{\mathrm{T}}\boldsymbol{P} \tag{4.8}$$

$$\boldsymbol{d}' = \boldsymbol{U}_r\boldsymbol{S}^{-1}\boldsymbol{V}_r^{\mathrm{T}}\boldsymbol{e} \tag{4.9}$$

将方程（4.6）代入方程（4.5），得到

$$\boldsymbol{e}=\boldsymbol{e}^0+\boldsymbol{F}\boldsymbol{t}=\boldsymbol{e}^0+\boldsymbol{F}(\boldsymbol{t}'+\boldsymbol{V}_s\boldsymbol{\alpha}) \tag{4.10}$$

根据虚功原理，有

$$\boldsymbol{V}_s^{\mathrm{T}}\boldsymbol{e}=\boldsymbol{0} \tag{4.11}$$

因此，将方程（4.10）代入方程（4.11）

$$\boldsymbol{V}_s^{\mathrm{T}}(\boldsymbol{e}^0+\boldsymbol{F}\boldsymbol{t}')+\boldsymbol{V}_s^{\mathrm{T}}\boldsymbol{F}\boldsymbol{V}_s\boldsymbol{\alpha}=\boldsymbol{0} \tag{4.12}$$

根据方程（4.12）可以求得 $\boldsymbol{\alpha}$。

方程（4.7）中的 $\boldsymbol{\beta}$ 可以根据虚功原理求得

$$\boldsymbol{P}^{\mathrm{T}}\boldsymbol{d}=\boldsymbol{t}^{\mathrm{T}}\delta e \tag{4.13}$$

假定结构发生无限小位移 $\eta\boldsymbol{U}_m$，这里 η 为比例系数。对应的节点外荷载为 $\boldsymbol{P}+\eta\boldsymbol{G}$，这里 $\boldsymbol{G}$ 是几何力矩阵，求解方法已经在上一章中阐述过。几何力 $\boldsymbol{G}$ 是由于结构发生无限小不可延拓机构位移而产生的节点附加荷载，不会产生单元应变，依然满足虚功原理，因此

$$(\boldsymbol{P}+\eta\boldsymbol{G})^{\mathrm{T}}\boldsymbol{d}=\boldsymbol{t}^{\mathrm{T}}\delta e \tag{4.14}$$

对比方程（4.13）和（4.14），有

$$\boldsymbol{G}^{\mathrm{T}}\boldsymbol{d}=\boldsymbol{0} \tag{4.15}$$

将方程（4.7）代入上式，得

$$\boldsymbol{G}^{\mathrm{T}}(\boldsymbol{d}'+\boldsymbol{U}_m\boldsymbol{\beta})=\boldsymbol{0} \tag{4.16}$$

上式可以求得机构位移组合系数向量 $\boldsymbol{\beta}$。

4.3 几何非线性力法分析理论（NFM）

4.3.1 力法的几何非线性修正

基于线性力法，这里引入迭代算法进行几何非线性修正。方法适合计算机编程，尤其适合其中含有无穷小机构或有限机构的动不定结构。

如图 4.1 所示，考虑二杆子结构 k、l。i、j、h 的初始坐标分别写成 $\boldsymbol{X}_i$、$\boldsymbol{X}_j$、$\boldsymbol{X}_h$，节点位移分别写成 $\boldsymbol{d}_i(dx_i \quad dy_i \quad dz_i)$、$\boldsymbol{d}_j(dx_j \quad dy_j \quad dz_j)$、$\boldsymbol{d}_h(dx_h \quad dy_h \quad dz_h)$。假定 $\boldsymbol{P}_i$ 为节点外力向量，记为 $\boldsymbol{P}_i=(p_{ix} \quad p_{iy} \quad p_{iz})^{\mathrm{T}}$。在非线性分析中，结构的几何改变量必须予以考虑。在变形后的构型上，重新建立 i 点处平衡方程，有

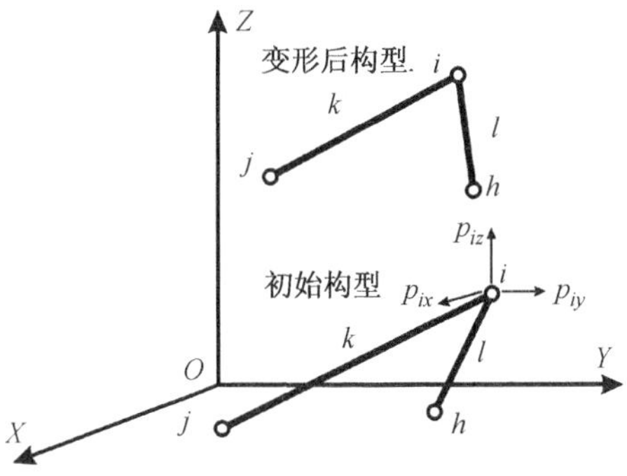

图 4.1　变位前后结构构型

$$\left(\frac{(x_j+dx_j)-(x_i+dx_i)}{l_k^0}\right)t_k+\left(\frac{(x_h+dx_h)-(x_i+dx_i)}{l_l^0}\right)t_l=p_{ix} \tag{4.17. a}$$

$$\left(\frac{(y_j+dy_j)-(y_i+dy_i)}{l_k^0}\right)t_k+\left(\frac{(y_h+dy_h)-(y_i+dy_i)}{l_l^0}\right)t_l=p_{iy} \tag{4.17. b}$$

$$\left(\frac{(z_j+dz_j)-(z_i+dz_i)}{l_k^0}\right)t_k+\left(\frac{(z_h+dz_h)-(z_i+dz_i)}{l_l^0}\right)t_l=p_{iz} \tag{4.17. c}$$

以此类推，建立其他各个点的平衡方程，同时考虑边界约束条件，可以得到一个由 n_r 个方程组成的方程组，未知数个数为 n_c。将方程组写成矩阵形式，此时的平衡矩阵分为两部分

$$\mathbf{A}=\mathbf{A}_l+\mathbf{A}_{nl} \tag{4.18}$$

这里 $\mathbf{A}_l$ 包含矩阵的线性部分，包含 $\frac{x_j-x_i}{l_k^0}$、$\frac{y_j-y_i}{l_k^0}$ 和 $\frac{z_j-z_i}{l_k^0}$；$\mathbf{A}_{nl}$ 是由于节点变位引起的平衡矩阵非线性部分，包含 $\frac{dx_j-dx_i}{l_k^0}$、$\frac{dy_j-dy_i}{l_k^0}$ 和 $\frac{dz_j-dz_i}{l_k^0}$，$\mathbf{A}_{nl}$ 只与节点变位有关。因此 $\mathbf{A}$ 是节点位移向量 $\boldsymbol{d}$ 的函数。

与非线性有限元类似，非线性方程采用 Newton-Raphson 法进行迭代求解。在 k 迭代步建立平衡方程

$$\mathbf{A}^k(\boldsymbol{d})\delta\boldsymbol{t}^k=\delta\mathbf{P}^k \tag{4.19}$$

方程右端项是不平衡力，$\mathbf{A}^k(\boldsymbol{d})$ 是第 k 迭代步的平衡矩阵，$\delta\boldsymbol{t}^k$ 和 $\delta\mathbf{P}^k$ 分别是内力和节点力的增量。同样，位移协调方程可以写成

$$\mathbf{B}^k(\boldsymbol{d})\delta\boldsymbol{d}^k=\delta\boldsymbol{e}^k \tag{4.20}$$

这里 $\mathbf{B}^k(\boldsymbol{d})$ 是 k 迭代步的协调矩阵，$\delta\boldsymbol{d}^k$ 和 $\delta\boldsymbol{e}^k$ 分别为 k 迭代步的节点位移和单元伸缩量。由于在每一迭代步满足 $\mathbf{B}^k(\boldsymbol{d})=(\mathbf{A}^k(\boldsymbol{d}))^{\mathrm{T}}$，方程（4.20）可以重新写成

$$(\mathbf{A}^k(\boldsymbol{d}))^{\mathrm{T}}\delta\boldsymbol{d}^k=\delta\boldsymbol{e}^k \tag{4.21}$$

现在归纳出几何非线性力法主要步骤：

① 初始化 $\boldsymbol{d}^0=\boldsymbol{0}$、$\boldsymbol{t}^0=\boldsymbol{0}$；

② 基于初始构型，组装平衡矩阵 $\boldsymbol{A}^1$；

③ 设置 $p=1$；

④ 计算节点不平衡力 $\delta\boldsymbol{P}^k=\boldsymbol{P}-\boldsymbol{A}^k\boldsymbol{t}^{k-1}$；

⑤ 对 $\boldsymbol{A}^k$ 进行奇异值分解；

⑥ 利用方程（4.6）和（4.7）求解 $\delta\boldsymbol{t}^k$ 和 $\delta\boldsymbol{d}^k$，求解方法已经列出；

⑦ 分别计算 k 迭代步节点位移 $\boldsymbol{d}^k=\boldsymbol{d}^{k-1}+\delta\boldsymbol{d}^k$，单元内力 $\boldsymbol{t}^k=\boldsymbol{t}^{k-1}+\delta\boldsymbol{t}^k$；

⑧ 在新的构型 $\boldsymbol{d}^k$ 下重新组装平衡矩阵 $\boldsymbol{A}^{k+1}$；

⑨ $k=k+1$，重复步骤④到⑨直至结果收敛。

4.3.2 收敛准则

算法以残余节点位移的“2”范数（欧拉范数）作为判断算法收敛的准则：

$$\frac{\|\delta\boldsymbol{d}^k\|_2}{\|\boldsymbol{d}^k\|_2}\leqslant\Omega_d \tag{4.22. a}$$

或以残余力作为算法收敛依据

$$\frac{\|\delta\boldsymbol{P}^k\|_2}{\|P\|_2}\leqslant\Omega_P \tag{4.22. b}$$

这里，Ω_d 和 Ω_P 均为小量，分别是节点位移和残余力的控制指标，一般可设为 1e－10。算法的计算流程图见图 4.2。

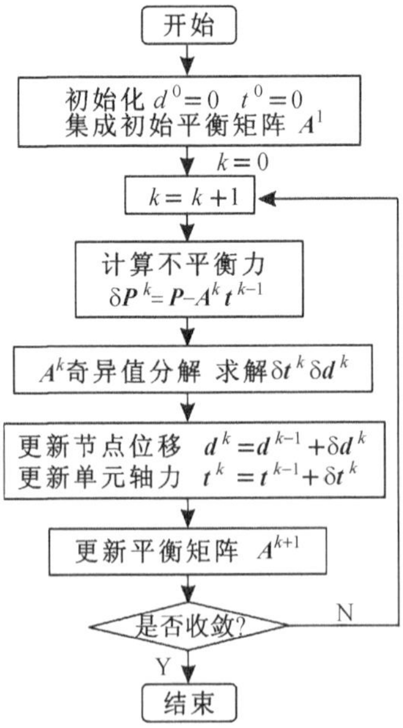

图 4.2 几何非线性力法的流程图

4.3.3　数值算例

- 空间铰接杆系无穷小机构

图 4.3 所示为一个铰接杆系结构。杆件材料为 $\Phi30\times2.0$ mm 的圆管，弹性模量 $E=2.06\times10^5$ N/mm^2。结构为 Maxwell 准则要求的几何不变体系。但是，经平衡矩阵奇异值分解计算显示，存在无限小机构，为动不定结构。机构位移模态数 $m=1$。且存在一个自应力模态，$s=1$。

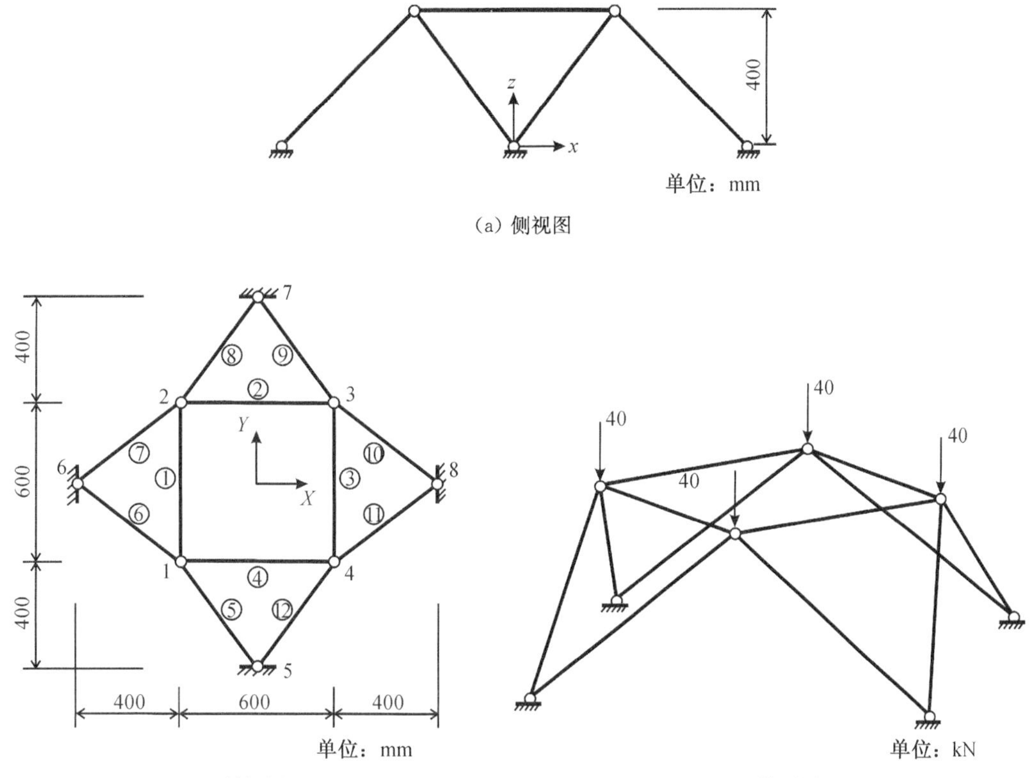

图 4.3　12 杆铰接杆系结构

$$\boldsymbol{U}_m=(-1.0,-1.0,0.25,1.0,-1.0,-0.25,1.0,1.0,0.25,-1.0,1.0,-0.25)^{\mathrm{T}}$$

$$\boldsymbol{V}_s=(1.0,-1.0,1.0,-1.0,0.915,-0.915,-0.915,0.915,0.915,-0.915,-0.915,0.915)^{\mathrm{T}}$$

对结构施加四个集中荷载，利用非线性力法可以计算出各个节点的位移响应以及单元的内力响应。计算结果与线性力法的计算结果进行了对比，分别列于表 4.1 和表 4.2 中。

表 4.1 结构内力

单元编号	①	②	③	④	⑤
内力（N）	−5 000	−5 000	−5 000	−5 000	−32 015
单元编号	⑥	⑦	⑧	⑨	⑩
内力（N）	−32 015	−32 015	−32 015	−32 015	−32 015

表 4.2 节点位移

节点编号	*X* 向分量（mm）	*Y* 向分量（mm）	*Z* 向分量（mm）
1	0.041	0.041	−0.898
2	0.041	−0.041	−0.898
3	−0.041	−0.041	−0.898
4	−0.041	−0.041	−0.898

• 平面悬索结构

图 4.4 为一个平面悬索结构，由三根索组成。节点 1 和 2 分别受竖直向下的集中荷载 W 作用。索的右端固定，并对左端索段收缩 Δ=10 mm、20 mm、30 mm。这里分别采用线性和非线性力法计算出结构的最终形态。

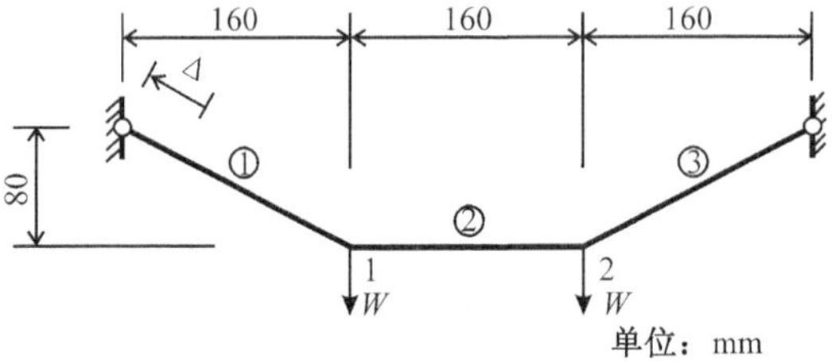

图 4.4 悬索结构

表 4.3 给出了分别给出了两种计算方法得到的节点位移。表 4.4 给出了计算后的索长。并与实验结果（图 4.5）进行了对比。其中（Δ=10 mm）的情况在文献 [23] 中已经给出。我们发现，当索的初始缩短 Δ 较小时，由线性力法（LFM）和非线性力法（NFM）计算出的结果与图 4.5 所示实验结果相近。但当 Δ 增大时，线性力法带来的误差

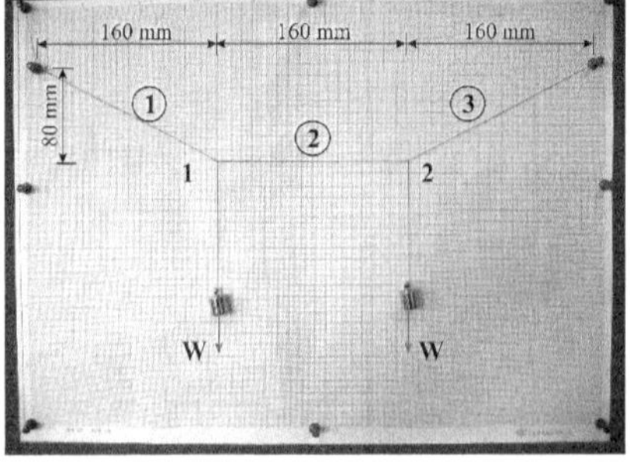

(a) Δ=0 mm

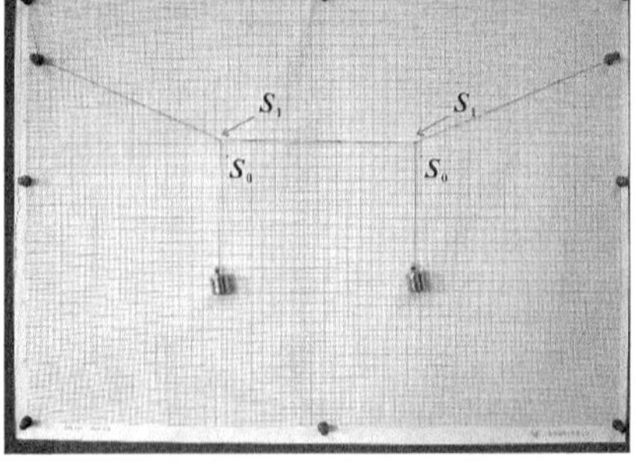

(b) Δ=10 mm

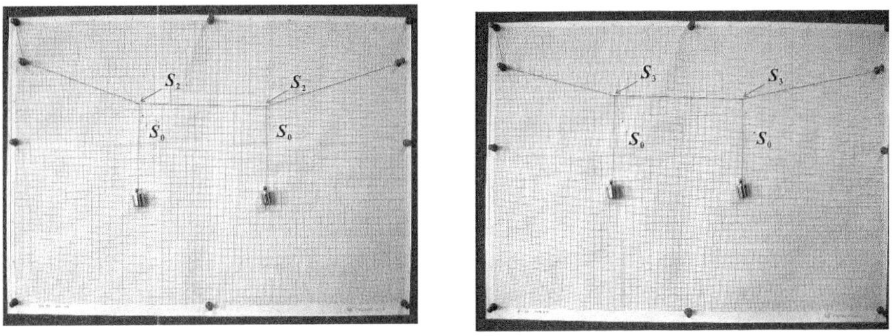

(c) $\Delta=20$ mm　　(d) $\Delta=30$ mm

图 4.5　实验照片

随之增大。当 $\Delta=30$ mm（缩短量为 16.77%）时非线性力法计算结果的误差只有 4.12%，而线性力法的误差已经达到 25.4%。另外，非线性力法计算出的索长几乎是精确的，而线性力法的结果误差达到 5.63%。

表 4.3　节点位移比较

索段①收缩	节点位移	LFM 结果（mm）	NFM 结果（mm）	实验结果（mm）	LFM 误差	NFM 误差
$\Delta=10$ mm 收缩 5.59%	d_{1x}	−5.160	−5.021	−5.0	3.20%	0.42%
	d_{1y}	12.040	12.889	12.5	−3.68%	3.11%
	d_{2x}	−5.160	−5.033	−5.5	−6.18%	−8.49%
	d_{2y}	10.320	10.977	11.0	−6.18%	−0.21%
$\Delta=20$ mm 收缩 11.18%	d_{1x}	−10.320	−9.887	−9.5	8.63%	4.07%
	d_{1y}	24.081	27.936	27.0	−10.81%	3.47%
	d_{2x}	−10.320	−9.933	−10.0	3.20%	−0.67%
	d_{2y}	20.641	24.117	24.0	−14.00%	0.49%
$\Delta=30$ mm 收缩 16.77%	d_{1x}	−15.480	−14.971	−15.0	3.20%	−0.19%
	d_{1y}	36.121	46.334	44.5	−18.83%	4.12%
	d_{2x}	−15.480	−15.007	−15.0	3.20%	0.05%
	d_{2y}	30.961	42.950	41.5	−25.40%	3.49%

表 4.4　索长列表

索段①收缩	索段号	LFM 结果（mm）	NFM 结果（mm）	理论值（mm）	LFM 误差	NFM 误差
$\Delta=10$ mm 收缩 5.59%	1	169.10	168.89	168.89	0.12%	0.0%
	2	169.01	160.00	160.00	5.63%	0.0%
	3	179.26	178.89	178.89	0.21%	0.0%
$\Delta=20$ mm 收缩 11.18%	1	159.78	158.89	158.89	0.56%	0.0%
	2	160.04	160.00	160.00	0.02%	0.0%
	3	180.37	178.89	178.89	0.83%	0.0%
$\Delta=30$ mm 收缩 16.77%	1	151.03	148.89	148.89	1.44%	0.0%
	2	160.08	160.00	160.00	0.05%	0.0%
	3	182.20	178.89	178.89	1.85%	0.0%

- 预应力索

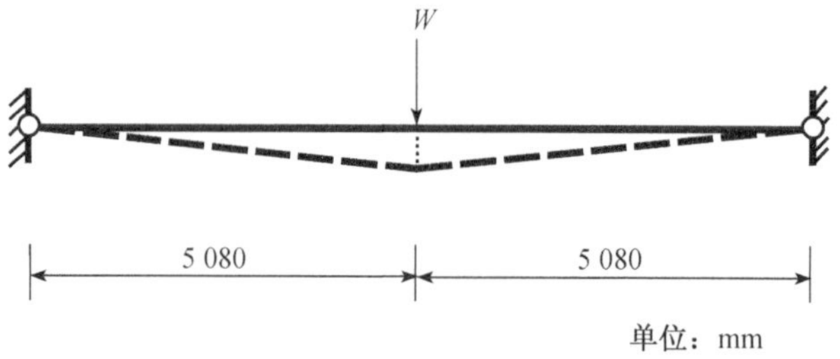

图 4.6　预应力索（跨中受横向集中荷载作用）

平面内一根预应力索，中部受一横向的集中荷载作用，如图 4.6 所示。荷载 $W=311.38$ N，$EA=564.92$ N，索长 10 160 mm，索内初始张力为 4 448.2 N。体系分析结果有 $s=1$，$m=1$，存在无限小机构。利用非线性力法，结果显示，中部横向挠度为 166.423 mm，索的最终张力为 4 754 N，很好地符合文献［100］给出结果 166.54 mm，误差小于 1%。

4.4　基于 NFM 的结构屈曲全过程跟踪

4.4.1　结构的前屈曲跟踪

将非线性力法作为找寻每一荷载步平衡状态位置的迭代公式，可以顺利地进行结构的前屈曲跟踪。为节省计算量和计算空间，可以引入 Modified Newton-Raphson 算法，进行迭代，如图 4.7 所示。在 t 荷载步中的若干迭代步无需反复分解新集成的平衡矩阵 ${}^{t}\mathbf{A}$，所以每个荷载步只需实施奇异值分解一次，大大降低了计算量。

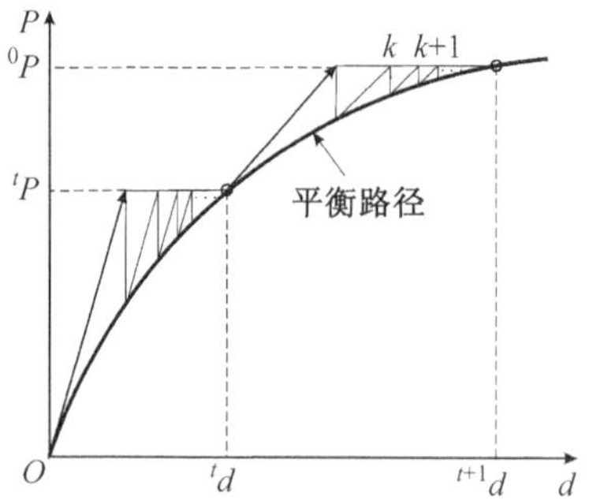

图 4.7　结构前屈曲荷载位移图

与非线性有限元类似，奇异点后的后屈曲过程无法直接跟踪，需引入加载策略。我们将借鉴弧长加载策略并配合非线性力法（NFM），给出全过程跟踪算法。

4.4.2 结构的后屈曲跟踪

结构体系在平衡路径上任意 t 时刻 k 迭代步的增量平衡方程可以列为

$$ {}^t\boldsymbol{A}\cdot{}^t\delta\boldsymbol{t}^k={}^t\lambda^k\cdot{}^0\boldsymbol{P}-{}^t\boldsymbol{F}^{k-1} \tag{4.23. a}$$

$$ {}^t\delta\boldsymbol{e}^k=\boldsymbol{F}^t\delta\boldsymbol{t}^k \tag{4.23. b}$$

$$ ({}^t\boldsymbol{A})^{\mathrm{T}}\cdot{}^t\delta\boldsymbol{d}^k={}^t\delta\boldsymbol{e}^k \tag{4.23. c}$$

${}^0\boldsymbol{P}$ 为参考荷载向量，${}^t\lambda^k$ 为加载控制参数，${}^t\boldsymbol{A}$ 为 t 时刻结构平衡矩阵，${}^t\boldsymbol{F}^{k-1}$ 为 t 时刻 $k-1$ 迭代步结构等效节点反力。迭代步求解方法使用 Modified Newton-Raphson 法。引入弧长加载策略，将节点位移增量分为两部分 ${}^t\delta\boldsymbol{d}_e^k$、${}^t\delta\boldsymbol{d}_r^k$ 同时求解（Batoz，Dhatt[106]），

$$ {}^t\delta\boldsymbol{d}^k={}^t\delta\boldsymbol{d}_r^k+{}^t\delta\lambda^k\cdot{}^t\delta\boldsymbol{d}_e^k \tag{4.24}$$

参考荷载 ${}^0\boldsymbol{P}$ 产生的位移 ${}^t\delta\boldsymbol{d}_e^k$ 的求解

$$ {}^t\boldsymbol{A}\cdot{}^t\delta\boldsymbol{t}_e^k={}^0\boldsymbol{P} \tag{4.25. a}$$

$$ {}^t\delta\boldsymbol{e}_e^k=\boldsymbol{F}\cdot{}^t\delta\boldsymbol{t}_e^k \tag{4.25. b}$$

$$ ({}^t\boldsymbol{A})^{\mathrm{T}}\cdot{}^t\delta\boldsymbol{d}_e^k={}^t\delta\boldsymbol{e}_e^k \tag{4.25. c}$$

不平衡力 ${}^t\lambda^{k-1}\cdot{}^0\boldsymbol{P}-{}^t\boldsymbol{F}^{k-1}$ 产生的位移 ${}^t\delta\boldsymbol{d}_r^k$ 的求解

$$ {}^t\boldsymbol{A}\cdot{}^t\delta\boldsymbol{t}_r^k={}^t\lambda^{k-1}\cdot{}^0\boldsymbol{P}-{}^t\boldsymbol{F}^{k-1} \tag{4.26. a}$$

$$ {}^t\delta\boldsymbol{e}_r^k=\boldsymbol{F}\cdot{}^t\delta\boldsymbol{t}_r^k \tag{4.26. b}$$

$$ ({}^t\boldsymbol{A})^{\mathrm{T}}\cdot{}^t\delta\boldsymbol{d}_r^k={}^t\delta\boldsymbol{e}_r^k \tag{4.26. c}$$

t 时刻 k 迭代步节点位移总量为

$$ {}^t\boldsymbol{d}^k={}^t\boldsymbol{d}^{k-1}+{}^t\delta\boldsymbol{d}^k \tag{4.27}$$

载荷因子的增量 ${}^t\delta\lambda^k$ 可以根据最小残余位移法计算求得。t 时刻 k 迭代步的载荷因子表示为

$$ {}^t\lambda^k={}^t\lambda^{k-1}+{}^t\delta\lambda^k \tag{4.28}$$

我们还可以研究动不定结构在平衡路径上的机动性能变化以及体系转变。对 ${}^t\boldsymbol{A}$ 奇异值分解，得 t 时刻特征值对角矩阵 ${}^t\boldsymbol{S}=\mathrm{diag}({}^tS_{11},{}^tS_{22},\cdots,{}^tS_{rr})$，${}^tS_{rr}$ 为最小非零奇异值，反映了结构屈曲过程几何刚度的变化。当 ${}^tS_{rr}=0$ 时，平衡矩阵的秩减小 1，结构的机构模态增加 1 阶，此时若原先是动定结构，则 t 时刻将成为动不定结构，力法中的几何力 $\boldsymbol{G}$ 可以在机构位移模态下解出唯一平衡状态。

4.4.3 数值算例

- 平面二杆铰接结构

如图 4.8 所示，由两根杆单元组成平面杆系结构。取杆件轴向刚度 $EA=2.1e4$ N，初始杆长 $l^0=1\,000$ mm，杆件与水平面夹角 $\beta=15°$，在中心铰节点处受集中力 q 作用。首先进行结构体系分析，平衡矩阵 $\mathbf{A}$ 为 2×2 维，

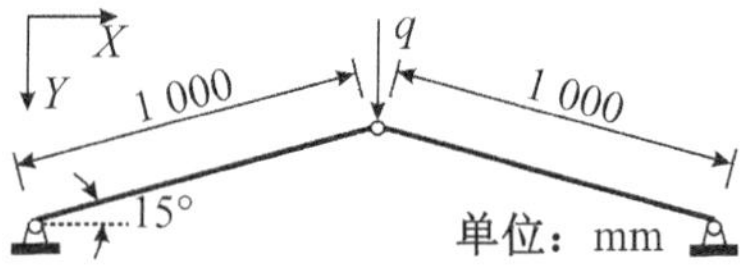

图 4.8 平面二杆铰接结构

$$\mathbf{A}=\begin{bmatrix}0.965\,926 & -0.965\,926\\0.258\,819 & 0.258\,819\end{bmatrix}$$

$n_r=2$，$n_c=2$，$r=2$，$m=0$，$s=0$，为静定、动定结构。基于几何非线性力法对该结构进行全过程跟踪分析。顶节点 Y 自由度的荷载位移曲线如图 4.9 所示，各个荷载步数值列于表 4.5，与 Crisfield 提出算法[104]的解精确符合。

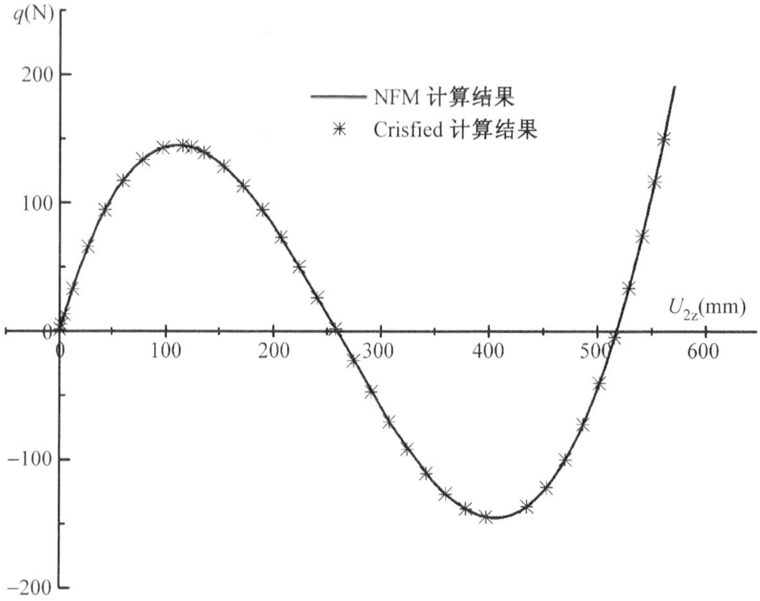

图 4.9 顶节点 Y 自由度荷载位移曲线

表 4.5 荷载-位移列表

荷载步	1	2	3	4	5	6	7	8	9	10
u_{2z} (mm)	1.50	5.07	13.50	33.03	65.91	94.38	117.36	133.78	142.95	144.81
q (N)	0.53	1.82	4.93	12.59	27.39	43.29	60.28	78.21	96.78	115.62
荷载步	11	12	13	14	15	16	17	18	19	20
u_{2z} (mm)	143.46	139.41	128.55	113.24	94.54	73.35	50.41	26.36	1.75	−22.89
q (N)	123.85	135.68	154.13	172.18	189.83	207.11	224.11	240.91	257.61	274.31

续　表

荷载步	21	22	23	24	25	26	27	28	29	30
u_{2z} (mm)	−47.05	−70.18	−91.67	−110.77	−126.62	−138.18	−144.31	−136.33	−121.40	−99.73
q (N)	291.09	308.05	325.29	342.88	360.87	379.27	398.00	435.51	453.60	470.81
荷载步	31	32	33	34	35	36	37	/	/	/
u_{2z} (mm)	−72.32	−40.29	−4.65	33.80	74.43	116.78	150.00	/	/	/
q (N)	486.95	501.98	515.93	528.92	541.04	552.39	560.68	/	/	/

- 空间 24 杆星型穹顶

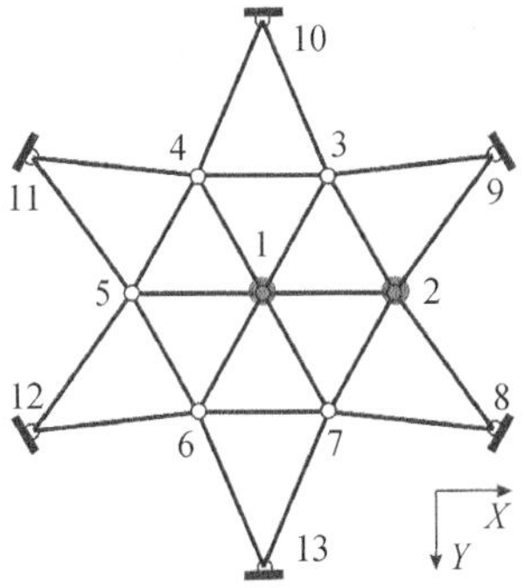

(a) 俯视图

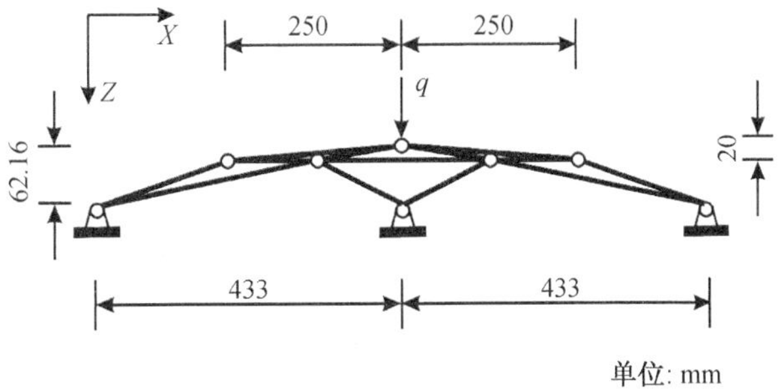

(b) 侧视图

图 4.10　空间 24 杆星型穹顶

图 4.10 为 24 杆星型穹顶，单元均为空间铰接杆单元，顶部中心节点 1 受 Z 向集中力 q，弹性模量 $E=3.03\text{e}3$ MPa，截面面积 $A=317\ \text{mm}^2$。

分析平衡矩阵 $\mathbf{A}$，得 $n_r=21$，$n_c=24$，$r=21$，$m=0$，$s=3$，为静不定、动定结构。根据基于 NFM 的非线性跟踪算法，对节点 1 的 Z 向位移、节点 2 的 X 和 Y 向位移进行跟踪，荷载位移关系曲线如图 4.11～图 4.13，计算结果与 Papadrakakis 的计算结果[107] 吻合。

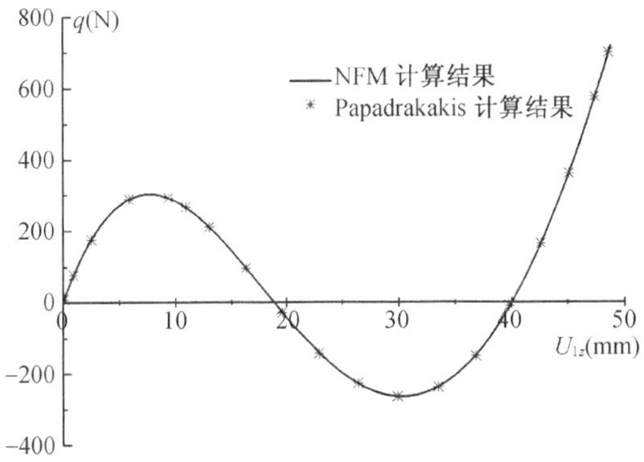

图 4.11　节点 1 Y 自由度荷载位移曲线

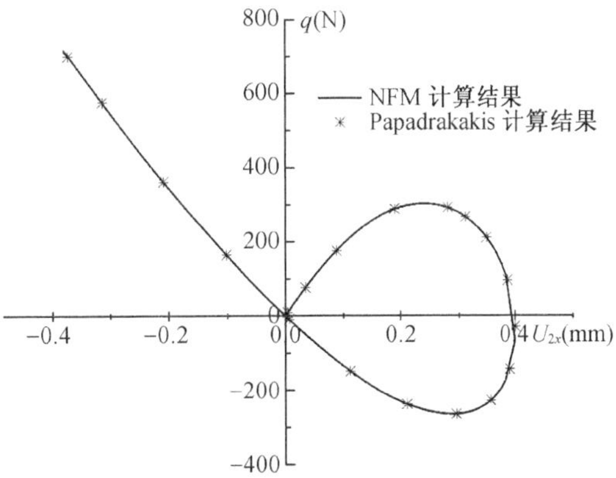

图 4.12　节点 2 X 自由度荷载位移曲线

图 4.14 为结构最小非零奇异值${}^{t}S_{rr}$随荷载变化曲线，图 4.15 为${}^{t}S_{rr}$随节点位移变化曲线。可以看出，当${}^{t}S_{rr}$为零时，几何刚度降为零，$m=1$，$s=4$，结构转变为动不定结构。图 4.16 给出了此时结构的构形。初始构型的节点坐标与零几何刚度构型节点坐标在表 4.6 中给出。

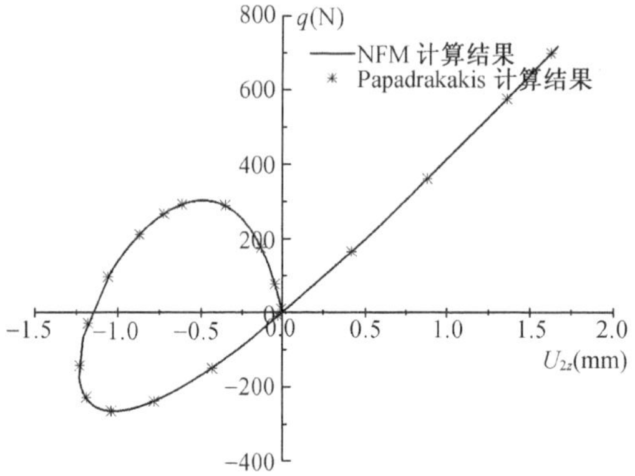

图 4.13　节点 2 Z 自由度荷载位移曲线

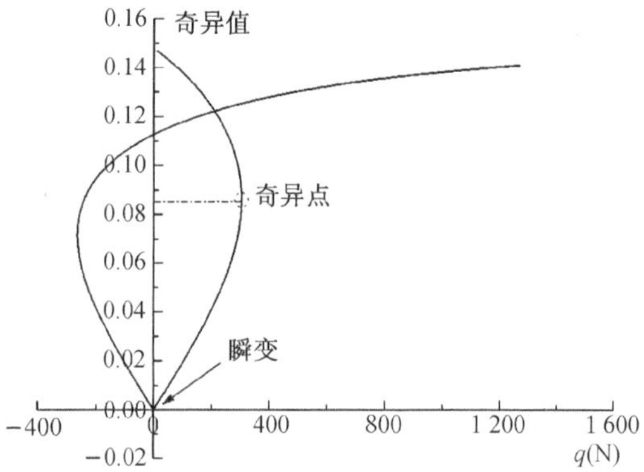

图 4.14　最小非零奇异值-荷载曲线

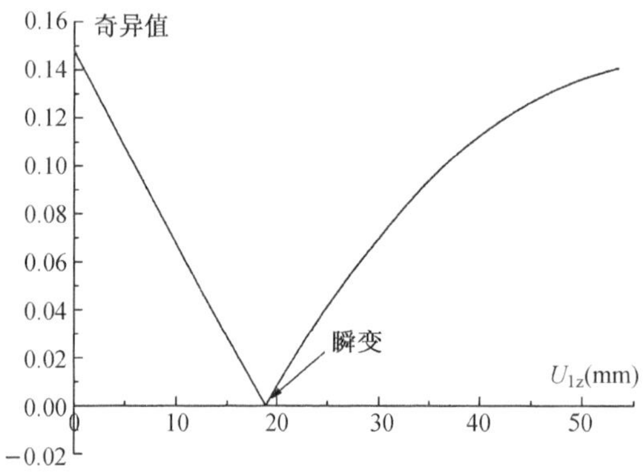

(a) $S_{rr}-U_{1z}$

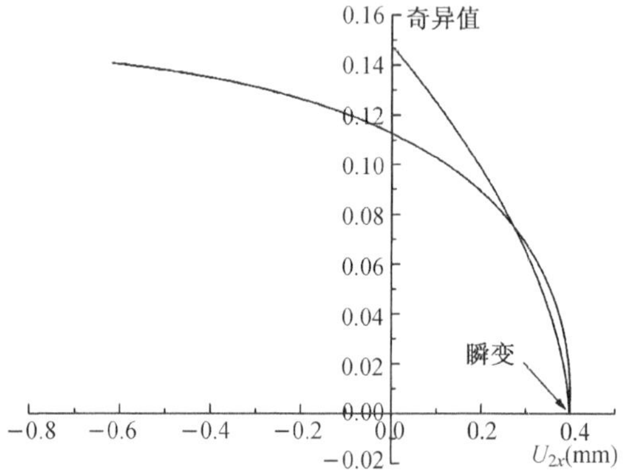

(b) $S_{rr}-U_{2x}$

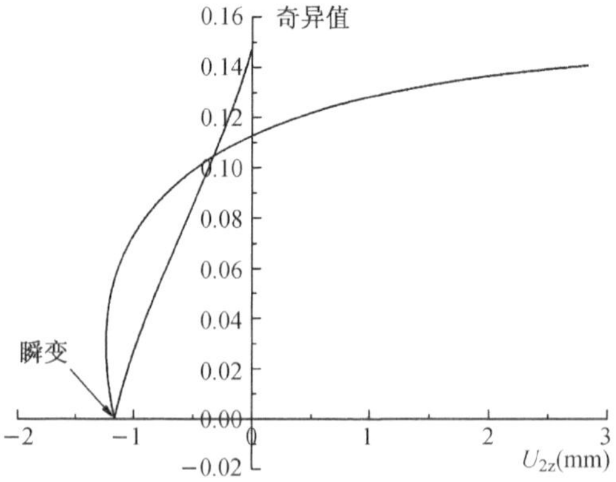

(c) $S_{rr}-U_{2z}$

图 4.15　最小非零奇异值-位移曲线

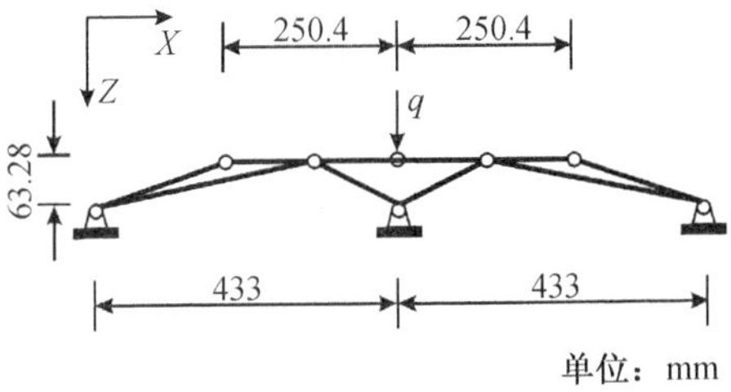

图 4.16　零几何刚度拓扑形态

表 4.6　结构动定与动不定状态节点坐标

节点号	初始构型坐标			零几何刚度构型坐标		
	X（mm）	Y（mm）	Z（mm）	X（mm）	Y（mm）	Z（mm）
1	0.00	0.00	0.00	0.00	0.00	18.88
2	250.00	0.00	20.00	250.40	0.00	18.88
3	125.00	−216.50	20.00	125.20	−216.85	18.88
4	−125.00	−216.50	20.00	−125.20	−216.85	18.88
5	−250.00	0.00	20.00	−250.40	0.00	18.88
6	−125.00	216.50	20.00	−125.20	216.85	18.88
7	125.00	216.50	20.00	125.20	216.85	18.88
8	433.00	250.00	82.16	433.00	250.00	82.16
9	433.00	−250.00	82.16	433.00	−250.00	82.16
10	0.00	−500.00	82.16	0.00	−500.00	82.16
11	−433.00	−250.00	82.16	−433.00	−250.00	82.16
12	−433.00	250.00	82.16	−433.00	250.00	82.16
13	0.00	500.00	82.16	0.00	500.00	82.16

- 空间铰接杆系无穷小机构

以图 4.17 所示空间 12 杆铰接结构为例（节点坐标、单元截面、本构参数与图 4.3 所示一致），在 4 个集中荷载 q 作用下发生屈曲。此结构动不定，存在一个机构位移模态。利用非线性力法跟踪得到荷载位移曲线，如图 4.18 所示。

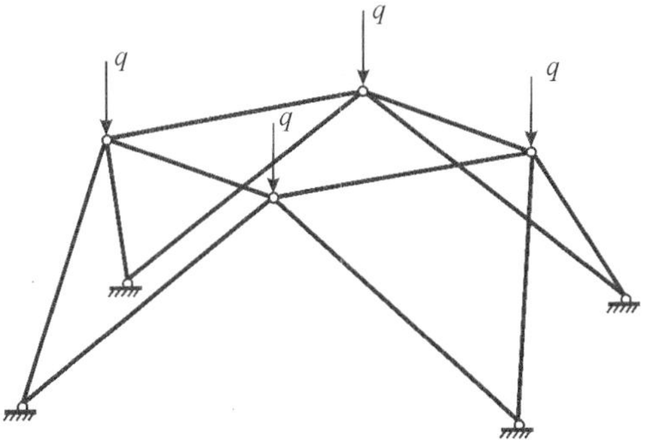

图 4.17　12 杆铰接杆系结构

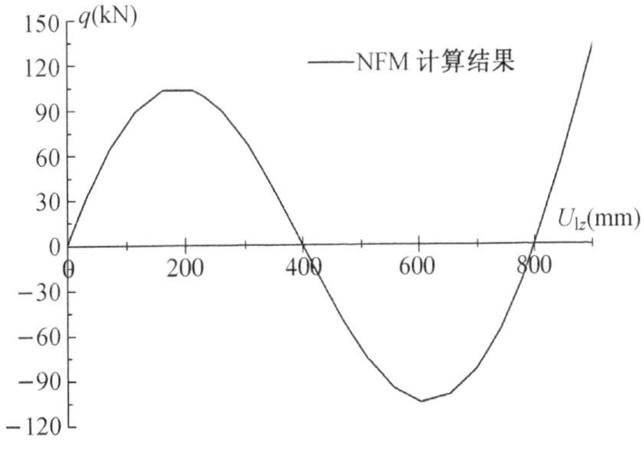

图 4.18　节点 1Z 自由度荷载位移曲线

4.5 NFM 与 NFEM 的异同

4.5.1 力法的增量形式

以铰接杆系结构为例，建立当前状态 Q_i 下，图 4.19 所示杆单元的平衡方程

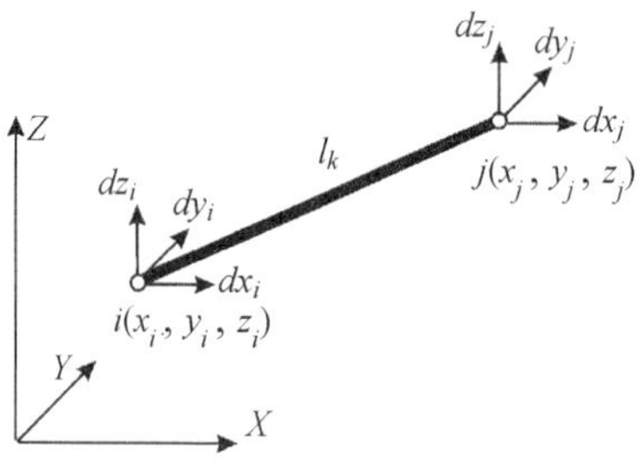

图 4.19 现实构形下的杆单元

$$\boldsymbol{A}\boldsymbol{t} = \boldsymbol{P} \tag{4.29}$$

对于线弹性体，杨氏模量为 E，本构关系

$$\boldsymbol{e} = \boldsymbol{e}^0 + \boldsymbol{F}\boldsymbol{t} \tag{4.30}$$

$\boldsymbol{e}$ 为单元伸长向量，$\boldsymbol{e}^0$ 为单元初始伸长向量，$\boldsymbol{F}$ 为柔度矩阵。

$$\boldsymbol{F} = \operatorname{diag}\left[\frac{l_1^0}{EA_1} \quad \frac{l_2^0}{EA_2} \quad \cdots \quad \frac{l_i^0}{EA_i} \quad \cdots\right] \tag{4.31}$$

l_i^0 为单元 i 的原长。

对平衡方程（4.29）两端求一阶变分

$$\delta\boldsymbol{A} \cdot \boldsymbol{t} + \boldsymbol{A}\delta\boldsymbol{t} = \delta\boldsymbol{P} \tag{4.32}$$

同时对本构方程（4.30）两端求变分，建立内力的一阶变分 $\delta\boldsymbol{t}$ 与单元轴向拉伸的一阶变分 $\delta\boldsymbol{e}$ 的关系

$$\delta\boldsymbol{e} = \boldsymbol{F}\delta\boldsymbol{t} \tag{4.33}$$

且节点变位的一阶变分 $\delta\boldsymbol{d}$ 与 $\delta\boldsymbol{e}$ 需满足位移协调方程

$$\boldsymbol{A}^{\mathrm{T}}\delta\boldsymbol{d} = \delta\boldsymbol{e} \tag{4.34}$$

4.5.2 平衡矩阵与切线刚度矩阵的关系

将本构式（4.33）代入式（4.34），得

$$\boldsymbol{A}^{\mathrm{T}}\delta\boldsymbol{d}=\boldsymbol{F}\delta\boldsymbol{t} \tag{4.35}$$

$$\delta\boldsymbol{t}=\boldsymbol{F}^{-1}\boldsymbol{A}^{\mathrm{T}}\delta\boldsymbol{d} \tag{4.36}$$

代入平衡方程的全微分形式（4.32）：

$$\delta\boldsymbol{A}\cdot\boldsymbol{t}+\boldsymbol{A}\boldsymbol{F}^{-1}\boldsymbol{A}^{\mathrm{T}}\delta\boldsymbol{d}=\delta\boldsymbol{P} \tag{4.37}$$

$$\frac{\partial\boldsymbol{A}}{\partial\boldsymbol{d}}\delta\boldsymbol{d}\cdot\boldsymbol{t}+\boldsymbol{A}\boldsymbol{F}^{-1}\boldsymbol{A}^{\mathrm{T}}\delta\boldsymbol{d}=\delta\boldsymbol{P} \tag{4.38}$$

对单元平衡矩阵 **A** 的每一元素对坐标求偏导，以第一个元素为例，有

$$\frac{\partial(-c\alpha)}{\partial x_i}=\frac{1}{l_k}\delta_{ij}-(c\alpha)\frac{1}{l_k}(c\alpha) \tag{4.39}$$

因此

$$\frac{\partial\boldsymbol{A}}{\partial\boldsymbol{d}}\boldsymbol{t}=(\boldsymbol{t}\bar{\boldsymbol{L}})\boldsymbol{\Delta}-\boldsymbol{A}(\boldsymbol{t}\bar{\boldsymbol{L}})\boldsymbol{A}^{\mathrm{T}} \tag{4.40}$$

其中

$$\boldsymbol{\Delta}=\begin{pmatrix}\boldsymbol{I}_{3\times3} & -\boldsymbol{I}_{3\times3}\\ -\boldsymbol{I}_{3\times3} & \boldsymbol{I}_{3\times3}\end{pmatrix} \tag{4.41}$$

$\boldsymbol{I}_{3\times3}$ 为 3×3 的单位阵，式（4.40）中

$$\bar{\boldsymbol{L}}=\frac{1}{l_k} \tag{4.42}$$

由于

$$\boldsymbol{t}=t_k \tag{4.43}$$

$$\boldsymbol{F}=\frac{l_k^0}{EA_k} \tag{4.44}$$

将式（4.40）代入方程（4.38），得

$$[(\boldsymbol{t}\bar{\boldsymbol{L}})\boldsymbol{\Delta}+\boldsymbol{A}\boldsymbol{F}^{-1}\boldsymbol{A}^{\mathrm{T}}-\boldsymbol{A}(\boldsymbol{t}\bar{\boldsymbol{L}})\boldsymbol{A}^{\mathrm{T}}]\delta\boldsymbol{d}=\delta\boldsymbol{P} \tag{4.45}$$

这里

$$(\boldsymbol{t}\bar{\boldsymbol{L}})\boldsymbol{\Delta}=\frac{t_k}{l_k}\begin{pmatrix}\boldsymbol{I}_{3\times3} & -\boldsymbol{I}_{3\times3}\\ -\boldsymbol{I}_{3\times3} & \boldsymbol{I}_{3\times3}\end{pmatrix} \tag{4.46}$$

将中间项合并

$$\boldsymbol{A}\boldsymbol{F}^{-1}\boldsymbol{A}^{\mathrm{T}}-\boldsymbol{A}(\boldsymbol{t}\bar{\boldsymbol{L}})\boldsymbol{A}^{\mathrm{T}}=\boldsymbol{A}\left(\frac{EA_k}{l_k^0}-\frac{t_k}{l_k}\right)\boldsymbol{A}^{\mathrm{T}} \tag{4.47}$$

由于

$$t_k = \frac{EA_k}{l_k^0}\Delta l \tag{4.48}$$

$$l_k = l_k^0 + \Delta l \tag{4.49}$$

所以

$$\frac{EA_k}{l_k^0} - \frac{t_k}{l_k} = \frac{EA_k}{l_k} \tag{4.50}$$

定义 $\frac{EA_k}{l_k}$ 为修正的单元轴向刚度。

根据切线刚度的定义和式（4.45），记

$$\boldsymbol{K}_T^e = (t\bar{\boldsymbol{L}})\boldsymbol{\Delta} + \boldsymbol{A}\boldsymbol{F}^{-1}\boldsymbol{A}^{\mathrm{T}} - \boldsymbol{A}(t\bar{\boldsymbol{L}})\boldsymbol{A}^{\mathrm{T}} \tag{4.51}$$

$\boldsymbol{K}_T^e$ 为全拉格朗日（T. L.）构形下单元切线刚度矩阵的表达式。下面是相应的 $\boldsymbol{K}_T^e$ 展开式

$$\boldsymbol{K}_T^e = \frac{t_k}{l_k}\begin{pmatrix} \boldsymbol{I}_{3\times3} & -\boldsymbol{I}_{3\times3} \\ -\boldsymbol{I}_{3\times3} & \boldsymbol{I}_{3\times3} \end{pmatrix} + \frac{EA_k}{l_k}\begin{pmatrix} \bar{\boldsymbol{k}} & -\bar{\boldsymbol{k}} \\ -\bar{\boldsymbol{k}} & \bar{\boldsymbol{k}} \end{pmatrix} \tag{4.52}$$

其中子矩阵

$$\bar{\boldsymbol{k}} = \begin{pmatrix} (c\alpha)^2 & c\alpha \cdot c\beta & c\alpha \cdot c\gamma \\ c\alpha \cdot c\beta & (c\beta)^2 & c\beta \cdot c\gamma \\ c\alpha \cdot c\gamma & c\beta \cdot c\gamma & (c\gamma)^2 \end{pmatrix} \tag{4.53}$$

这里的切线刚度矩阵 $\boldsymbol{K}_T^e$ 并未使用忽略位移高次项的假定，因此表达式（4.52）是精确的，与文献结果[108]、[109]相符。结构的整体刚度矩阵基于式（4.52）组装集成。

上面讨论的平衡矩阵 $\boldsymbol{A}$ 的行向量是按各节点的 X、Y、Z 自由度排列的，也就是（x_1，y_1，z_1，x_2，y_2，z_2，…），若将 X、Y、Z 自由度分开，按节点号排列各行（x_1，x_2，…，y_1，y_2，…，z_1，z_2，…），则可以组装基于拓扑的结构整体平衡矩阵 $\bar{\boldsymbol{A}}$，引入 $b\times n$ 维的关联矩阵 $\boldsymbol{\Gamma}$ 表示单元间的连接拓扑关系，b、n 分别为单元数和节点数。

$$\boldsymbol{\Gamma}_{b\times n} = \begin{matrix} & \cdots & i & \cdots & j & \cdots & h & \cdots \\ \vdots & \cdots & \cdots & \cdots & \cdots & \cdots & \cdots & \cdots \\ k\rightarrow & \cdots & 1 & \cdots & -1 & \cdots & \cdots & \cdots \\ \vdots & \cdots & \cdots & \cdots & \cdots & \cdots & \cdots & \cdots \\ l\rightarrow & \cdots & 1 & \cdots & \cdots & \cdots & -1 & \cdots \\ \vdots & \cdots & \cdots & \cdots & \cdots & \cdots & \cdots & \cdots \end{matrix} \tag{4.54}$$

这样可以用相应的 $\bar{\boldsymbol{A}}$ 和 $\boldsymbol{\Gamma}$ 表示结构的总体切线刚度矩阵

$$\boldsymbol{K}_T=\boldsymbol{\Gamma}^{\mathrm{T}}\operatorname{diag}(t\bar{\boldsymbol{L}})\boldsymbol{\Gamma}+\bar{\boldsymbol{A}}\operatorname{diag}(\boldsymbol{F}^{-1}-t\bar{\boldsymbol{L}})\bar{\boldsymbol{A}}^{\mathrm{T}} \tag{4.55}$$

4.5.3　平衡矩阵与初始应力刚化矩阵的关系

结构的初应力可使结构刚度发生变化，几何不稳定的结构在预应力作用下可以变得稳定。力法中的预应力以单元初始伸长量 $\boldsymbol{e}^0$ 的形式在切线刚度矩阵中体现。由于结构受的是自内力，不存在节点外荷载 $\boldsymbol{P}$，所以单元内力的特解 $t'=0$，单元内力 t 其实是自应力模态 $\boldsymbol{V}_s$ 的一个线性组合，组合系数

$$\boldsymbol{\alpha}=-(\boldsymbol{V}_s^{\mathrm{T}}\boldsymbol{F}\boldsymbol{V}_s)^{-1}\boldsymbol{V}_s^{\mathrm{T}}\boldsymbol{e}^0 \tag{4.56}$$

单元内力 t 用初始伸长量表示

$$t=\boldsymbol{F}^{-1}\boldsymbol{e}^0 \tag{4.57}$$

因此，可以得到预应力结构的初始应力刚化矩阵

$$\boldsymbol{K}_T=\frac{EA\boldsymbol{e}_k^0}{l_k^2}\begin{pmatrix}\boldsymbol{I}_{3\times3} & -\boldsymbol{I}_{3\times3}\\ -\boldsymbol{I}_{3\times3} & \boldsymbol{I}_{3\times3}\end{pmatrix}+\frac{EA_k}{l_k}\begin{pmatrix}\bar{\boldsymbol{k}} & -\bar{\boldsymbol{k}}\\ -\bar{\boldsymbol{k}} & \bar{\boldsymbol{k}}\end{pmatrix} \tag{4.58}$$

其中第一项即为应力刚化矩阵 $\boldsymbol{K}_s$。

可以看出，对于无自应力动不定结构，$s=0$，则 $\boldsymbol{V}_s=0$，机构不可加内部自平衡的预应力实现刚化。但它可以通过另一种形式实现刚化，由式（4.52）可知，施加外荷载 $\boldsymbol{P}$ 可以实现更广义的外部预应力，使机构产生力密度 $\frac{t_k}{l_k}$，这样即使 $s=0$，也可通过力密度实现结构的刚化或软化。另外，结构的受荷屈曲全过程也可以看成是广义预应力的导入使得结构软化的过程。

4.5.4　平衡矩阵增量的线性项与高阶项

平衡矩阵是节点位移的函数，根据节点位移的变化，对平衡矩阵作以下分解

$$\boldsymbol{A}\approx\boldsymbol{A}_l+\boldsymbol{A}_{nl} \tag{4.59}$$

这里忽略了节点位移的二次项及以上部分 $o(\boldsymbol{d}^2)$ 对平衡矩阵的影响。$\boldsymbol{A}_l$ 为平衡矩阵的线性部分，包含项 $\frac{x_j-x_i}{l_k^0}$、$\frac{y_j-y_i}{l_k^0}$、$\frac{z_j-z_i}{l_k^0}$；$\boldsymbol{A}_{nl}$ 为平衡矩阵的非线性部分，节点位移 $\boldsymbol{d}$ 一次项的函数，包含项 $\frac{dx_j-dx_i}{l_k^0}$、$\frac{dy_j-dy_i}{l_k^0}$、$\frac{dz_j-dz_i}{l_k^0}$，随几何构形的变化而变化。

若不考虑节点位移影响，式（4.60）的矩阵表征了结构的初始刚度，即线性刚度矩阵

$$\boldsymbol{K}_0=\boldsymbol{A}_l\boldsymbol{F}^{-1}\boldsymbol{A}_l^{\mathrm{T}} \tag{4.60}$$

因此，从力法出发并考虑几何非线性修正的 NFM 算法与几何非线性有限元法

(NFEM) 的本质是相通的。主要的不同之处在于，NFEM 直接组装切线刚度矩阵，正方阵求逆解结构位移响应，并求得结构单元内力响应，而 NFM 将结构的几何拓扑关系与本构关系分离处理，长方阵奇异值分解求结构响应。换句话说，NFM 将结构刚度中材料提供的刚度部分与结构拓扑的几何刚度部分分离，运用变形协调关系将其联系。下面将以单自由度结构为例，说明这两种刚度在结构发生屈曲时的变化过程。

4.5.5 结构几何刚度与材料刚度的分解

这里将通过一单自由度（SDOF：Single Degree of Freedom）结构的奇异点分析，详细解释结构几何刚度和材料刚度的关系。

如图 4.20 所示，平面杆单元 1-2 共有 4 个自由度，排除 3 个节点约束自由度，结构为单自由度结构体系。设弹性模量为 E，截面积为 A。节点 2 的 Y 自由度上受集中荷载 $\boldsymbol{P}$ 作用，结构向 $-Y$ 向变形运动。平衡矩阵 $\boldsymbol{A}=\sin\alpha$，最小非零奇异值 $S_{11}=|\sin\alpha|$。$m=0$，$s=0$，结构静定且动定。根据式 (4.55) 集成总体切线刚度矩阵

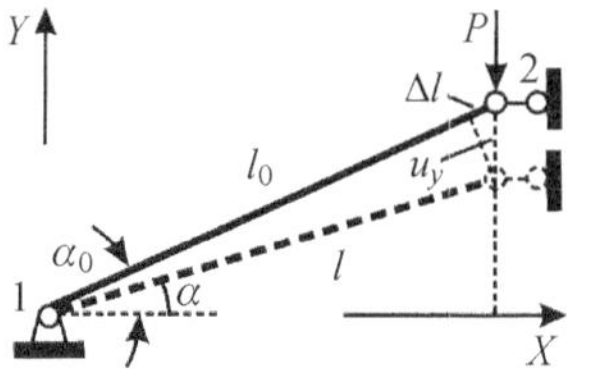

图 4.20 SDOF 结构

$$\boldsymbol{K}_T=\frac{t}{l}+\frac{EA}{l}\sin^2\alpha \tag{4.61}$$

结构发生奇异时，$\boldsymbol{K}_T=0$，即

$$\frac{t}{l}+\frac{EA}{l}\sin^2\alpha_{cr}=0 \tag{4.62}$$

则

$$\frac{EA\Delta l}{l_0 l}+\frac{EA}{l}\sin^2\alpha_{cr}=0 \tag{4.63}$$

$$\frac{l}{l_0}-\cos^2\alpha_{cr}=0 \tag{4.64}$$

奇异点处临界角 α_{cr} 与初始角 α_0 满足关系

$$\cos\alpha_{cr}=\cos^{1/3}\alpha_0 \tag{4.65}$$

此时，节点 2 的竖向位移

$$u_y=l_0\sin\alpha_0-l\sin\alpha_{cr}=l_0\left(\sin\alpha_0-\sqrt{\cos^{4/3}\alpha_0-\cos^2\alpha_0}\right) \tag{4.66}$$

奇异点坐标为 $\left(l_0\cos\alpha_0,\ l_0\sqrt{\cos^{4/3}\alpha_0-\cos^2\alpha_0}\right)$。考察此时的平衡矩阵

$$\boldsymbol{A}_{cr}=\sin\alpha_{cr}=\sqrt{1-\cos^{2/3}\alpha_0} \tag{4.67}$$

使用最小非零奇异值 S_{11} 表征结构的几何刚度，记为 k_g；以

$$\operatorname{sign}(t)\cdot\sqrt{\frac{|t|}{EA}} \tag{4.68}$$

表征结构的材料刚度，记为 k_m。如果 $t>0$，则 $\operatorname{sign}(t)=1$；如果 $t<0$，则 $\operatorname{sign}(t)=-1$；如果 $t=0$，则 $\operatorname{sign}(t)=0$。单元轴力为压力时，$k_m<0$，材料提供负刚度。而结构拓扑提供的几何刚度 k_g 始终大于等于零。

取 $\alpha_0=15^\circ$，图 4.21 作出了上述两项刚度以及总切线刚度 k_g+k_m 随角度变化 $\Delta\alpha$ 的全过程曲线。

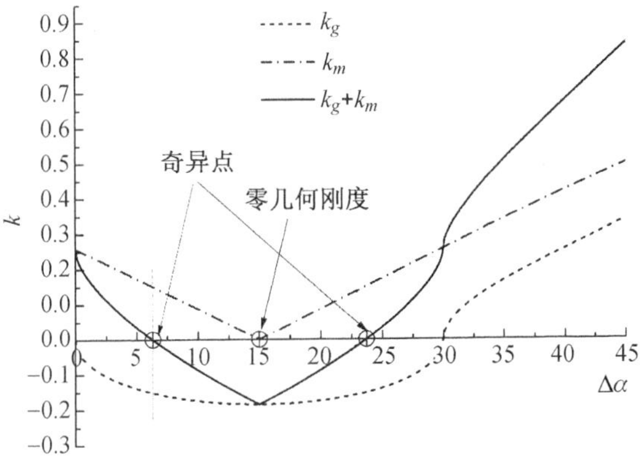

图 4.21　各项刚度值变化对比图

可以看出，奇异点处虽然结构的总切线刚度为零，但几何刚度 $k_g>0$，结构体系并未发生变化，零空间和列空间的标准正交基底分别为 $\boldsymbol{U}_{1cr}=1$，$\boldsymbol{V}_{1cr}=\operatorname{sign}(\sin\alpha)$。杆件临界内力

$$\boldsymbol{t}_{cr}=\boldsymbol{t}'_{cr}=\frac{\boldsymbol{U}_{1cr}^{\mathrm{T}}\boldsymbol{P}_{cr}}{S_{11}}\boldsymbol{V}_{1cr}=\frac{\boldsymbol{P}_{cr}}{\sin\alpha_{cr}} \tag{4.69}$$

这里 $\boldsymbol{P}_{cr}$ 为极限荷载。当 $\Delta\alpha=2\alpha_0$ 时，机构位移模态数和自应力模态数 $m=1$，$s=1$，对应的模态为 $\boldsymbol{U}_m=(1)^{\mathrm{T}}$，$\boldsymbol{V}_s=(1)^{\mathrm{T}}$，结构的体系发生了变化，结构成为静不定、动不定结构。此时 $\boldsymbol{t}_{zero}=EA(1-\cos\alpha_0)$。结构能够发生无穷小机构位移，给予 $\beta\boldsymbol{U}_m$ 的扰动，结构发生刚化，自应力 $\boldsymbol{V}_s$ 在机构位移 $\beta\boldsymbol{U}_m$ 上产生刚度，几何力

$$\boldsymbol{G}=\frac{1}{l_0\cos\alpha_0} \tag{4.70}$$

可以看出，将几何刚度与材料刚度分离处理的一大优点在于避免了结构切线刚度矩阵的求逆，即使在奇异点（$l_0\cos\alpha_0$，$l_0\sqrt{\cos^{4/3}\alpha_0-\cos^2\alpha_0}$）处，算法依然奏效。而且在计算过程中可以获得更多的结构在屈曲过程中的静动性能，如几何刚度的变化以及体系的转变等。

在对结构进行平衡路径全过程分析时，切线刚度矩阵反映了加载增量与结构位移响应之间比值关系。当需要越过极值点时，结构开始卸载，切线刚度矩阵出现从正定向非正定过渡的现象，切线刚度矩阵病态甚至奇异。在极值点也就是结构的奇异点处，$\boldsymbol{K}_T$ 是奇异

的，且 K_T^{-1} 无法求取。应用基于有限元荷载增量或弧长加载策略等，均不能严格意义上跟踪到结构的奇异点。“虽然我们在跟踪结构屈曲平衡路径中很少甚至不会到达结构奇异点，而往往会越过该点”[104]，但从算法功能这一层面讨论，传统非线性有限元在奇异点处的处理还是有缺陷的。

4.6 平衡矩阵在动力方程中的表达

4.6.1 机构位移模态与零频率自振模态

机构位移模态 $\boldsymbol{U}_m$ 来自平衡矩阵 $\boldsymbol{A}$ 的奇异值分解，而零频率自振模态 $\boldsymbol{\Phi}$ 则来自于刚度矩阵 $\boldsymbol{K}$ 的特征值分解，两种模态的求取均涉及矩阵特征值问题，具有一定的关联性。下面将详细阐述两者的异同。

首先来看动力模态的求解过程，结构自振时可忽略阻尼的影响，建立结构的自振方程

$$\boldsymbol{M}\ddot{\boldsymbol{u}} + \boldsymbol{K}\boldsymbol{u} = \boldsymbol{0} \tag{4.71}$$

$\boldsymbol{M}$ 和 $\boldsymbol{K}$ 分别为质量阵与刚度矩阵。$\boldsymbol{u}$ 为节点位移，设

$$\boldsymbol{u} = \bar{\boldsymbol{u}}\sin(\omega t + \theta) \tag{4.72}$$

其中 $\bar{\boldsymbol{u}}$ 为振幅，ω 为圆频率，θ 为幅角。代入式（4.71），得

$$-\boldsymbol{M}\omega^2\bar{\boldsymbol{u}}\sin(\omega t + \theta) + \boldsymbol{K}\bar{\boldsymbol{u}}\sin(\omega t + \theta) = \boldsymbol{0} \tag{4.73}$$

$$(\boldsymbol{K} - \omega^2\boldsymbol{M})\bar{\boldsymbol{u}} = \boldsymbol{0} \tag{4.74}$$

结构的自振频率可以通过下式求得

$$|\boldsymbol{K} - \omega^2\boldsymbol{M}| = 0 \tag{4.75}$$

也可以表示为以下特征值问题

$$\boldsymbol{K}\boldsymbol{\Phi} = \boldsymbol{\lambda}\boldsymbol{M}\boldsymbol{\Phi} \tag{4.76}$$

其中 $\boldsymbol{\lambda}$ 为特征值，$\boldsymbol{\lambda} = \mathrm{diag}(\omega_1^2, \cdots, \omega_n^2)$，$\boldsymbol{\Phi}$ 为特征向量，即结构的自振模态。当 $\boldsymbol{\lambda} = \boldsymbol{0}$ 时，对应的特征向量 $\boldsymbol{\Phi}^0$ 可称为零频率自振模态。存在关系

$$\boldsymbol{K}\boldsymbol{\Phi}^0 = \boldsymbol{0} \tag{4.77}$$

下面来看机构位移模态的性质，根据正交性，有

$$\boldsymbol{A}^{\mathrm{T}}\boldsymbol{U}_m = \boldsymbol{0} \tag{4.78}$$

根据上一节的内容，刚度矩阵可用平衡矩阵表示

$$\boldsymbol{K} = \boldsymbol{A}\boldsymbol{F}^{-1}\boldsymbol{A}^{\mathrm{T}} \tag{4.79}$$

上式两边同时右乘 $\boldsymbol{U}_m$，$\boldsymbol{U}_m \neq 0$，得

$$\boldsymbol{K}\boldsymbol{U}_m = \boldsymbol{A}\boldsymbol{F}^{-1}\boldsymbol{A}^{\mathrm{T}}\boldsymbol{U}_m \tag{4.80}$$

因此存在关系

$$\boldsymbol{K}\boldsymbol{U}_m = \boldsymbol{0} \tag{4.81}$$

式（4.77）—式（4.81），得

$$\boldsymbol{K}(\boldsymbol{\Phi}^0 - \boldsymbol{U}_m) = \boldsymbol{0} \tag{4.82}$$

$\boldsymbol{K}$ 奇异，零频率自振模态 $\boldsymbol{\Phi}^0$ 与机构位移模态 $\boldsymbol{U}_m$ 之间线性相关，$\boldsymbol{U}_m = \gamma\boldsymbol{\Phi}^0$。若结构存在多机构位移模态，则 $\boldsymbol{\Phi}^0$ 与 $\boldsymbol{U}_m$ 组成的空间维数相同且一致，它们均表示结构零应变状态的位移模式。未施加预应力的动不定结构，其基频均为零。

4.6.2　第二类动不定结构的动力方程

建立结构动力平衡方程

$$\boldsymbol{M}\ddot{\boldsymbol{u}} + \boldsymbol{C}\dot{\boldsymbol{u}} + \boldsymbol{K}\boldsymbol{u} = \boldsymbol{P} \tag{4.83}$$

写成平衡矩阵形式

$$\boldsymbol{M}\ddot{\boldsymbol{u}} + \boldsymbol{C}\dot{\boldsymbol{u}} + \boldsymbol{A}\boldsymbol{t} = \boldsymbol{P} \tag{4.84}$$

对于第二类动不定结构，节点位移可以表示为机构位移模态的线性组合

$$\boldsymbol{u} = \boldsymbol{U}_m\boldsymbol{\beta} \tag{4.85. a}$$

节点的速度和加速度可以表示为

$$\dot{\boldsymbol{u}} = \boldsymbol{U}_m\dot{\boldsymbol{\beta}} \tag{4.85. b}$$

$$\ddot{\boldsymbol{u}} = \boldsymbol{U}_m\ddot{\boldsymbol{\beta}} \tag{4.85. c}$$

代入式（4.84），得

$$\boldsymbol{M}\boldsymbol{U}_m\ddot{\boldsymbol{\beta}} + \boldsymbol{C}\boldsymbol{U}_m\dot{\boldsymbol{\beta}} + \boldsymbol{A}\boldsymbol{t} = \boldsymbol{P} \tag{4.86}$$

上式两端左乘 $\boldsymbol{U}_m^{\mathrm{T}}$

$$\boldsymbol{U}_m^{\mathrm{T}}\boldsymbol{M}\boldsymbol{U}_m\ddot{\boldsymbol{\beta}} + \boldsymbol{U}_m^{\mathrm{T}}\boldsymbol{C}\boldsymbol{U}_m\dot{\boldsymbol{\beta}} + \boldsymbol{U}_m^{\mathrm{T}}\boldsymbol{A}\boldsymbol{t} = \boldsymbol{U}_m^{\mathrm{T}}\boldsymbol{P} \tag{4.87}$$

$$\boldsymbol{U}_m^{\mathrm{T}}\boldsymbol{M}\boldsymbol{U}_m\ddot{\boldsymbol{\beta}} + \boldsymbol{U}_m^{\mathrm{T}}\boldsymbol{C}\boldsymbol{U}_m\dot{\boldsymbol{\beta}} = \boldsymbol{U}_m^{\mathrm{T}}\boldsymbol{P} \tag{4.88}$$

根据方程（4.88），解出 $\ddot{\boldsymbol{\beta}}$ 和 $\dot{\boldsymbol{\beta}}$，由式（4.85）得到速度与加速度。上述方法可以求解第二类动不定结构的动力问题。

4.7 本章小结

（1）本章在前人的研究基础上，对力法进行了几何非线性的修正，基于节点变位，集成各个构型的平衡矩阵，运用 Newton-Raphson 迭代策略精确求解结构响应，并给出了两种收敛准则。书中分别以无限小机构、预应力索以及悬索结构等动不定结构作为算例，验证了本算法的正确性。

（2）在非线性力法的基础上，提出了相应的结构屈曲平衡路径跟踪算法，包括屈曲前和屈曲后的荷载位移跟踪，并根据最小非零奇异值考察过程中的机动性能的变化。算法结合了 Modified Newton-Raphson 和弧长法等不同的加载策略。

（3）与非线性有限元法（NFEM）相比，不同之处在于，NFM 继承了力法的求解过程，将结构的几何拓扑与本构分离处理，响应（单元内力、节点位移）是通过平衡方程、本构关系、协调方程联合计算而得。算法并未涉及切线刚度矩阵 $\boldsymbol{K}_T$ 的集成和求逆，核心在于平衡矩阵的奇异值分解，通过计算矩阵的列空间基、零空间基，离解出机构位移和自应力，获取结构前屈曲与后屈曲中的静动特性、机构位移方向、自应力分布等信息。可容易地处理机构位移和弹性变形，更适合动不定结构的结构分析。

（4）本章详细阐述并推导了平衡矩阵与切线刚度矩阵、初始应力刚化矩阵、线性刚度矩阵之间的关系式。并以单自由度结构为列，说明了 NFM 将结构几何刚度与材料刚度分析处理的本质。在发生极值点屈曲时，给出了奇异点处结构响应力法求解的过程，说明即使在此处算法依然不会失效。

（5）通过对矩阵特征值问题的研究，分析动不定结构的机构位移模态与零频率自振模态的联系，两者的物理意义相同，均表示零应变的位移模式。根据第二类动不定结构的特点，将机构位移模态引入到动力方程，由组合系数 $\ddot{\boldsymbol{\beta}}$ 和 $\dot{\boldsymbol{\beta}}$，可解出加速度、速度以及位移。

（6）平衡矩阵奇异值分解时会耗费较大机时，与有限元法对刚度矩阵三角分解的速度无法媲美，但在动不定结构的平衡路径全过程分析中很适用。本章提出的结构平衡路径全过程跟踪算法并不是非线性有限元法的替代，而是提出一种新的区别与传统有限元的方法，且它具有一些有限元法不具备的优势。但相信随着矩阵存储、分解算法的进一步优化和计算机硬件运算能力的提高，本算法将有很好的应用前景。

第 5 章

动不定结构的平衡矩阵找形方法研究

5.1 引言

由于形态敏感性，动不定结构的找形问题显得特别重要，贯穿整个设计、建造与使用过程中。找形，顾名思义，就是为结构寻找合适的几何外形以满足一定要求。结构的几何与拓扑是最终需要的物理量，外荷载、内力或边界条件是初始给定的。找形过程就是平衡状态的确定过程，或者说是稳定状态的确定过程，因为对于数值找形，必然存在残差，在这种数值震荡下可以认为解得的平衡状态一般是稳定的。

找形可以通过不同途径实现，如外荷载找形、自应力找形、动边界找形等。从方法上看也有解析法和数值法两种。归属动不定结构的张力结构找形分析理论通常是主要的研究内容，也是最需要解决的问题。学者们对张拉整体、索网、索膜等张力结构的找形分析理论进行了深入研究，提出了很多有效的算法，如力密度法、动力松弛法等，并做了很多改进[55-68]。

本章的主要任务是提出广义的结构找形概念，主要针对两类动不定结构分别阐述其找形本质。首先研究第二类动不定结构特别是多运动自由度的机构，它在外荷载下的找形数值算法。方法以能量最低为原则，基于最速下降法和平衡矩阵分解理论，得到机构位移模态组合系数，最终确定平衡态，并说明与受荷机构可动性判定公式的统一性。同时分析不同修正方法对计算精度的影响。接着，提出用这一方法研究不同荷载下网状动不定结构合理构型的思想，以平面链状结构和空间网状结构为例，阐述荷载模式与结构合理外形之间的联系。

针对第一类动不定结构中的张拉整体结构，提出单元内力、节点坐标相互迭代实现找形的数值方法。算法将平衡方程分别写成以力密度和节点坐标为自变量的两种形式，结构的力密度和节点坐标同时发生变化并寻优。以几类典型的张拉整体结构找形为例，将结果与其他算法得到的结果作对比，说明了算法的鲁棒性。根据算法只需给定连接拓扑关系和索杆类型进行找形的特点，书中将拓扑关系制成二维图表，按照一定规则（包括索杆单元数、节点数、点连接索杆数等）进行填充，将张拉整体结构找形问题转化为二维图表填涂问题，这样可以寻找到一些未知形式的张拉整体结构。

5.2 基于能量分析的结构广义找形

5.2.1 动不定结构的广义找形

用矩阵形式建立本书第 2 章提到的系统势能函数方程：

$$\boldsymbol{\Pi}_R = -(\boldsymbol{Q}-\boldsymbol{Q}^0)^{\mathrm{T}}\boldsymbol{P}+\boldsymbol{F}^{\mathrm{T}}\boldsymbol{\Lambda} \tag{5.1}$$

系统的平衡状态可以用能量的一阶变分等于零表示，有平衡方程：

$$-\boldsymbol{P}+\left(\frac{\partial \boldsymbol{F}}{\partial \boldsymbol{Q}}\right)^{\mathrm{T}}\boldsymbol{\Lambda}=\boldsymbol{0} \tag{5.2}$$

令 $\boldsymbol{A}=\left(\frac{\partial \boldsymbol{F}}{\partial \boldsymbol{Q}}\right)^{\mathrm{T}}$，为平衡矩阵，$\boldsymbol{\Lambda}$ 为内力向量 $\boldsymbol{t}$。根据虚功原理，可以知道

$$\boldsymbol{A}^{\mathrm{T}}\delta\boldsymbol{Q}=\delta\boldsymbol{e} \tag{5.3}$$

$\delta\boldsymbol{Q}$ 就是节点位移增量 $\boldsymbol{d}$，$\delta\boldsymbol{e}$ 表示单元伸缩增量。

结构的找形问题其实是一个非线性规划问题，最终的状态需满足平衡方程式（5.2）。若在外荷载 $\boldsymbol{P}$ 下找形，优化的目标函数可以是

$$\boldsymbol{U}_m^{\mathrm{T}}\boldsymbol{P}=\boldsymbol{0} \tag{5.4}$$

在自应力 t 下找形，优化的目标函数可以是

$$\boldsymbol{A}\boldsymbol{t}=\boldsymbol{0} \tag{5.5}$$

由于找形过程具有强几何非线性，因此平衡矩阵需要根据几何位形及时修正，具体的找形过程需要经过内力与位形之间的迭代完成。即使不采用迭代的算法，也需要细分子步，用较多的子步数换取迭代数。

5.2.2 动定结构的广义找形

动定结构不存在机构位移模态，因此此类结构的找形问题并不重要。在外荷载或预应力作用下的静力分析可以认为是动定结构的广义找形，通过前面提出非线性力法可以完成。

5.3 第二类动不定结构的平衡矩阵找形方法

5.3.1 第二类动不定结构受荷找形

这里针对第二类动不定结构（机构）的找形问题进行系统研究。由前面可知，这类结

构的特点是通常不存在自应力，无法施加自平衡的预应力，或者即使能施加预应力也不能刚化结构。由可动性研究可知，在特定外荷载下机构可以达到平衡状态。若外荷载不能使机构处于平衡状态，它将产生大变位，朝着某一平衡状态运动。这一过程可称之为第二类动不定结构的受荷找形。

对于单自由度机构，$m=1$，只存在一个机构位移模态，因此它的运动轨迹是唯一的，它会在外荷载的作用下沿着既定的路径达到平衡状态。

但是，通常机构会具有多个运动自由度，即 $m>1$。理论上来说，存在无穷多种运动路径。此时，只有通过不同的外荷载向量来确定运动路径以及最终平衡状态。

下面，我们将广义位移 $\boldsymbol{Q}(t+\Delta t)$ 在 t 处进行泰勒展开：

$$\boldsymbol{Q}(t+\Delta t)=\boldsymbol{Q}(t)+\frac{1}{1!}\frac{\partial \boldsymbol{Q}(t)}{\partial t}\Delta t+\frac{1}{2!}\frac{\partial^2 \boldsymbol{Q}(t)}{\partial t^2}\Delta t^2+\cdots \tag{5.6}$$

因此节点位移增量可以表示为

$$\Delta \boldsymbol{Q}=\boldsymbol{Q}(t+\Delta t)-\boldsymbol{Q}(t)\approx \frac{\partial \boldsymbol{Q}(t)}{\partial t}\Delta t+\frac{1}{2}\frac{\partial^2 \boldsymbol{Q}(t)}{\partial t^2}\Delta t^2+\cdots \tag{5.7}$$

力法求解过程中，真实的广义位移增量 $\Delta \boldsymbol{Q}$ 即协调方程中的 $\boldsymbol{d}$ 由两部分组成，一部分是特解，弹性变形引起的变位 $\Delta \boldsymbol{Q}_e$；一部分是通解，机构位移 $\boldsymbol{U}_m\boldsymbol{\beta}$，$\boldsymbol{\beta}$ 是组合系数列向量。高阶量带来的误差通过迭代消除。因此节点位移增量可表示成

$$\delta \boldsymbol{Q}=\delta \boldsymbol{Q}_e+\boldsymbol{U}_m\boldsymbol{\beta}=(\boldsymbol{U}_r\boldsymbol{S}^{-1}\boldsymbol{V}_r^{\mathrm{T}})\delta \boldsymbol{e}+\boldsymbol{U}_m\boldsymbol{\beta}\delta \boldsymbol{t} \tag{5.8}$$

对于刚性机构而言，$\delta \boldsymbol{e}$ 的期望等于零，即运动过程中不产生弹性变形。因此有

$$\delta \boldsymbol{Q}=\boldsymbol{U}_m\boldsymbol{\beta}\delta t \tag{5.9}$$

$$\Delta \boldsymbol{Q}=\boldsymbol{U}_m\boldsymbol{\beta}\Delta t \tag{5.10}$$

即

$$\frac{\partial \boldsymbol{Q}(t)}{\partial t}=\boldsymbol{U}_m\boldsymbol{\beta} \tag{5.11}$$

可见这里考虑了式（5.7）的线性项影响。

多机构位移模态机构的真实位移是 m 个正交模态 $\boldsymbol{U}_m$ 的线性组合。在外荷载 $\boldsymbol{P}$ 作用下，多自由度机构将朝着总势能下降最快的方向运动。受荷机构的找形过程其实就是寻求机构的最速下降方向，算法所需确定的就是模态参与系数 $\boldsymbol{\beta}$。

首先求解势能增量 $\delta\boldsymbol{\Pi}_R$，

$$\delta\boldsymbol{\Pi}_R=\left(-\boldsymbol{P}+\left(\frac{\partial \boldsymbol{F}}{\partial \boldsymbol{Q}}\right)^{\mathrm{T}}\boldsymbol{t}\right)^{\mathrm{T}}\delta \boldsymbol{Q}+\boldsymbol{F}^{\mathrm{T}}\delta \boldsymbol{t} \tag{5.12}$$

$$\delta\boldsymbol{\Pi}_R=-\boldsymbol{P}^{\mathrm{T}}\delta \boldsymbol{Q}+\boldsymbol{t}^{\mathrm{T}}\left(\frac{\partial \boldsymbol{F}}{\partial \boldsymbol{Q}}\right)\delta \boldsymbol{Q}+\boldsymbol{F}^{\mathrm{T}}\delta \boldsymbol{t} \tag{5.13}$$

对于刚性构件，柔度为零，机构在低速运动中平衡之前不受力，忽略内力增量

$$\boldsymbol{F}=\boldsymbol{0},\ \delta \boldsymbol{t}=\boldsymbol{0} \tag{5.14}$$

将式（5.14）代入式（5.13），得

$$\delta \boldsymbol{\Pi}_R=-\boldsymbol{P}^{\mathrm{T}}\boldsymbol{U}_m\boldsymbol{\beta}\delta t+\boldsymbol{t}^{\mathrm{T}}\left(\frac{\partial \boldsymbol{F}}{\partial \boldsymbol{Q}}\right)\boldsymbol{U}_m\boldsymbol{\beta}\delta t \tag{5.15}$$

求 $\delta\boldsymbol{\Pi}_R$ 关于 $\boldsymbol{\beta}$ 的梯度

$$\frac{\partial\delta \boldsymbol{\Pi}_R}{\partial \boldsymbol{\beta}}=-\boldsymbol{P}^{\mathrm{T}}\boldsymbol{U}_m\delta t+\boldsymbol{t}^{\mathrm{T}}\left(\frac{\partial \boldsymbol{F}}{\partial \boldsymbol{Q}}\right)\boldsymbol{U}_m\delta t \tag{5.16}$$

由于 $\boldsymbol{t}=\boldsymbol{0}$，第二项舍去

$$\frac{\partial\delta \boldsymbol{\Pi}_R}{\partial \boldsymbol{\beta}}=-\boldsymbol{P}^{\mathrm{T}}\boldsymbol{U}_m\delta t \tag{5.17}$$

因此，最速下降方向

$$\boldsymbol{\lambda}=-\frac{\partial\delta \boldsymbol{\Pi}_R}{\partial \boldsymbol{\beta}}\delta t \tag{5.18}$$

$$\boldsymbol{\lambda}=\boldsymbol{P}^{\mathrm{T}}\boldsymbol{U}_m\delta t \tag{5.19}$$

给定时间子步 $\Delta t=\delta t$，节点位移增量可以表示为

$$\Delta \boldsymbol{Q}=\boldsymbol{U}_m\ (\boldsymbol{P}^{\mathrm{T}}\boldsymbol{U}_m)^{\mathrm{T}}\Delta t \tag{5.20}$$

$$\Delta \boldsymbol{Q}=\boldsymbol{U}_m\boldsymbol{U}_m^{\mathrm{T}}\boldsymbol{P}\Delta t \tag{5.21}$$

可以看出这与前面提到的可动性判定公式是一致的，当外荷载 $\boldsymbol{P}$ 和机构位移模态 $\boldsymbol{U}_m$ 正交时，机构处于平衡状态，这就是我们机构找形的最终状态。

下面将进一步对上述算法进行修正。节点位移增量 $\delta\boldsymbol{Q}(=\boldsymbol{U}_m\boldsymbol{\beta}\delta t)$ 将引起单元变形 $\delta e(\neq\boldsymbol{0})$。即使时间增量 δt 取得很小，虽然每一增量步的误差可以忽略，但较多子步后会出现求解的漂移，引起较大累积误差（图 5.1）。当然我们可以根据前面提出的非线性力法，利用 Modified Newton-Raphson 法对每一步向协调路径修正。经过数值计算表明，对于自由度较少的第二类动不定结构，使用这种修正方法可求得十分精确计算结果，且算法稳定。但当自由度增多时会造成这种反复迭代修正的找形算法的不稳定。因此下面

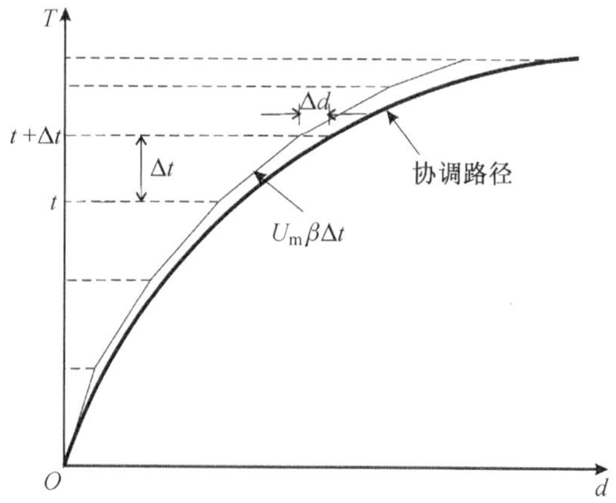

图 5.1　欧拉法导致结果漂移

提出较稳定的无需迭代的修正法，当然计算精度只能在一定程度上得到提高。

考察二节点杆单元 k，连接节点为 i、j。发生位移

$$\boldsymbol{U}_m \boldsymbol{\beta} \Delta t = (d_{xi} \quad d_{yi} \quad d_{zi} \quad d_{xj} \quad d_{yj} \quad d_{zj})^{\mathrm{T}} \tag{5.22}$$

单元的伸长量 $\boldsymbol{e}_k$ 可以表示为

$$\boldsymbol{e}_k = (\boldsymbol{A}^e)^{\mathrm{T}} (\boldsymbol{U}_m \boldsymbol{\beta} \Delta t) + (\boldsymbol{U}_m \boldsymbol{\beta} \Delta t)^{\mathrm{T}} \boldsymbol{T} (\boldsymbol{U}_m \boldsymbol{\beta} \Delta t) \tag{5.23}$$

其中

$$\boldsymbol{A}^e = \left(-\frac{\Delta x}{l_k} \quad -\frac{\Delta y}{l_k} \quad -\frac{\Delta z}{l_k} \quad \frac{\Delta x}{l_k} \quad \frac{\Delta y}{l_k} \quad \frac{\Delta z}{l_k} \right)^{\mathrm{T}} \tag{5.24}$$

为单元平衡矩阵。$\boldsymbol{T}$ 为单元拓扑连接关系矩阵：

$$\boldsymbol{T} = \frac{1}{l_k} \begin{pmatrix} 1 & 0 & -1 & 0 \\ 0 & 1 & 0 & -1 \\ -1 & 0 & 1 & 0 \\ 0 & -1 & 0 & 1 \end{pmatrix} \tag{5.25}$$

根据机构位移模态 $\boldsymbol{U}_m$ 的性质，上式第一项为零，所以

$$\begin{aligned} \boldsymbol{e}_k &= (\boldsymbol{U}_m \boldsymbol{\beta} \Delta t)^{\mathrm{T}} \boldsymbol{T} (\boldsymbol{U}_m \boldsymbol{\beta} \Delta t) \\ &= \left(-\frac{\Delta d_x}{l_k} \quad -\frac{\Delta d_y}{l_k} \quad -\frac{\Delta d_z}{l_k} \quad \frac{\Delta d_x}{l_k} \quad \frac{\Delta d_y}{l_k} \quad \frac{\Delta d_z}{l_k} \right) (\boldsymbol{U}_m \boldsymbol{\beta} \Delta t) \end{aligned} \tag{5.26}$$

其中 $\Delta d_x = d_{xj} - d_{xi}$，以此类推。上式正是误差的源头。为此，我们可以根据 $\boldsymbol{e}_k$ 作节点位移的修正。引入变位后的单元平衡矩阵为

$$\boldsymbol{A}^{e'} = \left(-\frac{\Delta x + \Delta d_x}{l_k} \quad -\frac{\Delta y + \Delta d_y}{l_k} \quad -\frac{\Delta z + \Delta d_z}{l_k} \quad \frac{\Delta x + \Delta d_x}{l_k} \quad \frac{\Delta y + \Delta d_y}{l_k} \quad \frac{\Delta z + \Delta d_z}{l_k} \right)^{\mathrm{T}} \tag{5.27}$$

平衡矩阵的增量

$$\mathrm{d}\boldsymbol{A}^e = \left(-\frac{\Delta d_x}{l_k} \quad -\frac{\Delta d_y}{l_k} \quad -\frac{\Delta d_z}{l_k} \quad \frac{\Delta d_x}{l_k} \quad \frac{\Delta d_y}{l_k} \quad \frac{\Delta d_z}{l_k} \right)^{\mathrm{T}} \tag{5.28}$$

式（5.26）可表示为

$$\boldsymbol{e}_k = (\mathrm{d}\boldsymbol{A}^e)^{\mathrm{T}} \boldsymbol{U}_m \boldsymbol{\beta} \Delta t \tag{5.29}$$

这部分伸长量对应的节点位移表示为

$$d' = (\boldsymbol{U}_r \boldsymbol{S}^{-1} \boldsymbol{V}_r^{\mathrm{T}}) (\mathrm{d}\boldsymbol{A}^e)^{\mathrm{T}} \boldsymbol{U}_m \boldsymbol{\beta} \Delta t \tag{5.30}$$

整体结构的平衡矩阵、节点位移与单元伸缩向量可根据各个单元集成。式（5.30）这部分

节点位移是需要补偿的，因此修正后的节点位移增量

$$\Delta \boldsymbol{Q} \approx -(\boldsymbol{U}_r \boldsymbol{S}^{-1} \boldsymbol{V}_r^{\mathrm{T}})(\mathrm{d}\boldsymbol{A})^{\mathrm{T}} \boldsymbol{U}_m \boldsymbol{\beta} \Delta t + \boldsymbol{U}_m \boldsymbol{\beta} \Delta t \tag{5.31}$$

对组合系数 $\boldsymbol{\beta}$ 求偏导

$$\frac{\partial \Delta \boldsymbol{Q}}{\partial \boldsymbol{\beta}} \approx -(\boldsymbol{U}_r \boldsymbol{S}^{-1} \boldsymbol{V}_r^{\mathrm{T}})(\mathrm{d}\boldsymbol{A})^{\mathrm{T}} \boldsymbol{U}_m \Delta t + \boldsymbol{U}_m \Delta t \tag{5.32}$$

此时势能增量的最速下降方向

$$\boldsymbol{\lambda} = -\frac{\partial \delta \boldsymbol{\Pi}_R}{\partial \boldsymbol{\beta}} = -\boldsymbol{P}^{\mathrm{T}}(\boldsymbol{U}_r \boldsymbol{S}^{-1} \boldsymbol{V}_r^{\mathrm{T}})(\mathrm{d}\boldsymbol{A})^{\mathrm{T}} \boldsymbol{U}_m \Delta t + \boldsymbol{P}^{\mathrm{T}} \boldsymbol{U}_m \Delta t \tag{5.33}$$

由于

$$(\mathrm{d}\boldsymbol{A})^{\mathrm{T}} \boldsymbol{U}_m = (\boldsymbol{A} + \mathrm{d}\boldsymbol{A})^{\mathrm{T}} \boldsymbol{U}_m \tag{5.34}$$

因此，数值计算中可用基于发生变位 $\boldsymbol{U}_m \boldsymbol{\beta} \Delta t$ 后的结构平衡矩阵 $\boldsymbol{A} + \mathrm{d}\boldsymbol{A}$ 上替代 $\mathrm{d}\boldsymbol{A}$。

5.3.2 数值算例

- 受荷悬链机构的找形分析

以图 5.2 平面铰接杆系机构为例，各个节点上受 $-Y$ 向集中荷载 $p(=1)$ 的作用。体系分析显示 $m=4$，$s=0$，此结构为第二类动不定结构，在荷载下朝平衡状态运动。图 5.3 为几个子步的机构构型。初始状态与平衡状态的节点坐标见表 5.1。当 $\|\boldsymbol{U}_m^{\mathrm{T}} \boldsymbol{P}\|_2 < 10^{-5}$，此时根据可动性判定可知，机构达到平衡状态，机构的内力见表 5.2。节点 2、3 的 X 向坐标跟踪以及收敛指标分别见图 5.4 和图 5.5。各个单元长度误差见表 5.3。

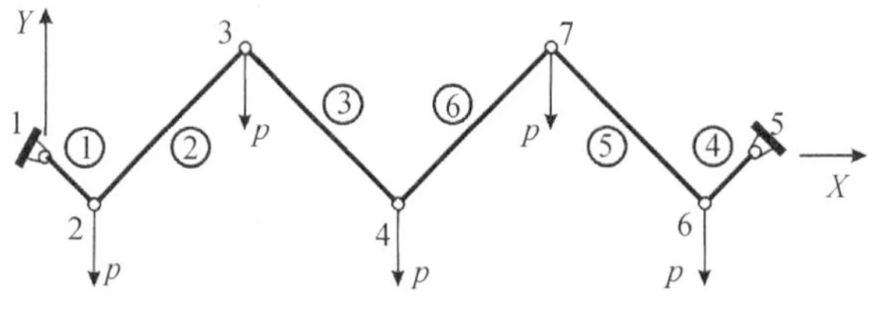

图 5.2　受荷平面悬链机构

(a) 30 步

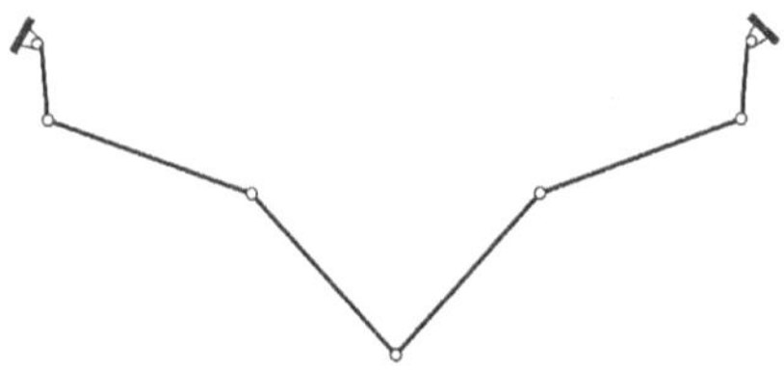

(b) 100 步

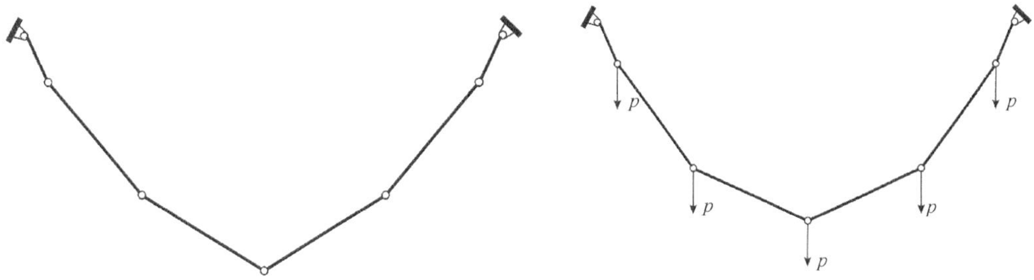

(c) 150 步　　　　(d) 最终平衡状态

图 5.3　受荷平面悬链机构平衡过程

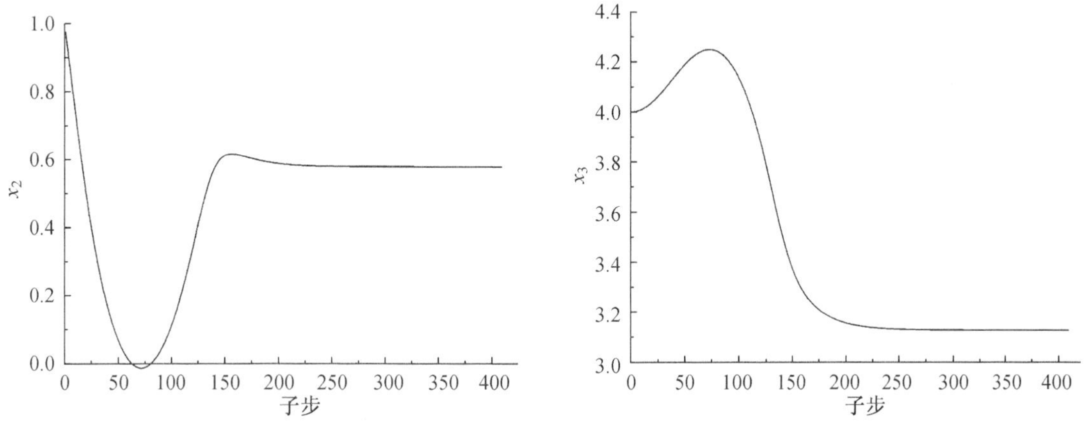

(a) 节点 2 的 X 向坐标　　　　(b) 节点 3 的 X 向坐标

图 5.4　节点坐标跟踪

表 5.1　受荷悬链结构节点坐标

节点号		1	2	3	4	5	6	7
初始	X	0.000	1.000	4.000	7.000	14.000	13.000	10.000
	Y	0.000	−1.000	2.000	−1.000	0.000	−1.000	2.000
节点号		1	2	3	4	5	6	7
平衡	X	0.000	0.579	3.127	7.000	14.000	13.421	10.873
	Y	0.000	−1.303	−4.745	−6.489	0.000	−1.303	−4.745

表 5.2　受荷悬链结构平衡状态的单元内力

单元号	1	2	3	4	5	6
t	$2.736p$	$1.866p$	$1.218p$	$2.736p$	$1.866p$	$1.218p$

表 5.3　受荷悬链结构单元长度

单元号	初始长度	平衡态长度	误差相对值 %
1	1.414	1.426	0.808 6
2	4.243	4.283	0.949 1
3	4.243	4.247	0.108 4
4	1.414	1.426	0.808 6
5	4.243	4.283	0.949 1
6	4.243	4.248	0.108 4

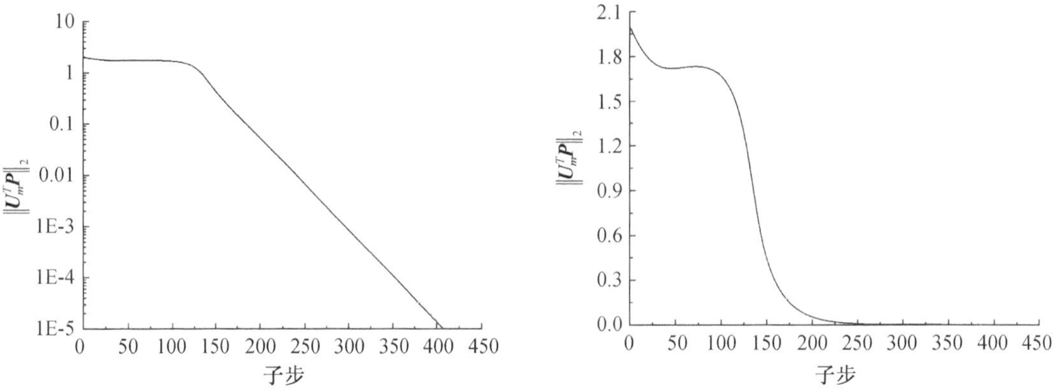

(a) 对数坐标表示　　　　(b) 常数坐标表示

图 5.5　收敛指标的跟踪

- 受荷空间机构的找形分析

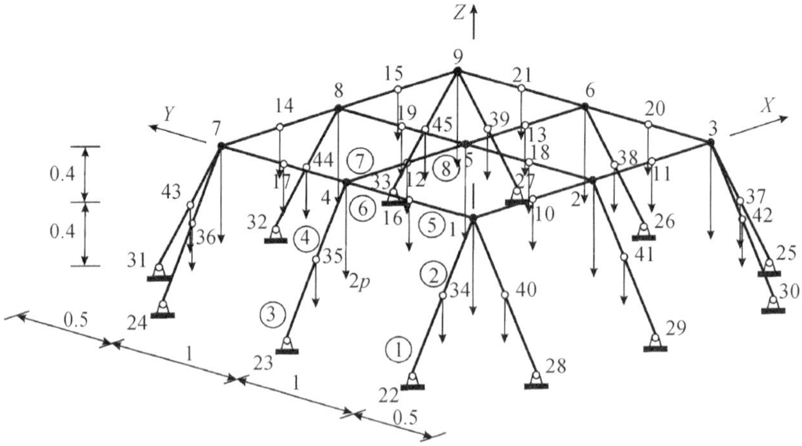

图 5.6　受荷空间杆系机构

以图 5.6 所示空间铰接杆系结构为例，各个节点上受 $-Z$ 向集中荷载的作用，黑色实心节点受 $2p$ 作用，空心节点受 p 作用（$p=1$）。体系分析显示 $m=52$，$s=1$。图 5.7 为几

个子步的机构构型。当 $\| \boldsymbol{U}_m^{\mathrm{T}} \boldsymbol{P} \|_2 < 10^{-5}$，根据机构可动性判定可知，机构达到平衡状态，此时机构的内力见表 5.4。节点 1、2、6 的三个自由度坐标跟踪见图 5.8。图 5.10 为采用两种方法（修正前后）各个单元长度误差，可见使用修正后算法计算得到的单元长度误差较修正前小。

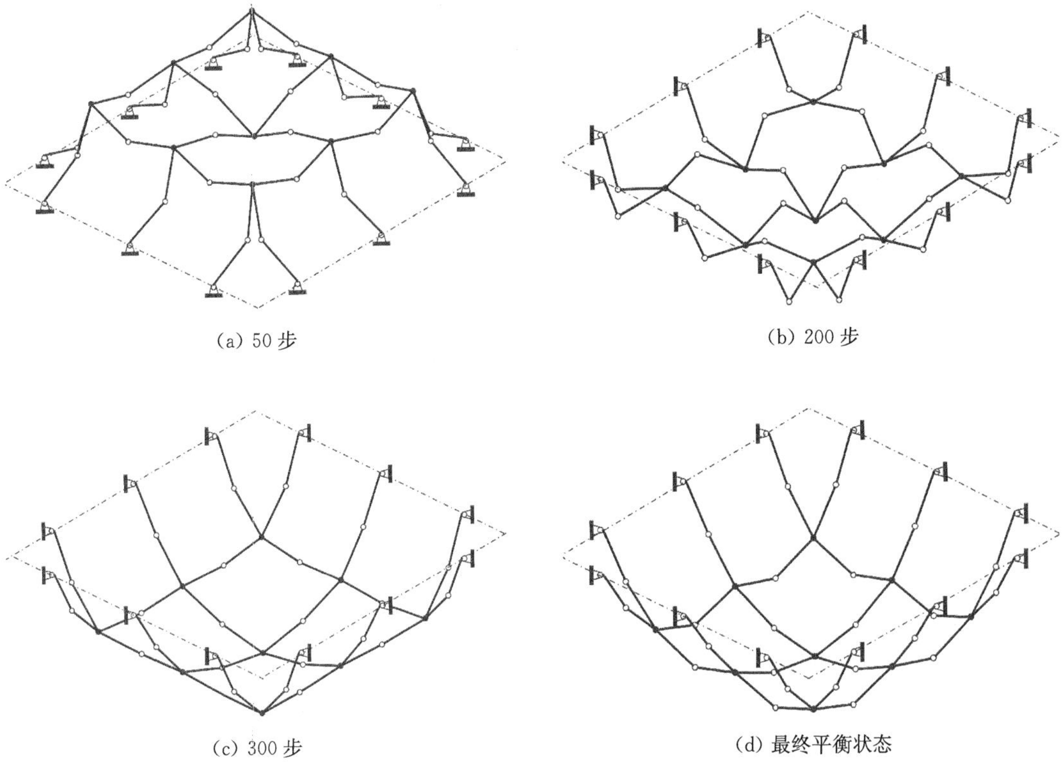

(a) 50 步　(b) 200 步

(c) 300 步　(d) 最终平衡状态

图 5.7　受荷空间杆系机构平衡过程

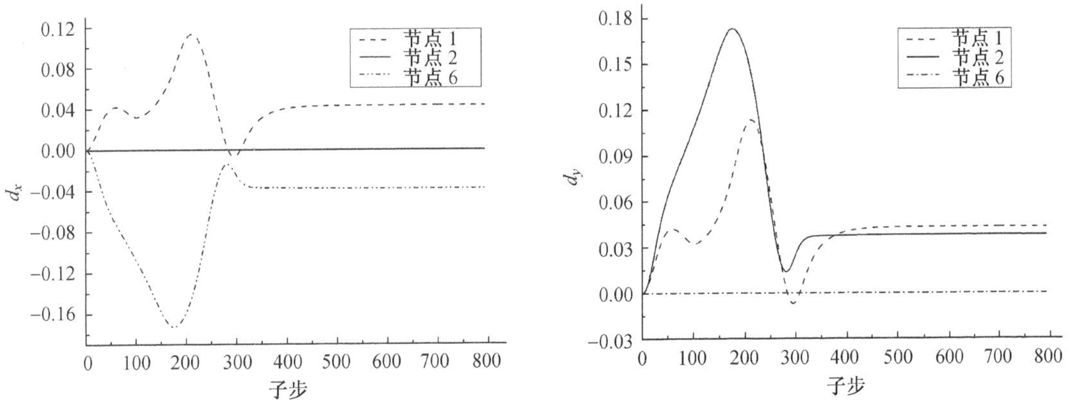

(a) 节点 *X* 向位移　(b) 节点 *Y* 向位移

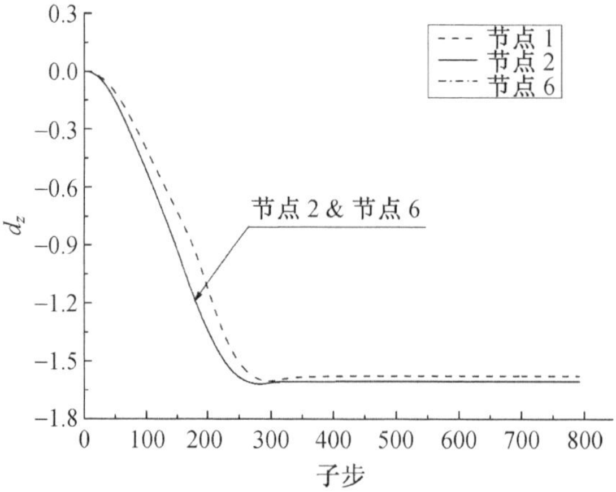

(c) 节点 Z 向位移

图 5.8　节点 1、2、6 的位移

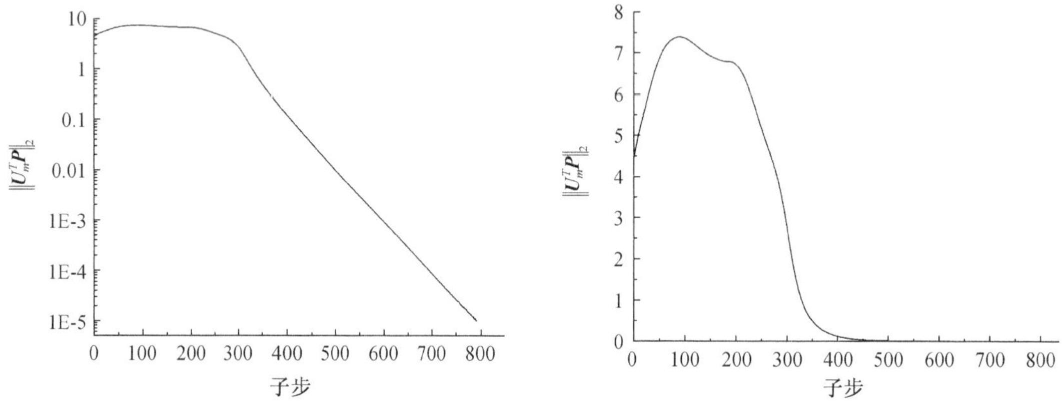

(a) 对数坐标表示　　(b) 常数坐标表示

图 5.9　收敛指标的跟踪

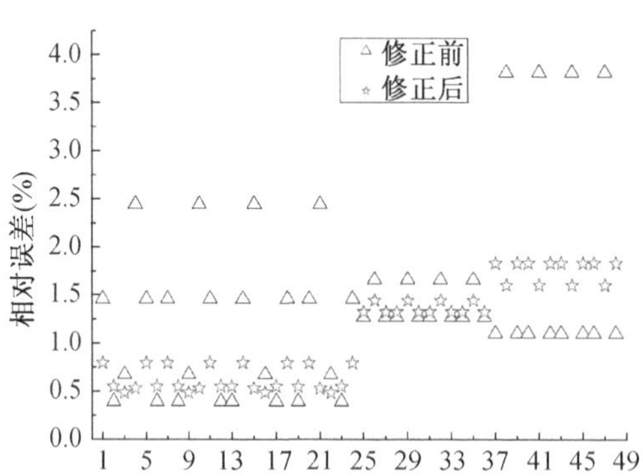

图 5.10　两种方法的单元相对误差对比

表 5.4　受荷空间杆系机构平衡状态的单元内力

单元组	1	2	3	4	5	6	7	8
t	$1.384p$	$1.384p$	$3.244p$	$3.244p$	$1.497p$	$1.497p$	$3.229p$	$3.229p$

表 5.5　受荷空间杆系机构平衡状态的节点坐标

节点号	1	4	5	12	16	34	35
X	0.043	0.038	1.000	0.503	0.041	−0.273	−0.253
Y	0.043	1.000	1.000	1.000	0.514	0.018	1.000
Z	−1.576	−1.605	−1.898	−1.821	−1.750	−1.220	−1.211

5.4　网状动不定结构的合理形态研究

可以发现，如果不进行严格的迭代修正，不管步长 δt 取得多么的小，最后的单元总是存在变形的（$e \neq 0$），而且子步步长取得越大，单元变形越大。

受到上面的启发，那么我们可以这样认为，初始的结构形式只是给定了拓扑连接关系，通过控制步长，实现伪弹性模量的控制。单元是允许发生变形的，而且是无应力的变形。这样，我们可以找到在外荷载 $\boldsymbol{P}$ 作用下结构的平衡状态。上述算法可以解决这样一个问题，寻找不同荷载效应下结构的合理形状。

5.4.1　平面链状结构的合理形态研究

首先，讨论两个平面链状动不定结构的合理形态问题。

图 5.11 所示一两端铰接水平梁，跨度 $L = 50$。在不变的 $+Y$ 向均布荷载 $\boldsymbol{P}$ 作用下，确定梁的合理拱轴线，此时梁内只受轴力作用，无弯矩。

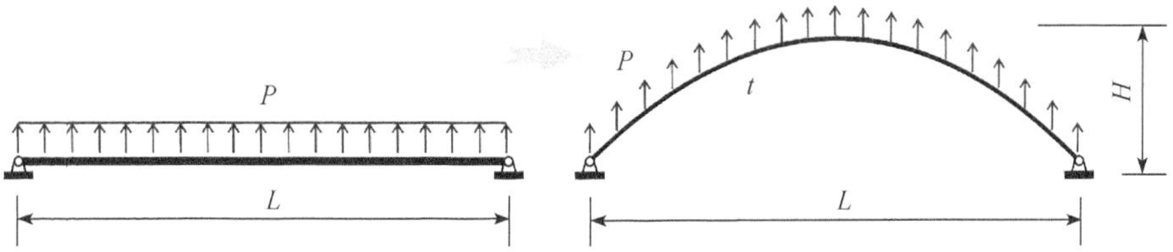

图 5.11　均布荷载压力线

将水平梁处理成索段，并 50 等分。在 $\boldsymbol{P}$ 作用下，分别以 d_i 为步长，寻找不同形式的合理拱轴线。最终平衡状态满足 $\boldsymbol{A}\boldsymbol{t} = \boldsymbol{P}$，$\boldsymbol{t} > 0$。对此结构反向加载，如图 5.12 所示，则结构内部单元均受压，即 $\boldsymbol{A}(-\boldsymbol{t}) = -\boldsymbol{P}$，符合合理拱轴线的定义。

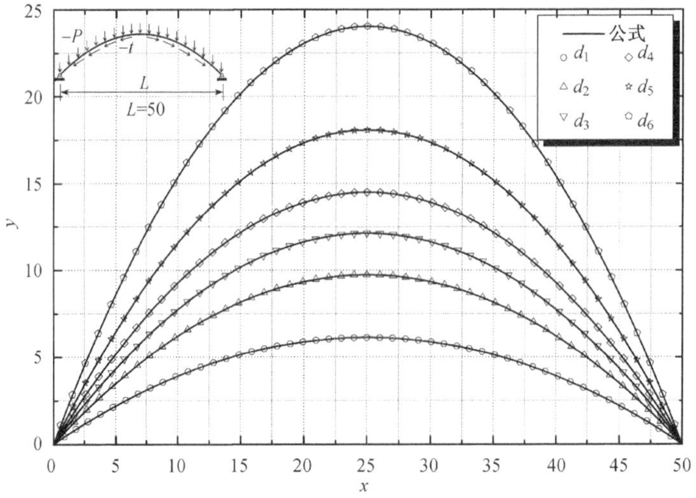

图 5.12　均布荷载下合理拱轴线的数值解与解析解对比

图 5.12 所示，分别找到六条拱轴线（$d_1 = 0.005$，$d_2 = 0.008$，$d_3 = 0.01$，$d_4 = 0.012$，$d_5 = 0.015$，$d_6 = 0.02$）。众所周知，结构在均布荷载下的合理拱轴线为抛物线，若设矢高为 H，则曲线表示为

$$y = -\frac{4H}{L^2}x(x-L) \tag{5.35}$$

为验证正确性，在图 5.12 中进行了对比。可见由基于第二类动不定结构的找形数值算法找到的曲线确实为抛物线。

图 5.13 所示，一索段架于两个高差为 $H=25$、跨度 $L=50$ 的铰接支座之上。现为其寻找自然悬挂状态，即悬链线。将索段 50 等分后，受 $-Y$ 向均布荷载 $\boldsymbol{P}$ 作用，与上面不同的是，这里的荷载随着各个子步的单元长度不断修正 $\boldsymbol{P}$，以模拟真实自重效应。分别以 d_i（$d_1 = 0.01$，$d_2 = 0.015$，$d_3 = 0.02$，$d_4 = 0.03$，$d_5 = 0.04$，$d_6 = 0.05$）为步长，寻找到不同形式的悬链线。

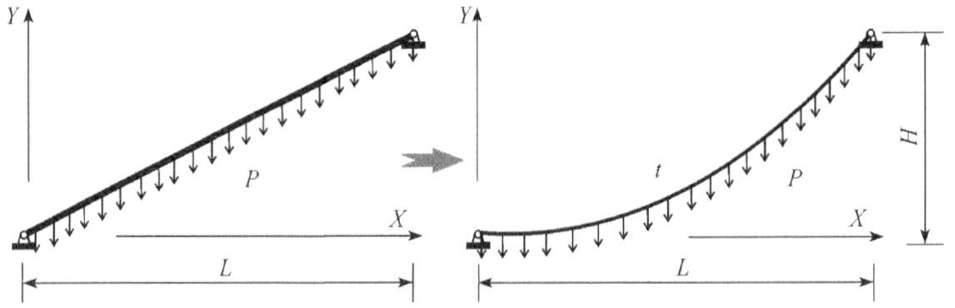

图 5.13　悬链线

为验证算法正确性，先给出悬链线的解析形式。设悬链线两端点的高差为 H，跨度为 L，则悬链线可以表示成

$$y = a\,\mathrm{ch}\left(\frac{x-b}{a}\right) + c \tag{5.36}$$

a、b、c 分别为待定系数，其中

$$b = a\ln\left[\frac{-He^{(L/a)} + \sqrt{H^2e^{(2L/a)} + a^2e^{(L/a)}(e^{(L/a)}-1)^2}}{a(e^{(L/a)}-1)}\right] \tag{5.37}$$

$$c = H - a\mathrm{ch}\left\{-\frac{L}{a} + \ln\left[\frac{-He^{(L/a)} + \sqrt{H^2e^{(2L/a)} + a^2e^{(L/a)}(e^{(L/a)}-1)^2}}{a(e^{(L/a)}-1)}\right]\right\} \tag{5.38}$$

a 取值的不同可获得通过（0，0）、(L，H）两点的悬链线簇。

下面将数值解与解析解在图 5.14 中进行对比，两者完全吻合。索段内力分布见图 5.15。若均布荷载 $\boldsymbol{P}$ 保持不变，则最终形状为抛物线，如图 5.16 所示。

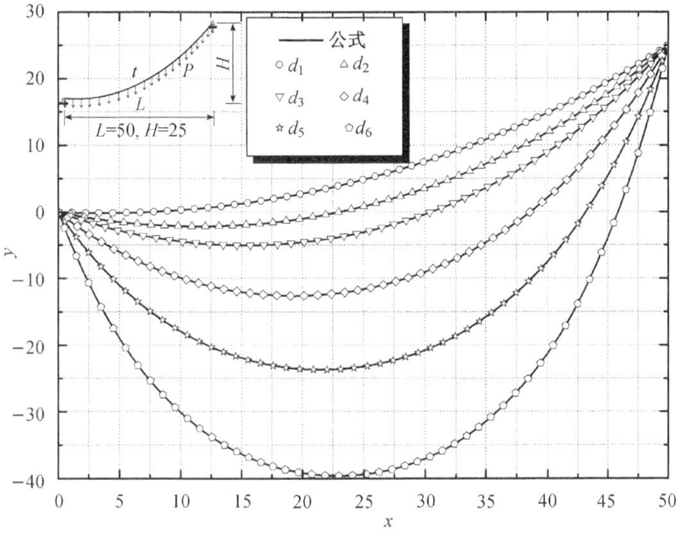

图 5.14　自重下索悬链线的数值解与解析解对比

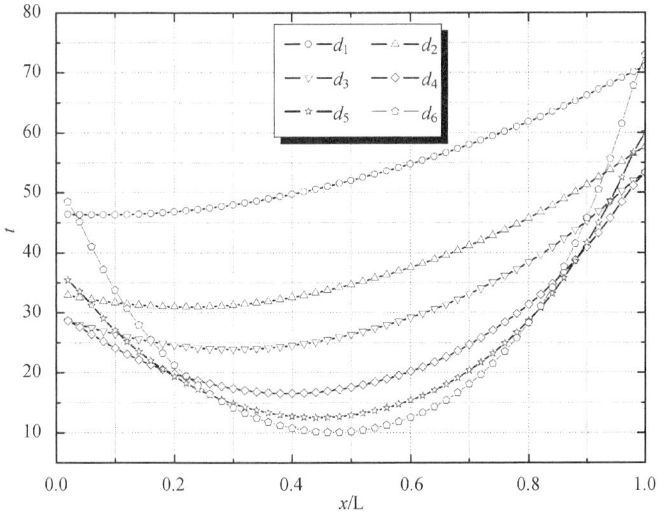

图 5.15　悬链线索段内力

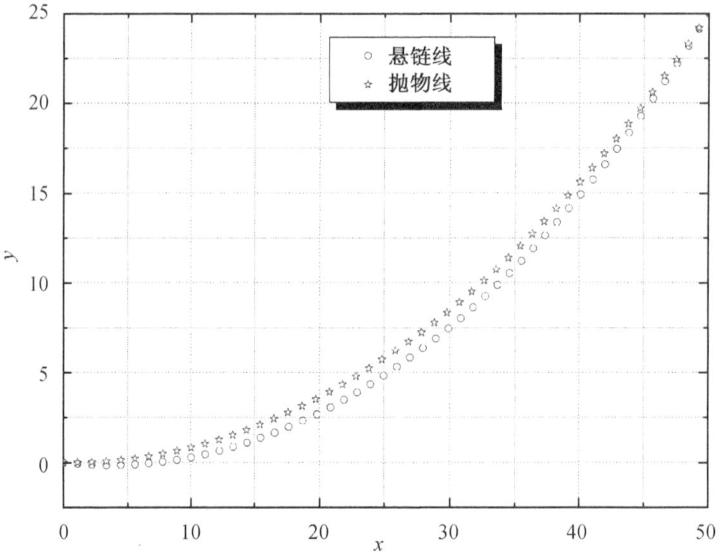

图 5.16 步长 d_1 对应的悬链线与抛物线

特别地，下面给出 $H=0$，即无高差情况下的悬链线解析形式：

$$b=\frac{L}{2},\ c=-a\mathrm{ch}\left(-\frac{L}{2a}\right) \tag{5.39}$$

$$\begin{aligned} y &= a\mathrm{ch}\left(\frac{2x-L}{2a}\right)-a\mathrm{ch}\left(-\frac{L}{2a}\right) \\ &= a\mathrm{ch}\left(\frac{x-L}{2a}+\frac{x}{2a}\right)-a\mathrm{ch}\left(\frac{x-L}{2a}-\frac{x}{2a}\right) \end{aligned} \tag{5.40}$$

则悬链线方程表示为

$$y=2a\mathrm{sh}\left(\frac{x-L}{2a}\right)\mathrm{sh}\left(\frac{x}{2a}\right) \tag{5.41}$$

5.4.2 空间网状结构的合理形态研究

下面讨论空间网状的动不定结构的合理形态问题。

- 蜂窝型网状结构

图 5.17 为蜂窝型网状结构初始状态，设 X 向由 n 个完整正六角形组成，Y 向由 m 个完整正六角形组成，尺寸如图所示。取 $m=7$，$n=9$。四角固定，在中部区域受 Z 向均布荷载作用。$\Delta t=0.05$ 的情况下，找到最终平衡的形态见图 5.18。

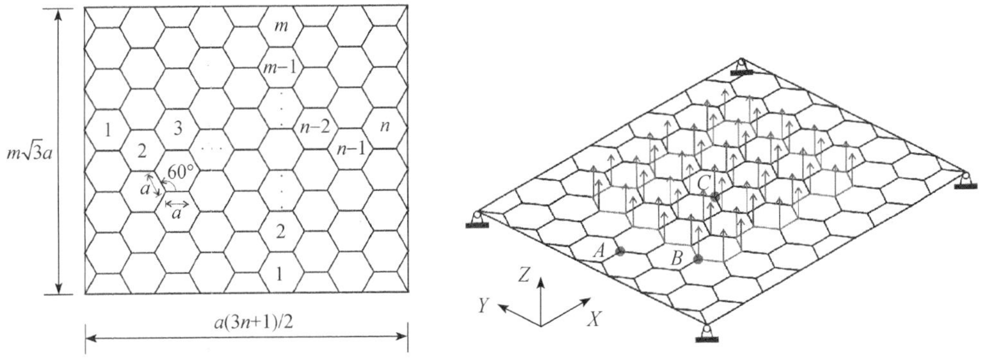

(a) 平面图　　(b) 轴侧图

图 5.17　蜂窝型网状结构初始状态

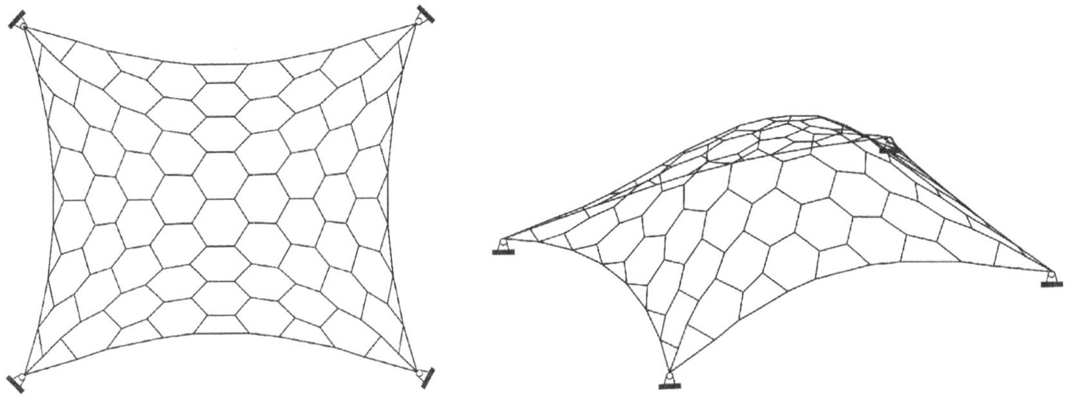

(a) 平面图　　(b) 轴侧图

图 5.18　成形后的蜂窝型网状结构

并取三个不同的子步步长 $\Delta t(=0.05,0.04,0.06)$，分别跟踪到最终平衡状态，图 5.21 做了比较。同时跟踪节点 A、B、C 的位移，以及 $\|\boldsymbol{U}_m^{\mathrm{T}}\boldsymbol{P}\|_2$，见图 5.19 和 5.20。

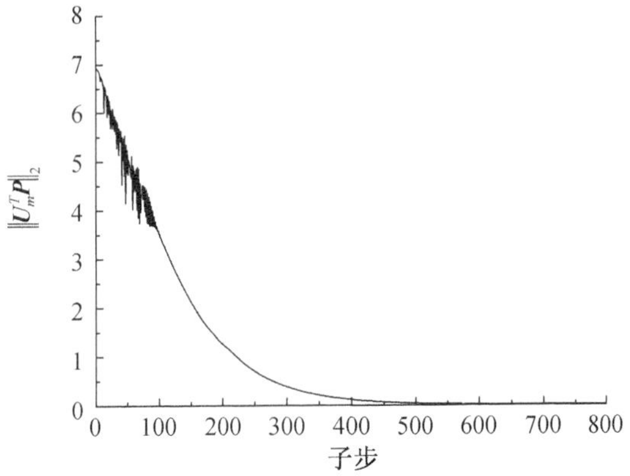

图 5.19　收敛指标的跟踪

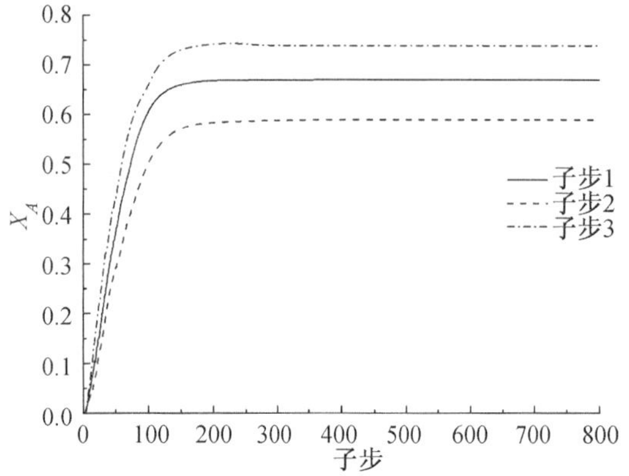

(a) 节点 A 的 X 向位移对比

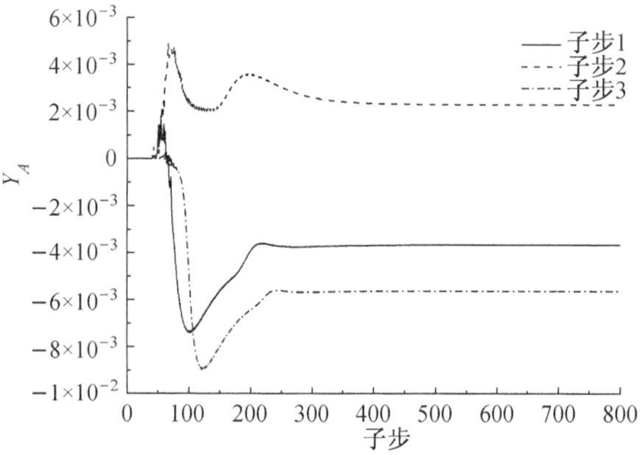

(b) 节点 A 的 Y 向位移对比

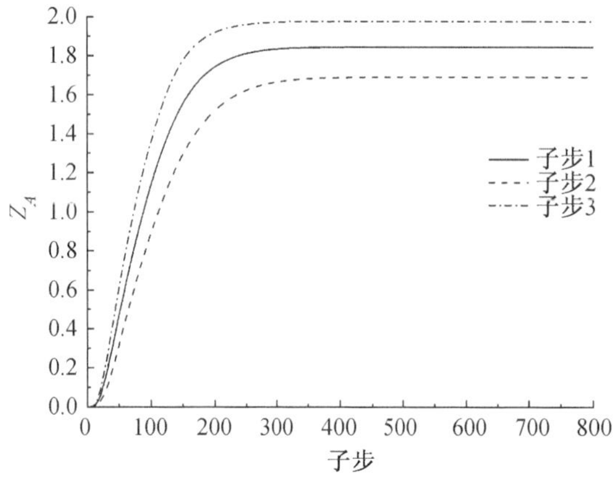

(c) 节点 A 的 Z 向位移对比

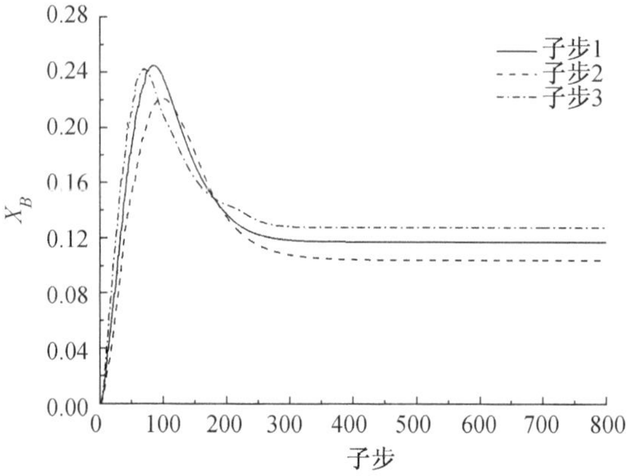

(d) 节点 B 的 X 向位移对比

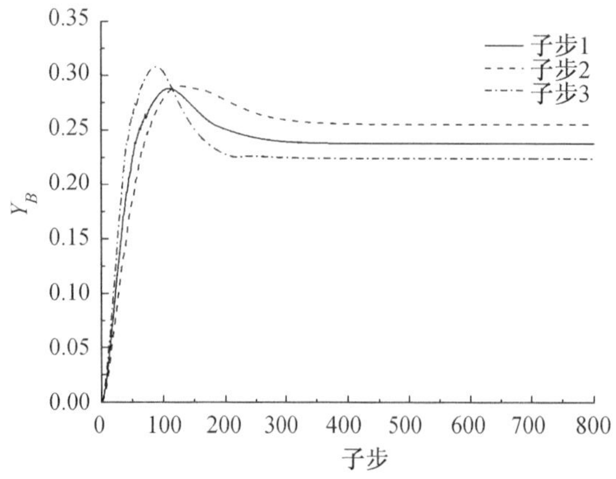

(e) 节点 B 的 Y 向位移对比

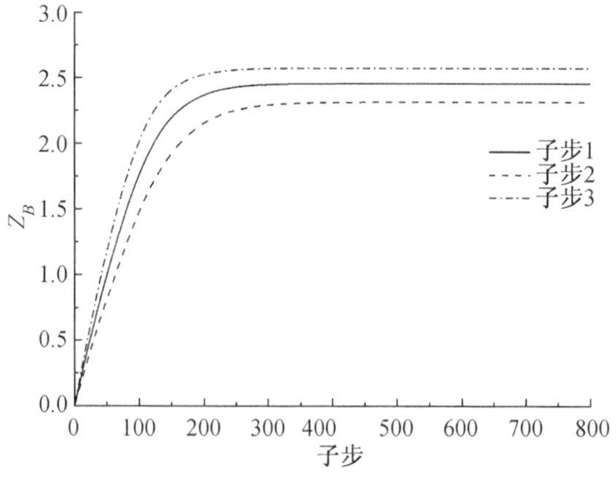

(f) 节点 B 的 Z 向位移对比

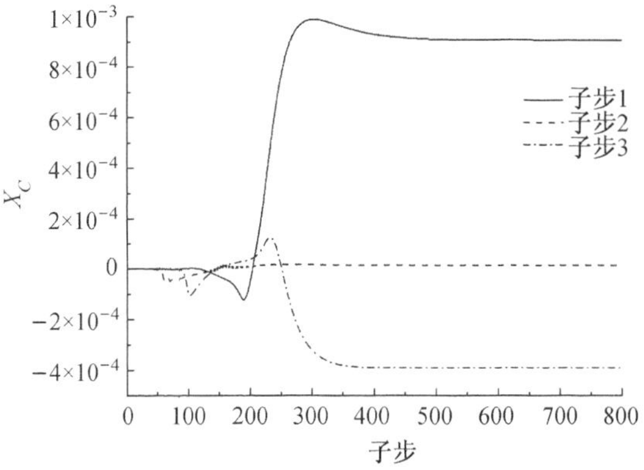

(g) 节点 C 的 X 向位移对比

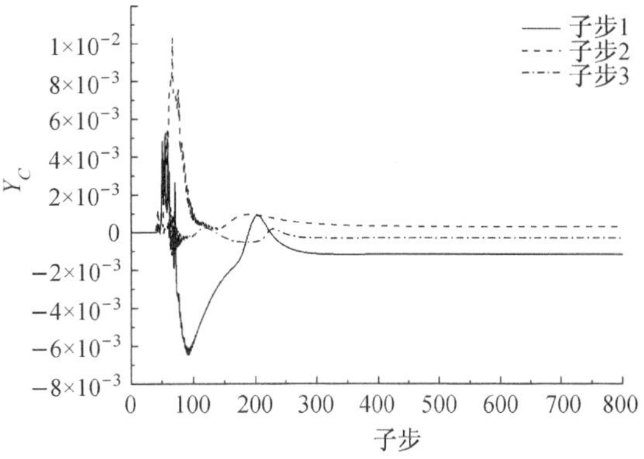

(h) 节点 C 的 Y 向位移对比

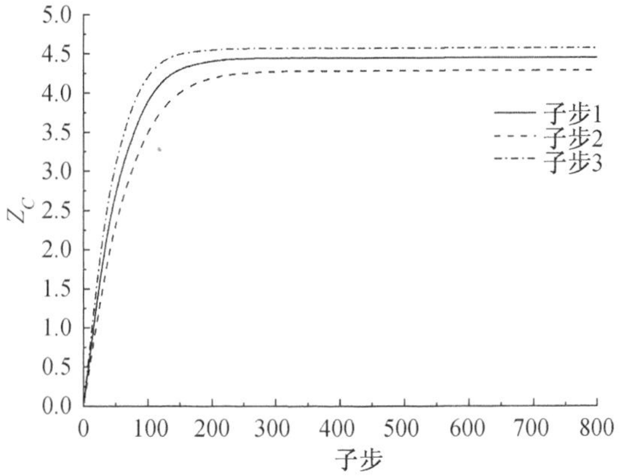

(i) 节点 C 的 Z 向位移对比

图 5.20　蜂窝型网状结构成形过程中节点位移跟踪

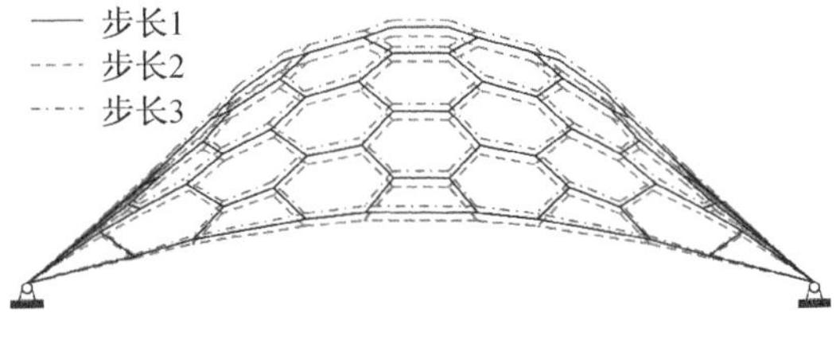

图 5.21　最终形态比较

- 纵横向网状结构

图 5.22 示纵横向网状结构受 $+Z$ 向均布荷载 $\boldsymbol{P}$ 作用，约束粗线边界。最终合理形态见图 5.23。

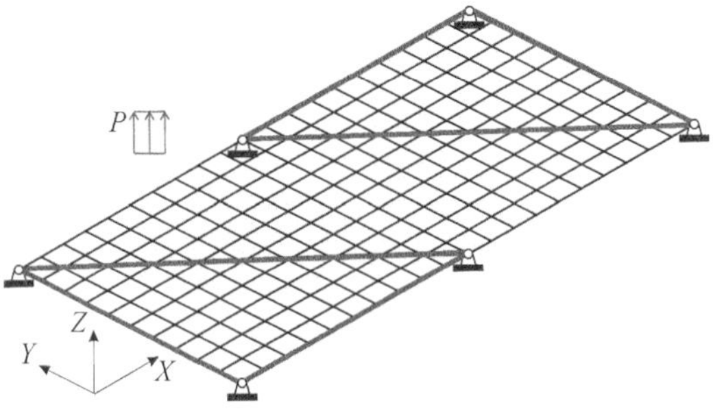

图 5.22　初始形态及荷载形式

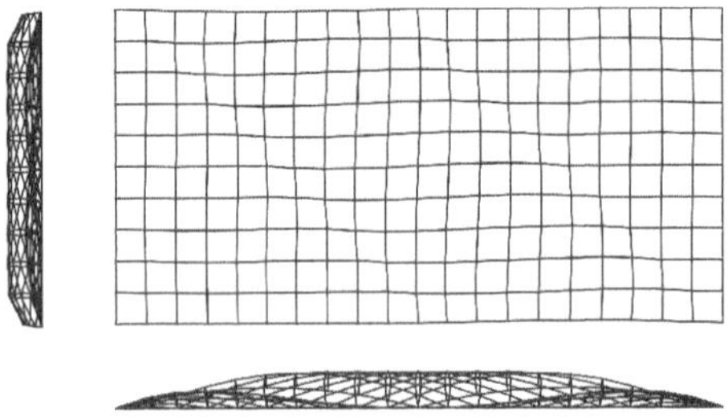

(a) 平面、立面图

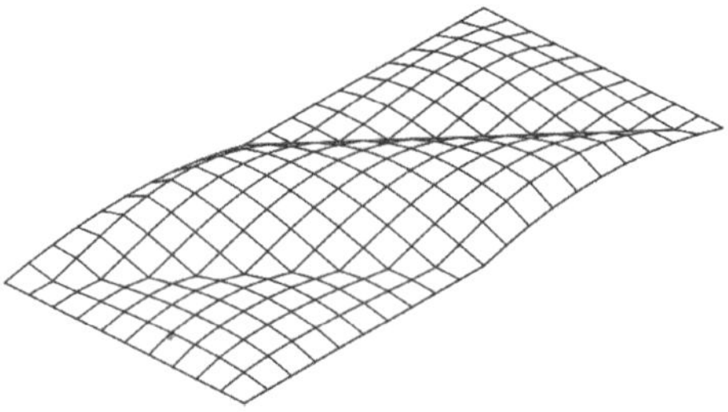

(b) 轴侧图

图 5.23　最终合理形态

- 经纬向网状结构

图 5.24 示圆形经纬向网状动不定结构，内外直径为 5 和 20，受 $+Z$ 向均布荷载 $\boldsymbol{P}$ 作用，内圈与外圈节点固定，粗线边界所示。最终合理形态见图 5.25。

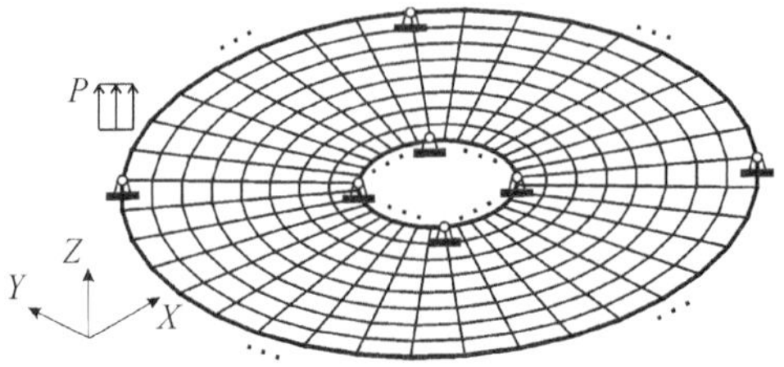

图 5.24　受荷圆形经纬向网状动不定结构轴侧图

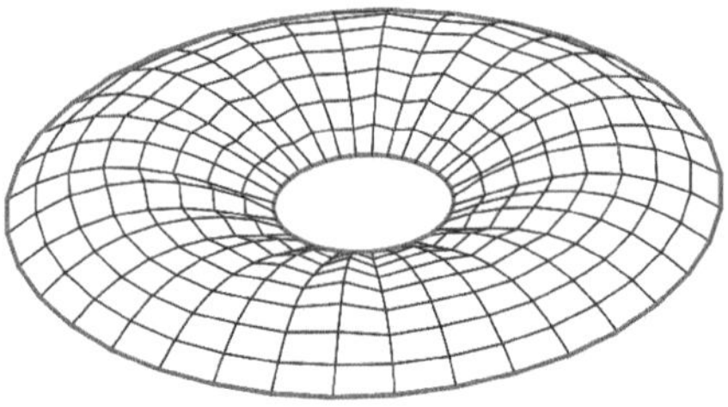

图 5.25　最终合理形态轴侧图

5.5　第一类动不定结构的平衡矩阵找形方法

5.5.1　平衡矩阵与力密度结合的张拉整体结构找形

第一类动不定结构同时具有自应力模态和机构位移模态。在没有施加预应力的情况下结构不成形。只有在所有机构位移模态被自应力刚化的情况下，结构才具有几何刚度。下面针对张拉整体结构进行找形分析。

引入力密度 $\zeta=\frac{t}{l}$，将节点 i 处的平衡方程写成力密度形式

$$(x_j-x_i)\zeta_k+(x_h-x_i)\zeta_l=p_{ix} \tag{5.42. a}$$

$$(y_j-y_i)\zeta_k+(y_h-y_i)\zeta_l=p_{iy} \tag{5.42. b}$$

$$(z_j-z_i)\zeta_k+(z_h-z_i)\zeta_l=p_{iz} \tag{5.42. c}$$

将作为力密度 ζ 作为变量，结构的平衡方程可以写成：

$$\bar{\boldsymbol{A}}\boldsymbol{\zeta}=\boldsymbol{P} \tag{5.43}$$

其中力密度向量 $\boldsymbol{\zeta}=(\zeta_1\quad\zeta_2\quad\cdots\quad\zeta_b)^{\mathrm{T}}$，$\zeta_k=\frac{t_k}{l_k}$。节点荷载向量 $\boldsymbol{P}=(\boldsymbol{P}_x\quad\boldsymbol{P}_y\quad\boldsymbol{P}_z)^{\mathrm{T}}$，

$$\boldsymbol{P}_x=(p_{1x}\quad p_{2x}\quad\cdots\quad p_{nx})^{\mathrm{T}} \tag{5.44. a}$$

$$\boldsymbol{P}_y=(p_{1y}\quad p_{2y}\quad\cdots\quad p_{ny})^{\mathrm{T}} \tag{5.44. b}$$

$$\boldsymbol{P}_z=(p_{1z}\quad p_{2z}\quad\cdots\quad p_{nz})^{\mathrm{T}} \tag{5.44. c}$$

对于空间问题，平衡矩阵为

$$\bar{\boldsymbol{A}}=\begin{pmatrix}\bar{\boldsymbol{A}}_x\\ \bar{\boldsymbol{A}}_y\\ \bar{\boldsymbol{A}}_z\end{pmatrix} \tag{5.45}$$

其中三个自由度方向的平衡矩阵分别为

$$\bar{\boldsymbol{A}}_x=\boldsymbol{\Gamma}^{\mathrm{T}}\mathrm{diag}(\boldsymbol{\Gamma x}) \tag{5.46. a}$$

$$\bar{\boldsymbol{A}}_y=\boldsymbol{\Gamma}^{\mathrm{T}}\mathrm{diag}(\boldsymbol{\Gamma y}) \tag{5.46. b}$$

$$\bar{\boldsymbol{A}}_z=\boldsymbol{\Gamma}^{\mathrm{T}}\mathrm{diag}(\boldsymbol{\Gamma z}) \tag{5.46. c}$$

这里节点坐标向量

$$\boldsymbol{x}=(x_1\quad x_2\quad\cdots\quad x_n)^{\mathrm{T}} \tag{5.47. a}$$

$$\boldsymbol{y}=(y_1\quad y_2\quad\cdots\quad y_n)^{\mathrm{T}} \tag{5.47. b}$$

$$\boldsymbol{z}=(z_1\quad z_2\quad\cdots\quad z_n)^{\mathrm{T}} \tag{5.47. c}$$

关联矩阵 $\boldsymbol{\Gamma}$ 的维数是 $b\times n$，表示结构的拓扑连接关系。子结构关联矩阵可表示为

$$\boldsymbol{\Gamma}_{b\times n}=\begin{array}{c} \\ \vdots \\ k\rightarrow \\ \vdots \\ l\rightarrow \\ \vdots \end{array}\begin{array}{ccccccc} \cdots & i & \cdots & j & \cdots & h & \cdots \\ \cdots & \cdots & \cdots & \cdots & \cdots & \cdots & \cdots \\ \cdots & 1 & \cdots & -1 & \cdots & \cdots & \cdots \\ \cdots & \cdots & \cdots & \cdots & \cdots & \cdots & \cdots \\ \cdots & 1 & \cdots & \cdots & \cdots & -1 & \cdots \\ \cdots & \cdots & \cdots & \cdots & \cdots & \cdots & \cdots \end{array} \tag{5.48}$$

单元 k 的起始节点和终止节点分别为 i、j，则 $\boldsymbol{\Gamma}_{ki}=1$、$\boldsymbol{\Gamma}_{kj}=-1$，以此类推。

需要说明的是，这里的平衡矩阵 $\bar{\boldsymbol{A}}$ 已经按各个节点的 X、Y、Z 自由度进行了分离，与前面所推导的按节点分类的平衡矩阵表达式不同之处在于，不包含单元长度，且进行了行变换。

同样，将节点坐标 x、y、z 作为变量，结构的平衡方程还可以写成：

$$\bar{\boldsymbol{D}}\boldsymbol{X}=\boldsymbol{P} \tag{5.49}$$

其中节点坐标向量 $\boldsymbol{X}=(\boldsymbol{x}\quad\boldsymbol{y}\quad\boldsymbol{z})^{\mathrm{T}}$。矩阵 $\bar{\boldsymbol{D}}$ 就是力密度矩阵，表示为

$$\bar{\boldsymbol{D}}=\boldsymbol{\Gamma}^{\mathrm{T}}\mathrm{diag}(\zeta)\boldsymbol{\Gamma} \tag{5.50}$$

因此可以看出，方程（5.49）可以以力密度 $\boldsymbol{\zeta}$ 为已知量，求取节点坐标 $\boldsymbol{X}$。而方程(5.43)可以以节点坐标 $\boldsymbol{X}$ 为已知量，求取力密度 $\boldsymbol{\zeta}$。两者建立了节点坐标和单元力密度之间的桥梁，可以通过方程之间的反复迭代，进行结构找形分析。

以张拉整体结构这一典型动不定结构的找形为例，进行详细阐述。找形是在零外荷载的情况下进行的，结构依靠自内力实现自平衡。因此

$$\boldsymbol{P}=\boldsymbol{0} \tag{5.51}$$

上述两方程表示为

$$\bar{\boldsymbol{A}}\boldsymbol{\zeta}=\boldsymbol{0} \tag{5.52}$$

$$\bar{\boldsymbol{D}}\boldsymbol{X}=\boldsymbol{0} \tag{5.53}$$

根据体系分析，当 $\mathrm{rank}(\bar{\boldsymbol{A}})<b$，即 $s>0$ 时，结构可施自应力，这是成为第一类动不定结构的必要条件。

由于张拉整体结构中索受拉、杆受压，将单元分为两个集合 E^c、E^s 分别是索集合和杆集合。因此

$$\zeta_i>0,\ i\in\mathrm{E}^c \tag{5.54}$$

$$\zeta_i<0,\ i\in\mathrm{E}^s \tag{5.55}$$

力密度矩阵 $\bar{\boldsymbol{D}}$ 半正定。

文献［63］给出了力密度与节点坐标相互迭代进行张拉整体结构找形的算法，主要是针对单自应力模态张拉整体的找形。我们这里首先将这一算法予以阐述，并在这基础上进

行适当改进，给出基于连接拓扑图填涂的找形算法。

算法首先需给定结构拓扑关系，即关联矩阵 $\boldsymbol{\Gamma}$，并给出单元类型，用向量表示

$$\zeta_0 = (1 \quad \cdots \quad 1 \quad -1 \quad \cdots \quad -1)^{\mathrm{T}} \tag{5.56}$$

其中 1 表示索单元，−1 表示杆单元。

利用公式（5.50）计算力密度矩阵 $\bar{\boldsymbol{D}}$，由方程（5.49）预测节点坐标 $\boldsymbol{X}$。对矩阵 $\bar{\boldsymbol{D}}$ 进行 Schur 分解，

$$\bar{\boldsymbol{D}} = \boldsymbol{WYW}^{\mathrm{T}} \tag{5.57}$$

$\boldsymbol{Y}$ 为对角矩阵，$\boldsymbol{W}$ 为正交矩阵

$$\boldsymbol{W} = (\boldsymbol{w}_1 \quad \boldsymbol{w}_2 \quad \cdots \quad \boldsymbol{w}_n) \tag{5.58}$$

$$\bar{\boldsymbol{D}}\boldsymbol{w}_i = \boldsymbol{0},\ i \in (1,\ 2,\ 3,\ 4) \tag{5.59}$$

方程（5.59）存在非零解。有

$$\begin{pmatrix} \boldsymbol{x} \\ \boldsymbol{y} \\ \boldsymbol{z} \end{pmatrix} = \begin{pmatrix} 1 & 0 & 0 & 0 \\ 0 & 1 & 0 & 0 \\ 0 & 0 & 1 & 0 \end{pmatrix} \begin{pmatrix} \boldsymbol{w}_1 \\ \boldsymbol{w}_2 \\ \boldsymbol{w}_3 \\ \boldsymbol{w}_4 \end{pmatrix} \tag{5.60}$$

这样节点坐标就满足

$$\bar{\boldsymbol{D}} \begin{pmatrix} \boldsymbol{x} \\ \boldsymbol{y} \\ \boldsymbol{z} \end{pmatrix} = \boldsymbol{0} \tag{5.61}$$

当 $\mathrm{rank}(\bar{\boldsymbol{D}}) \geqslant n-3$ 时，需要对节点坐标进行预测。$\boldsymbol{w}_i$ 代表了各个节点的坐标值，最终选定的各个自由度的节点坐标正是从这些向量中选取。以单元总长度最小为选择节点坐标的原则，求得各个单元方向的坐标差

$$\Delta\boldsymbol{W} = \boldsymbol{\Gamma W} = (\boldsymbol{\Gamma w}_1 \quad \boldsymbol{\Gamma w}_2 \quad \cdots \quad \boldsymbol{\Gamma w}_n) \tag{5.62}$$

对每一列求取“2”范数

$$\Delta\boldsymbol{L} = (\|\boldsymbol{\Gamma w}_1\|_2 \quad \|\boldsymbol{\Gamma w}_2\|_2 \quad \cdots \quad \|\boldsymbol{\Gamma w}_n\|_2) \tag{5.63}$$

对 $\Delta\boldsymbol{L}$ 中 n 个元素升序排列，排除所有 $\|\boldsymbol{\Gamma w}_i\|_2 = 0$ 项。相应地，对 $\Delta\boldsymbol{W}$ 的列向量进行排序，并删除 $\Delta\boldsymbol{L}_i$ 为零项，形成矩阵 $\Delta\boldsymbol{W}'$。在 $\Delta\boldsymbol{W}'$ 中选出线性无关的列向量便可作为节点坐标。对矩阵 $\Delta\boldsymbol{W}'$ 进行 QR 分解，

$$\Delta\boldsymbol{W}' = \boldsymbol{QR} \tag{5.64}$$

其中 $\boldsymbol{R}$ 为上三角矩阵。$\boldsymbol{R}$ 的非零对角元项即可为 $\boldsymbol{x}$、$\boldsymbol{y}$、$\boldsymbol{z}$，满足

$$\bar{\boldsymbol{D}}\begin{pmatrix}\boldsymbol{x}\\\boldsymbol{y}\\\boldsymbol{z}\end{pmatrix}\approx 0 \tag{5.65}$$

利用上面求得的节点坐标 $\boldsymbol{X}$，修正力密度 $\boldsymbol{\zeta}$。根据方程（5.46）集成平衡矩阵 $\bar{\mathbf{A}}$。对 $\bar{\mathbf{A}}$ 奇异值分解

$$\bar{\mathbf{A}}=\boldsymbol{U}\boldsymbol{S}\boldsymbol{V}^{\mathrm{T}} \tag{5.66}$$

$$\mathbf{V}=(\boldsymbol{v}_1\quad \boldsymbol{v}_2\quad \cdots\quad \boldsymbol{v}_b) \tag{5.67}$$

根据最小二乘拟合原理，利用 $\mathbf{V}$ 的最后若干列来构造新的自应力 $\boldsymbol{\zeta}$，使得 $\boldsymbol{\zeta}$ 中对应单元元素的符号与 $\boldsymbol{\zeta}_0$ 一致。这样反复迭代，直至 $\bar{\mathbf{A}}\boldsymbol{\zeta}=\mathbf{0}$。

若需要寻找单自应力模态（$s=1$）张拉整体结构，则可从（$\boldsymbol{v}_b$）开始构造 $\boldsymbol{\zeta}$，若不满足符号要求，则增列（$\boldsymbol{v}_{b-1}\quad \boldsymbol{v}_b$），以此类推。若需要寻找多自应力模态（$s>1$）张拉整体结构，可从（$\boldsymbol{v}_{b-s+1}\quad \cdots\quad \boldsymbol{v}_b$）开始构造 $\boldsymbol{\zeta}$，不满足则增列（$\boldsymbol{v}_{b-s}\quad \cdots\quad \boldsymbol{v}_b$），以此类推。

下面是算法的流程图。

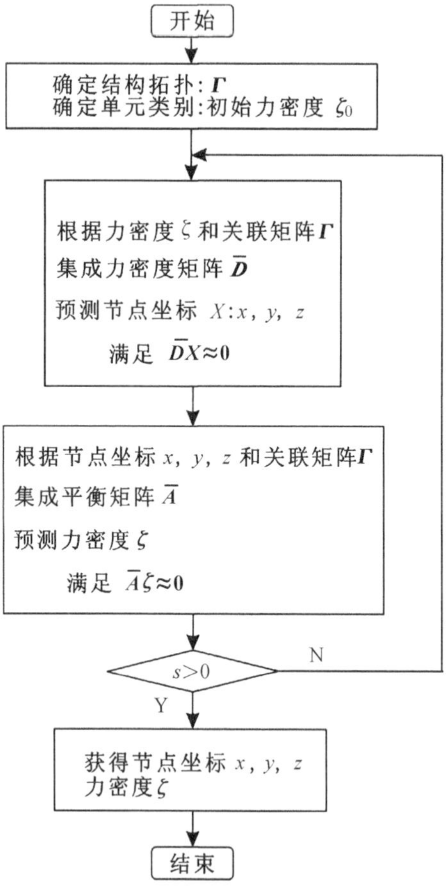

图 5.26　找形算法的流程图

5.5.2 基于拓扑连接图的索杆关系讨论

张拉整体结构由索元和杆元依照一定拓扑关系连接而成。若给予一定规律，就可利用计算机进行索杆拓扑连接图的填涂，配合上面的找形算法，找到适当的张拉整体结构。下面基于拓扑连接图讨论张拉整体结构中索杆数量的规律。

设结构包含 b_c 根索和 b_s 根杆，n 个节点。假定每个节点上均连接有 l_c 根索和 1 根杆，同时希望找到的张拉整体的机构位移模态数和自应力模态数分别为 m、s，那么有关系

$$b_s(1+l_c)=b \tag{5.68}$$

$$b_s=\frac{n}{2} \tag{5.69}$$

$$b-s=3n-6-m \tag{5.70}$$

所以建立关系式

$$l_c=5-\frac{m-s+6}{b_s} \tag{5.71}$$

其中 $m>0$，$s>0$。

5.5.3 数值算例

• 扩展八面体（octahedron）张拉整体结构

用扩展八面体张拉整体结构（图 5.27）验证算法正确性。若给出如图 5.28 所示的拓扑连接关系 $\boldsymbol{\Gamma}$，结构共有 $n(=12)$ 个节点，$b(=30)$ 个单元，其中索单元数 $b_c=24$，杆单元数 $b_s=6$。给出的拓扑关系图保证 $l_c=4$，每个节点上连接有

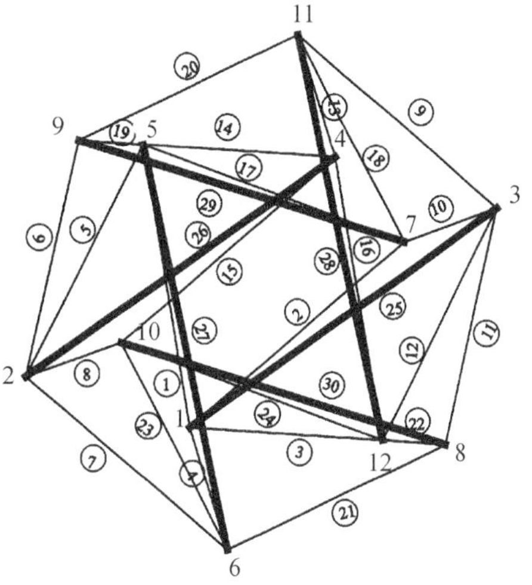

图 5.27　扩展八面体张拉整体结构（$m=1$, $s=1$）

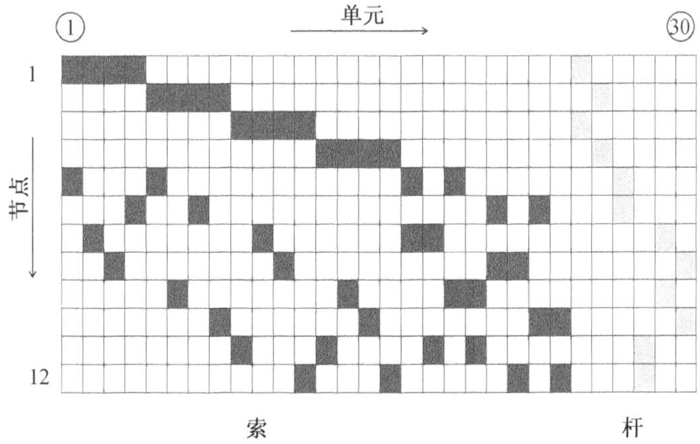

图 5.28　拓扑连接关系图

1 个杆单元。寻找 $m=s$ 的张拉整体。根据索杆类型，初始力密度向量为

$$\boldsymbol{\zeta}_0=\left(\overset{1}{+1}\quad\overset{2}{+1}\quad\overset{\cdots}{\cdots}\quad\overset{24}{+1}\quad\overset{25}{-1}\quad\overset{26}{-1}\quad\overset{\cdots}{\cdots}\quad\overset{30}{-1}\right)^{\mathrm{T}}$$

集成初始力密度矩阵 $\bar{\boldsymbol{D}}=\boldsymbol{\Gamma}^{\mathrm{T}}\mathrm{diag}(\boldsymbol{\zeta}_0)\boldsymbol{\Gamma}$，$\mathrm{rank}(\bar{\boldsymbol{D}})=11>n-4$。预测出迭代第一步的结构节点坐标，如图 5.29（a）所示。根据节点坐标和拓扑关系集成平衡矩阵 $\bar{\boldsymbol{A}}_x=\boldsymbol{\Gamma}^{\mathrm{T}}\mathrm{diag}(\boldsymbol{\Gamma x})\cdots$，分析此时的平衡矩阵，发现 $m=0$，$s=0$。根据算法预测出符合索受拉、杆受压的力密度向量：

$$\zeta_1=\left(\overset{1}{+0.907}\quad\overset{2}{+0.907}\quad\overset{\cdots}{\cdots}\quad\overset{24}{+0.907}\quad\overset{25}{-1.266}\quad\overset{26}{-1.266}\quad\overset{\cdots}{\cdots}\quad\overset{30}{-1.266}\right)^{\mathrm{T}}$$

重新通过力密度矩阵来预测节点坐标，反复循环，直至

$$\|\bar{\boldsymbol{A}}\boldsymbol{\zeta}\|_2=\|\Delta\boldsymbol{P}\|_2<10^{-10}$$

迭代至第 5 步、第 10 步结构构型（图 5.29b、图 5.29c），最终结构（图 5.29d）完成自平衡，且

$$\mathrm{rank}(\bar{\boldsymbol{D}})=7=n-4,\ m=1,\ s=1\ (\text{排除刚体位移})$$

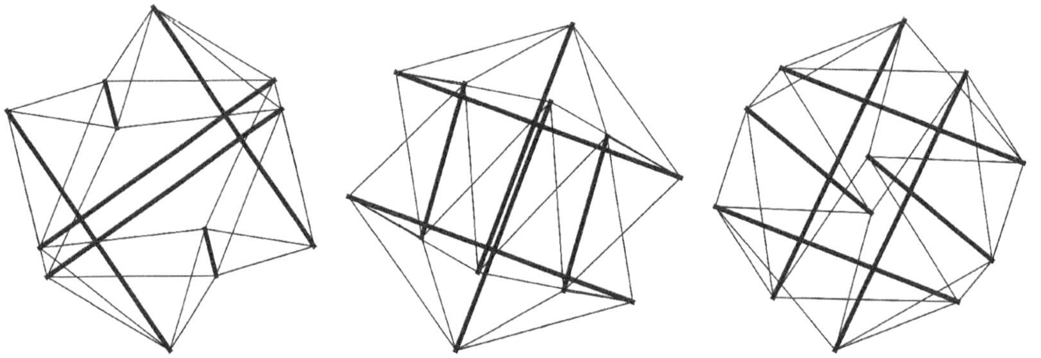

(a) 第 1 步（$m=0$，$s=0$）　(b) 第 5 步（$m=0$，$s=0$）　(c) 第 10 步（$m=0$，$s=0$）

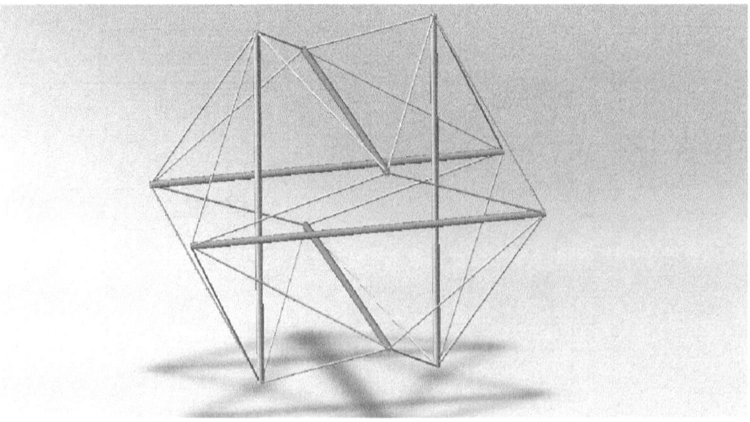

(d) 最终形态效果图

图 5.29　各个找形过程结构形态

结构同时具有 1 个自应力模态和 1 个机构位移模态。结构的单元长度、力密度，以及节点坐标分别列于表 5.6 和 5.7 中。图 5.30 为算法执行的收敛过程，分别跟踪了平衡矩阵奇异值分解的最小非零奇异值 $\mathbf{S}_{rr}$ 以及 $\|\Delta \boldsymbol{P}\|_2$。为清楚表达，纵坐标用对数坐标表示。杆单元与索单元的长度比例为 1.631，两者的力密度之比为−1.5。

表 5.6　octahedron 张拉整体结构单元分类及预应力

单元类型	单元号	单元长度	力密度系数	预应力 t_{pres}
索 I	1～24	0.548	0.880	0.482α
杆 I	25～30	0.894	−1.320	−1.181α

表 5.7　octahedron 张拉整体结构节点坐标

节点号	1	2	3	4	5	6
X	−0.440	−0.452	0.452	0.440	−0.256	−0.190
Y	−0.237	0.205	−0.205	0.237	0.053	−0.069
Z	−0.000	0.062	−0.062	0.000	−0.426	0.457
节点号	7	8	9	10	11	12
X	−0.005	0.028	−0.028	0.005	0.190	0.256
Y	−0.412	−0.473	0.473	0.412	0.069	−0.053
Z	−0.283	0.159	−0.159	0.283	−0.457	0.426

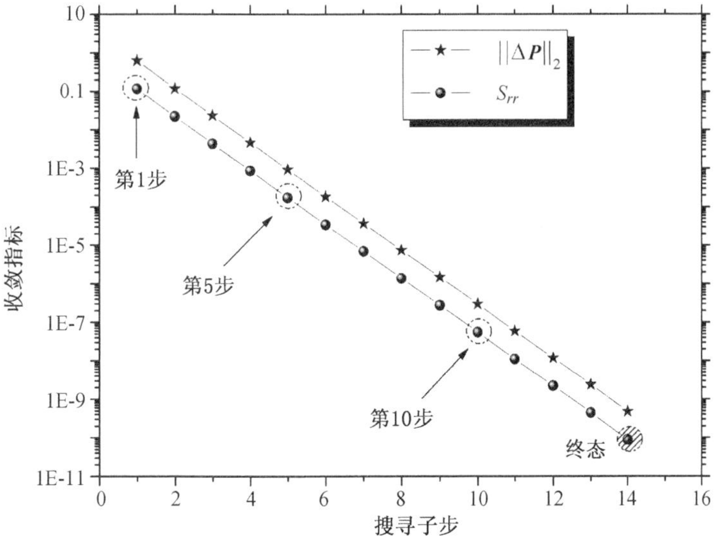

图 5.30　找形过程收敛指标

- 截顶四面体（tetrahedron）张拉整体结构

以截顶四面体张拉整体结构（图 5.31）为例，其拓扑连接关系图见图 5.32。

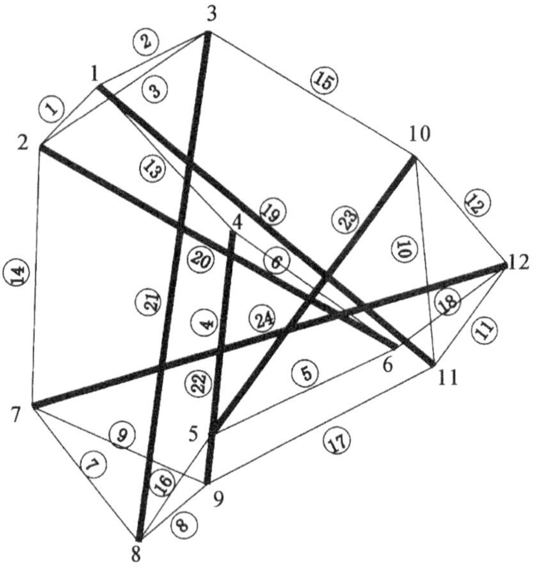

图 5.31 截顶四面体张拉整体结构（$m=7$，$s=1$）

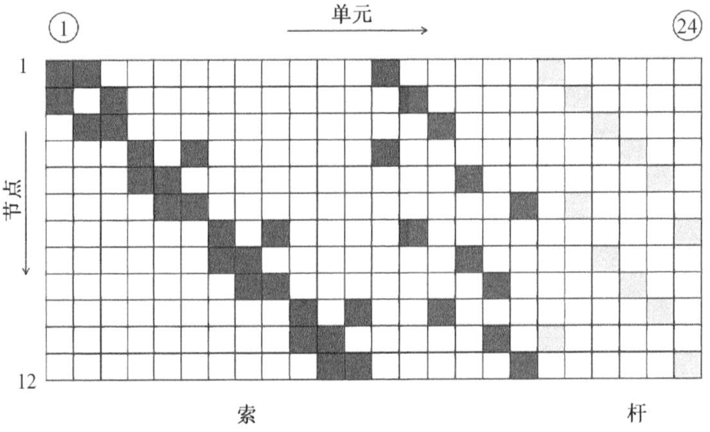

图 5.32 拓扑连接关系图

结构共有 $n(=12)$ 个节点，$b(=24)$ 个单元，其中索单元数 $b_c=18$，杆单元数 $b_s=6$。$l_c=3$，每个节点上连接有 1 个杆单元。$m-s=6$。初始力密度向量为

$$\zeta_0=(\overset{1}{+1}\quad\overset{2}{+1}\quad\overset{\cdots}{\cdots}\quad\overset{18}{+1}\quad\overset{19}{-1}\quad\overset{20}{-1}\quad\overset{\cdots}{\cdots}\quad\overset{24}{-1})^{\mathrm{T}}$$

经过 8 次迭代，结构完成自平衡

$$\mathrm{rank}(\bar{\boldsymbol{D}})=7=n-4,\ m=7,\ s=1$$

各迭代步的结构构型如图 5.33 所示。

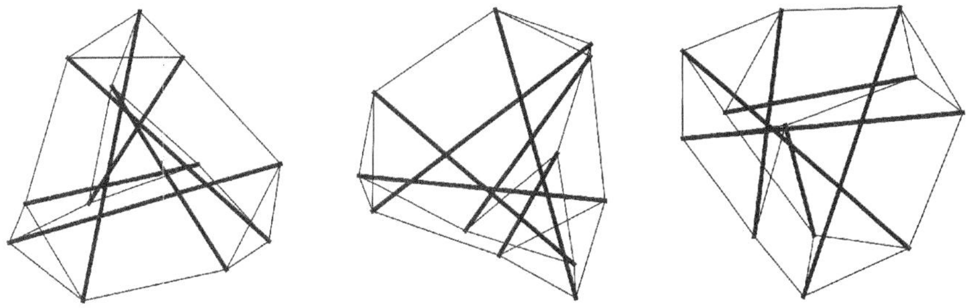

(a) 第 1 步（$m=6$，$s=0$）　(b) 第 3 步（$m=6$，$s=0$）　(c) 第 5 步（$m=6$，$s=0$）

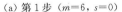

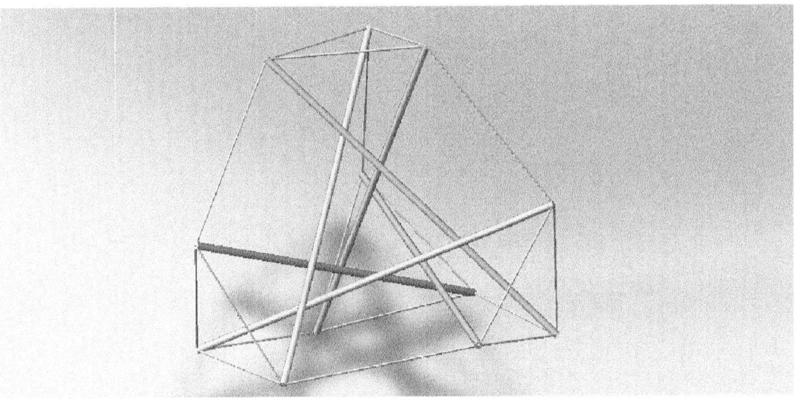

(d) 最终形态效果图

图 5.33 各个找形过程结构形态

结构具有 1 个自应力模态和 7 个机构位移模态（已排除 6 个刚体自由度）。结构的单元长度、力密度，以及节点坐标分别列于表 5.8 和 5.9 中。索长有两类，索Ⅰ、索Ⅱ、杆单元的长度比例为 1∶1.238∶2.470，三者的力密度之比为 1∶1.155∶－0.617。图 5.34 为算法执行的收敛过程，分别跟踪了最小非零奇异值 $\mathbf{S}_{rr}$ 以及 $\|\Delta \boldsymbol{P}\|_2$。

表 5.8 tetrahedron 张拉整体结构单元分类及预应力

单元类型	单元号	单元长度	力密度系数	预应力 t_{pres}
索Ⅰ	①～⑫	0.387	1.016	0.393α
索Ⅱ	⑬～⑱	0.479	1.173	0.562α
杆Ⅰ	⑲～㉔	0.956	－0.627	-0.599α

表 5.9 tetrahedron 张拉整体结构节点坐标

节点号	1	2	3	4	5	6
X	－0.273	－0.385	－0.064	－0.018	－0.062	0.288
Y	0.379	0.268	0.479	0.112	－0.266	－0.104
Z	0.180	－0.173	－0.130	0.487	0.419	0.395

续 表

节点号	1	2	3	4	5	6
节点号	7	8	9	10	11	12
X	−0.401	−0.198	−0.068	0.324	0.359	0.498
Y	−0.210	−0.459	−0.354	0.247	−0.137	0.047
Z	−0.213	0.002	−0.347	−0.291	−0.320	−0.009

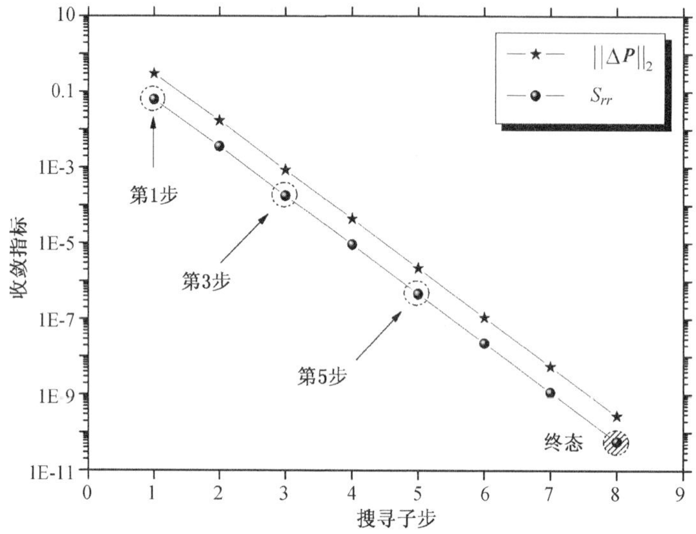

图 5.34　找形过程

- 有序拓扑关系张拉整体结构 A

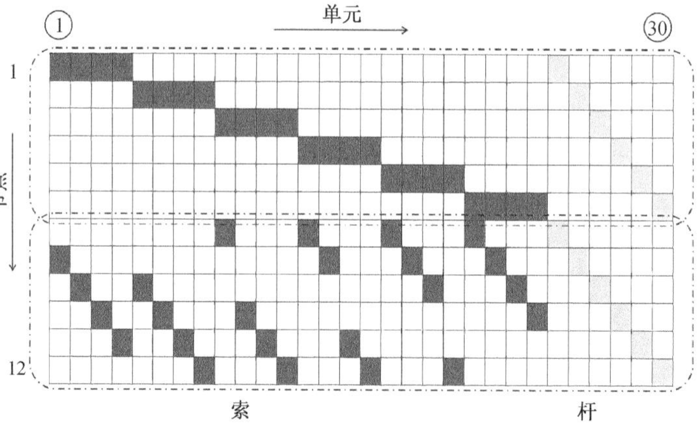

图 5.35　拓扑连接关系图

按照 $n=12$，$b=30$，$b_c=24$，$b_s=6$，$l_s=4$，且每个节点连接 1 个杆单元的假定，对图 5.28 示网格图重新进行规则填涂，寻找 $m=s$ 的张拉整体结构。给出如图 5.35 所示拓扑连接关系 $\boldsymbol{\Gamma}$。根据算法，找不到合适的 $m=s=1$ 的张拉整体结构，但可以找出如

图 5.36所示包含 2 个自应力模态的张拉整体结构（$m=s=2$）。节点坐标见表 5.10，结构的单元力密度和长度见表 5.11。该结构找形过程如图 5.37 所示。

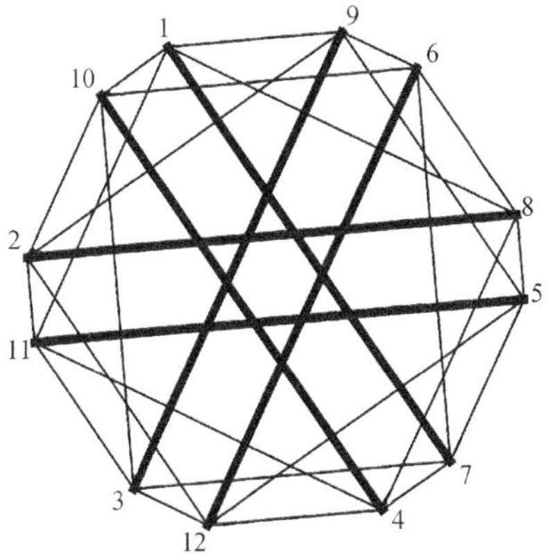

(a) 俯视图

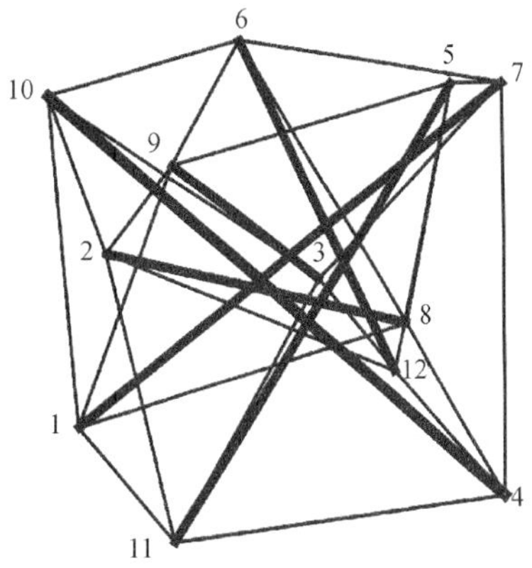

(b) 轴侧图

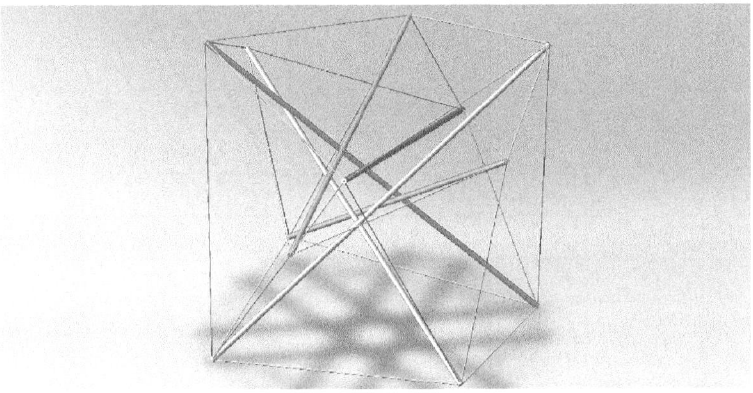
(c) 效果图

图 5.36　有序拓扑关系张拉整体结构（$m=2$，$s=2$）

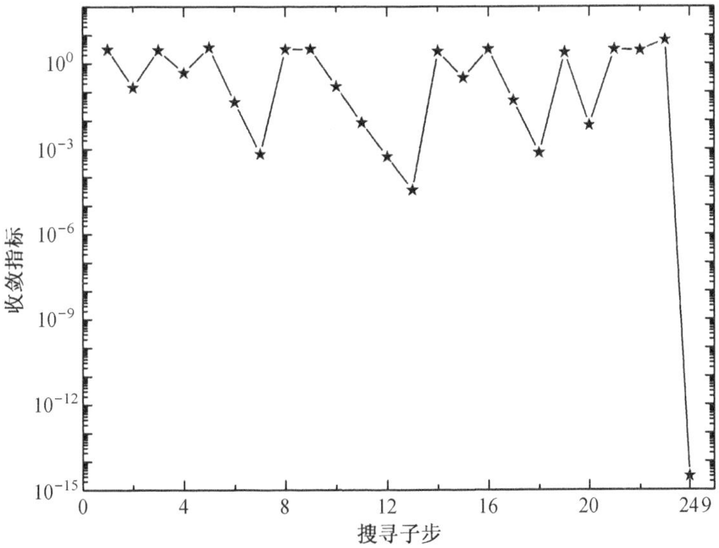

图 5.37　找形过程

表 5.10 张拉整体结构节点坐标

节点号	1	2	3	4	5	6
X	−0.174	−0.407	−0.233	0.174	0.407	0.233
Y	0.369	0.034	−0.335	−0.369	−0.034	0.335
Z	0.408	−0.195	−0.213	0.408	−0.195	−0.213
节点号	7	8	9	10	11	12
X	0.285	0.396	0.110	−0.285	−0.396	−0.110
Y	−0.292	0.101	0.393	0.292	−0.101	−0.393
Z	−0.359	0.348	0.010	−0.359	0.348	0.010

表 5.11 张拉整体结构单元分类及预应力

单元类型	单元号	单元长度	力密度系数	预应力 t_{pres}
索	1	0.632	1.114	0.704
	2	0.490	0.777	0.380
	3	0.779	0.649	0.505
	4	0.523	1.010	0.528
	5	0.662	1.114	0.737
	6	0.329	0.777	0.255
	7	0.560	0.649	0.363
	8	0.559	1.010	0.564
	9	0.540	1.010	0.545
	10	0.646	1.114	0.720
	11	0.630	0.777	0.489
	12	0.261	0.649	0.169
	13	0.779	0.649	0.505
	14	0.523	1.010	0.528
	15	0.632	1.114	0.704
	16	0.490	0.777	0.380
	17	0.329	0.777	0.255
	18	0.560	0.649	0.363
	19	0.559	1.010	0.564
	20	0.662	1.114	0.737
	21	0.646	1.114	0.720
	22	0.630	0.777	0.489
	23	0.261	0.649	0.169
	24	0.540	1.010	0.545

续　表

单元类型	单元号	单元长度	力密度系数	预应力 t_{pres}
杆	25	1.112	−1.218	−1.354
	26	0.971	−1.218	−1.183
	27	0.836	−1.218	−1.017
	28	1.112	−1.218	−1.354
	29	0.971	−1.218	−1.183
	30	0.836	−1.218	−1.017

- 有序拓扑关系张拉整体结构 B

按照 $n=12$，$b=24$，$b_c=18$，$b_s=6$，$l_s=3$，且每个节点连接 1 个杆单元的假定，对图 5.33 示网格图重新进行规则填涂，寻找 $m-s=6$ 的张拉整体结构。给出如图 5.38 所示拓扑连接关系 $\boldsymbol{\Gamma}$。

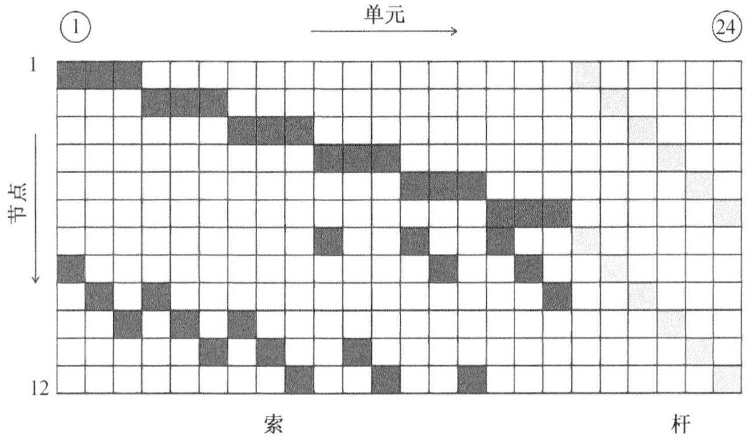

图 5.38　拓扑连接关系图

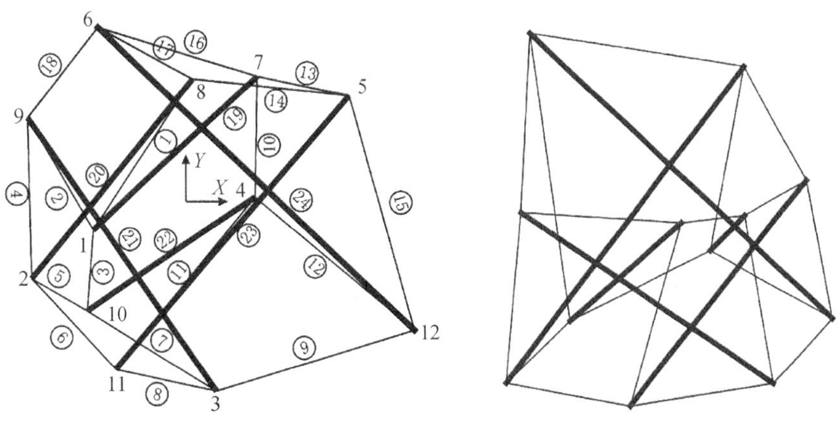

(a) 俯视图　　(b) 轴侧图

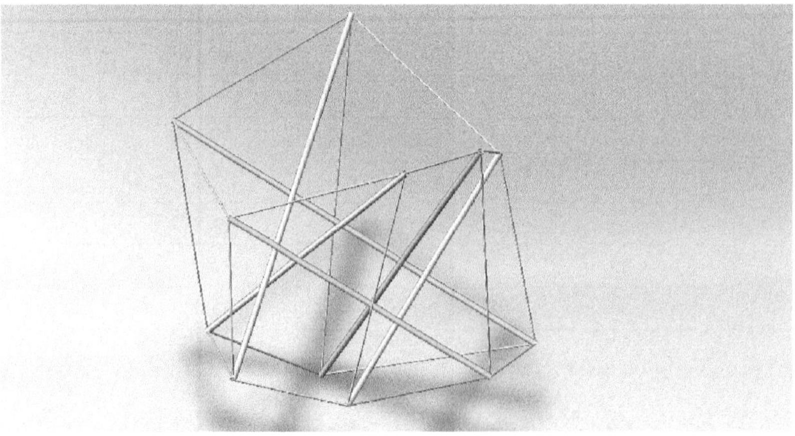

(c) 效果图

图 5.39　有序拓扑关系张拉整体结构（$m=7$，$s=1$）

根据算法，若设定 $|\boldsymbol{S}_{rr}|<10^{-5}$ 即认为是 $\boldsymbol{S}_{rr}\approx 0$，可找到图 5.39 示张拉整体结构。结构的单元力密度和长度见表 5.12，节点坐标见表 5.13。考察其几何稳定性，计算 $\boldsymbol{G}^{\mathrm{T}}\boldsymbol{U}_m$，其特征值分别为

$$10^5\times(6.578\quad 5.075\quad 4.047\quad 3.099\quad 2.492\quad 1.727\quad 0.907)$$

因此 $\boldsymbol{G}^{\mathrm{T}}\boldsymbol{U}_m$ 正定，张拉整体几何稳定。

表 5.12　张拉整体结构单元分类及预应力

单元类型	单元号	单元长度	力密度系数	预应力 t_{pres}
索	1	0.468	1.153	0.539
	2	0.579	0.287	0.166
	3	0.192	1.543	0.297
	4	0.396	1.264	0.501
	5	0.607	0.429	0.261
	6	0.347	0.854	0.296
	7	0.530	0.881	0.467
	8	0.461	1.207	0.556
	9	0.512	0.710	0.364
	10	0.404	0.956	0.386
	11	0.564	0.931	0.525
	12	0.851	0.172	0.146
	13	0.527	0.833	0.439
	14	0.382	1.099	0.420
	15	0.582	1.044	0.608
	16	0.470	1.009	0.474
	17	0.375	1.532	0.575
	18	0.278	1.049	0.292

续　表

单元类型	单元号	单元长度	力密度系数	预应力 t_{pres}
杆	19	0.869	−0.531	−0.461
	20	0.745	−0.562	−0.419
	21	0.802	−0.514	−0.412
	22	1.074	−0.596	−0.640
	23	1.033	−0.771	−0.797
	24	1.066	−0.741	−0.790

表 5.13　张拉整体结构节点坐标

节点号	1	2	3	4	5	6
X	−0.207	−0.357	0.095	0.188	0.416	−0.196
Y	−0.051	−0.166	−0.433	0.027	0.268	0.430
Z	0.418	−0.180	0.028	−0.549	0.213	−0.027
节点号	7	8	9	10	11	12
X	0.193	0.037	−0.367	−0.222	−0.151	0.573
Y	0.313	0.307	0.215	−0.242	−0.381	−0.288
Z	−0.263	0.241	−0.072	0.407	−0.358	0.141

5.6　本章小结

(1) 本章从能量的角度，以平衡矩阵分析为手段，将动不定结构体系各自的找形问题进行了统一，阐述了各自找形问题的不同命题：第一类动不定结构主要是在自应力作用下找形，最终实现自平衡；而第二类动不定结构主要是外荷载下的找形，依靠外力与内力平衡，最终到达稳定合理的状态。

(2) 多自由度的第二类动不定结构（机构）运动路径不唯一，本章利用能量最速下降法，确定机构位移模态组合系数，提出了外荷载下有限机构平衡态寻找的数值算法，并给出了详细的算法流程。考虑节点位移二阶量的修正对计算精度有较大影响。以平面和空间悬链机构为例，证明算法是有效可行的。并从理论上说明了最速下降方向与可动性判定公式的一致性。

(3) 将上述机构找形方法向动不定结构合理构型作进一步推广，分别研究了不同荷载形式下平面链式结构的合理拱线问题，通过给定不同的步长，可形成合理拱线簇。计算结果表明均布荷载下链式结构的合理形态与抛物线吻合，自重下链式结构的合理形态和悬链线吻合，证明了上述找形方法的可行性。同时以蜂窝型、纵横向、经纬向网状结构为例，向空间网状结构合理形态构造问题进行了拓展。上述算法可以用于方案设计屋盖的合理外形，使其受力更为合理，以指导实际工程。数值分析显示，算法能给出与外荷载相匹配的合理结构形态，为防止发散，需要较多的子步数。

(4) 研究了单元内力、节点坐标相互迭代实现第一类动不定结构找形的数值方法，同时用到了平衡矩阵奇异值分解及力密度矩阵 Schur 分解，将分解得到的正交阵列向量作为自内力和节点坐标的预测，整个算法实施过程中，结构体系不断发生变化，直至出现满足自平衡且符合索受拉、杆受压原则的自内力出现。算法主要用于单自应力模态 ($s=1$) 自平衡张力结构的找形，具有较好的收敛性能，且能找到较优的结构形态。以张拉整体为例，研究表明，相同的拓扑关系对应有多种不同的结构形态，之间的区别在于自内力分布不同。以几类典型的张拉整体结构找形为例，跟踪了各个迭代步结构构型及机动特性，将结果与其他算法得到的结果作对比，说明了算法的鲁棒性。并对上述算法向多自应力模态 ($s>1$) 自平衡张拉整体结构的找形作了一定推广。

(5) 根据算法只需给定连接拓扑关系和索杆类型进行找形的特点，书中将拓扑关系制成二维图表，提出了一定的可行填充规则（包括索杆单元数、节点数、点连接索杆数关系等）。将张拉整体结构找形问题转化为二维图表填涂问题，方便计算机控制，这样可以寻找到一些未知形式的新的张拉整体结构。

第 6 章

第二类动不定结构的协调路径及数值设计方法

6.1 引言

无论是可开启屋盖结构、折叠结构、快速组装结构还是大型结构的提升施工技术，这些建筑结构中无处不体现了可动机构的元素。第二类动不定结构体系的研究不仅涉及新机构的发明创造（图 6.1 所示），而且涉及有效研究这类新机构的新分析方法。它们的机动性能、位移协调路径及其分支是人们最为关心的。我们需要研究刚性机构的运动形态，以及刚体位移和弹性变形耦合的柔性机构轨迹跟踪技术。

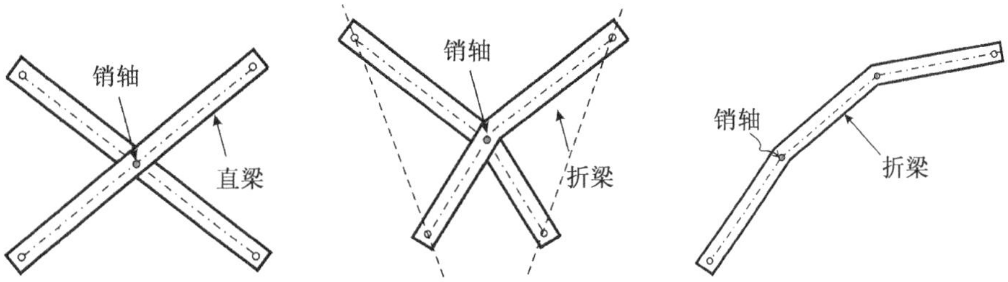

(a) 平面直梁剪式单元　(b) 平面折梁剪式单元　(c) 平面多角折梁单元

图 6.1　各类伸缩单元

充分利用基于平衡矩阵分解迭代的非线性力法理论的优越性，在不关心机构运动速度与加速度的情况下，本章将对各类典型单自由度机构的位移协调路径进行静态分析。通过分解机构的平衡矩阵，研究机动性能，从可动性的本质出发阐述了运动的一般条件。应用非线性力法理论结合弧长控制法跟踪机构的完整协调路径，并将运动的激励控制分为两大类：主动控制与被动控制，并分别给出算法流程。最后提出通过最小非零奇异值进行机构数值设计的想法。研究对象中不仅包含最为基本的杆系机构，还将涉及多角折梁单元和剪式铰单元等超级单元组成的开启结构、折叠结构。

6.2 基于平衡矩阵的单自由度刚性机构位移协调路径研究

研究对象是单自由度刚性机构，只存在一个机构位移模态（$m=1$，$s=0$）的机构，构件不产生弹性变形。我们可以从机构位移模态 $\boldsymbol{U}_m$ 的物理意义出发，预测机构运动，同时修正运动路径；也可以添加一个控制单元，通过控制其伸长缩短，激励机构的运动。根据这一思路，下面给出两种模拟机构运动的算法。对于多自由度机构，由于存在多个机构位移模态，运动不唯一，需引入边界条件（如荷载、约束）才能确定其真实运动路径，这在前面已经讨论。

6.2.1 主动控制法

主动控制法由机构节点位移的切向预测和径向返回修正两部分组成，如图 6.2 所示。机构节点位移的切向预测由平衡矩阵奇异值分解出的机构位移模态 $\boldsymbol{U}_m$ 给出。每一时间步的刚体单元期望伸长为 $\boldsymbol{e}_t^{\exp}=\boldsymbol{0}$，算法流程如下：

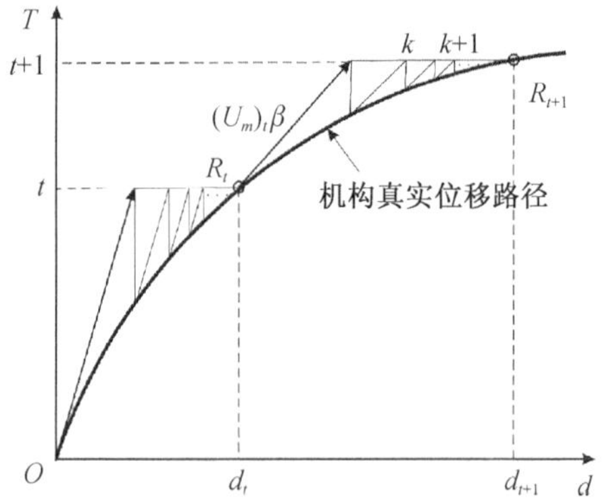

图 6.2 基于 Modified Newton-Raphson 法的机构位移跟踪算法

（1）初始化 $t=1$ 时间步，$k=0$ 迭代步控制单元期望伸长 $\boldsymbol{e}_1^{\exp}=\boldsymbol{0}$。集成初始平衡矩阵 A_1，作节点位移的切向预测 $d_1^0=U_m\beta$，β 为控制步长。

（2）t 时间步内节点位移的径向返回迭代求解：

① 引入 E（）为计算单元伸长量的算子，计算 t 时间步 k 迭代步单元伸长量 $\boldsymbol{e}_t^k=\mathrm{E}(\boldsymbol{d}_t^k)$，不平衡伸长量 $\delta\boldsymbol{e}_t^k=\boldsymbol{e}_t^{\exp}-\boldsymbol{e}_t^k$。

② 求解 $\boldsymbol{A}_t^{\mathrm{T}}\delta\boldsymbol{d}_t^k=\delta\boldsymbol{e}_t^k$，计算节点位移增量 $\delta\boldsymbol{d}_t^k=\sum\limits_{i=1}^{r}\dfrac{\boldsymbol{v}_i^{\mathrm{T}}\delta\boldsymbol{e}_t^k}{s_{ii}}\boldsymbol{u}_i$。

③ 累加节点位移增量，得到 t 时间步 $k+1$ 迭代步节点位移 $\boldsymbol{d}_t^{k+1}=\boldsymbol{d}_t^k+\delta\boldsymbol{d}_t^k$。

④ 若 $\dfrac{\|\delta\boldsymbol{e}_t^k\|_2}{\|\boldsymbol{L}_0\|_2}\to 0$ 或 $\dfrac{\|\delta\boldsymbol{d}_t^k\|_2}{\|\boldsymbol{d}_t^{k+1}\|_2}\to 0$，完成 t 时间步的迭代，进入计算步（3）；否则，$k=k+1$，返回第①步。

（3）判断是否终止时间步：是，则跟踪结束；否则，设置 $\boldsymbol{e}_t^{\exp}=\boldsymbol{0}$，集成平衡矩阵 $\boldsymbol{A}_t$，$\boldsymbol{d}_{t+1}^0=\boldsymbol{d}_t^k+\boldsymbol{U}_m\beta$，$\boldsymbol{d}_{t+1}^0$ 为 $t+1$ 时间步节点位移切线预测，$\boldsymbol{d}_t$ 为 t 时间步的真实节点位移，时间步 $t=t+1$，返回第(2)步。

为避免节点位移朝着一个方向运动，而不是返回，可以引入 λ 对运动方向的判断。节点位移的预测量为 $\lambda\boldsymbol{U}_m\beta$，默认 $\lambda=1$，而当 $t+1$ 时刻与 t 时刻机构位移模态的点积

$$(\boldsymbol{U}_m)_{t+1}\cdot(\boldsymbol{U}_m)_t\approx-1 \tag{6.1}$$

时，$\lambda=-1$。

6.2.2 被动控制法

若在合适的部位增加 1 个单元，动不定结构将会转变为包含可变长度单元的动定结构（$m=0$）。通过控制该单元的伸缩来激励机构，从而引导单自由度机构运动。

算法上可控制该单元的初始长度 e_{al}^0，激励机构的内在机构位移模态。整个机构的位移协

调路径模拟可以分为若干时间步，每个时间步内指定 $e_t^{\exp}$ 作为控制单元期望伸长量，通过 Newton-Raphson 法对节点位移迭代直至收敛。刚性单元的柔度矩阵 $\boldsymbol{F}=\boldsymbol{0}$，因此除控制单元外的其他单元期望伸长为零，即 $e_i^0=0\ (i\neq ctl)$，则 $\boldsymbol{e}_t^{\exp}=(0,\cdots,e_{ctl}^0,\cdots,0)^{\mathrm{T}}$。具体算法如下：

（1）初始化 $t=1$ 时间步，$k=0$ 迭代步控制单元初始伸长 e_1^0，即 $\delta e_1^0=e_1^{\exp}=e_1^0$。

（2）t 时间步内节点位移的迭代求解：

① 集成 t 时间步 k 迭代步的平衡矩阵 $\boldsymbol{A}_t^k$。

② 根据方程 $(\boldsymbol{A}_t^k)^{\mathrm{T}}\delta\boldsymbol{d}_t^k=\delta\boldsymbol{e}_t^k$，求解 t 时间步 $k+1$ 迭代步节点位移增量 $\delta\boldsymbol{d}_t^k=\sum_{i=1}^{r}\dfrac{\boldsymbol{v}_i^{\mathrm{T}}\delta\boldsymbol{e}_t^k}{s_{ii}}\boldsymbol{u}_i$。

③ 累加节点位移增量，得到 t 时间步 $k+1$ 迭代步节点位移 $\boldsymbol{d}_t^{k+1}=\boldsymbol{d}_t^k+\delta\boldsymbol{d}_t^k$。

④ 计算 t 时间步 $k+1$ 时刻单元伸长 $\boldsymbol{e}_t^{k+1}=\mathrm{E}(\boldsymbol{d}_t^{k+1})$。

⑤ 计算不平衡伸缩量 $\delta\boldsymbol{e}_t^{k+1}=\boldsymbol{e}_t^{\exp}-\boldsymbol{e}_t^{k+1}$：若 $\dfrac{\|\delta\boldsymbol{e}_t^{k+1}\|_2}{\|\boldsymbol{L}_0\|_2}\rightarrow 0$ 或 $\dfrac{\|\delta\boldsymbol{d}_t^k\|_2}{\|\boldsymbol{d}_t^{k+1}\|_2}\rightarrow 0$，完成 t 时间步的迭代，进入计算步（3）；否则，$k=k+1$，返回第①步。

（3）判断是否终止时间步：是，则跟踪结束；否则，时间步 $t=t+1$，设置控制单元初始伸长 $\boldsymbol{e}_t^0$，$\delta\boldsymbol{e}_t^0=\boldsymbol{e}_t^0$，返回第(2)步。

为避免每个迭代步分解修正后的平衡矩阵，节省计算机时，上述采用的 Full Newton - Raphson 法可以用 Modified Newton-Raphson 法代替，迭代步中采用 t 时间步起始迭代步的平衡矩阵 $\boldsymbol{A}_t^0$，迭代步中无需反复地对平衡矩阵奇异值分解求解 $\boldsymbol{v}_i^{\mathrm{T}}$、$\boldsymbol{u}_i$、$s_{ii}\ (i=1,\cdots,r)$。

6.2.3　单自由度杆系机构的位移协调路径

- 主动控制

采用主动控制法研究图 6.3 所示平面四连杆机构的位移协调路径。$m=1$，$s=0$。机构位移模态 $\boldsymbol{U}_m$ 如虚线所示，通过设定子步步长 β，对机构运动作切向预测，然后修正单元的伸长量，进行径向返回，如图 6.3（a）虚线箭头所示。图 6.3（b）标出了机构的位移协调路径中任意时刻的切向预测方向。跟踪到的协调路径上节点的坐标值见图 6.4，可以看出整个机构运动过程表现出周期性。

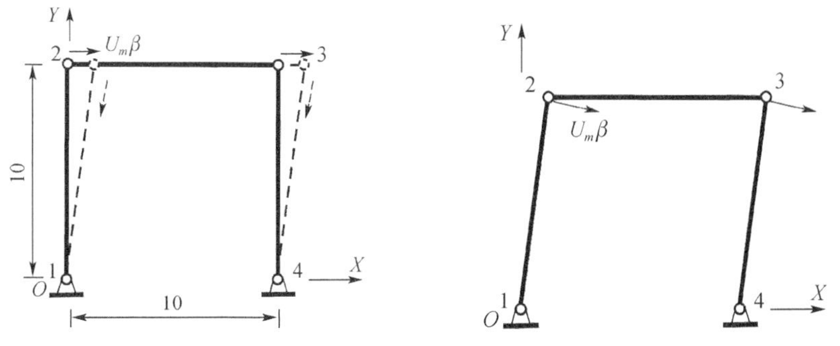

(a) 初始状态　　(b) 运动过程

图 6.3　平面四连杆机构主动控制

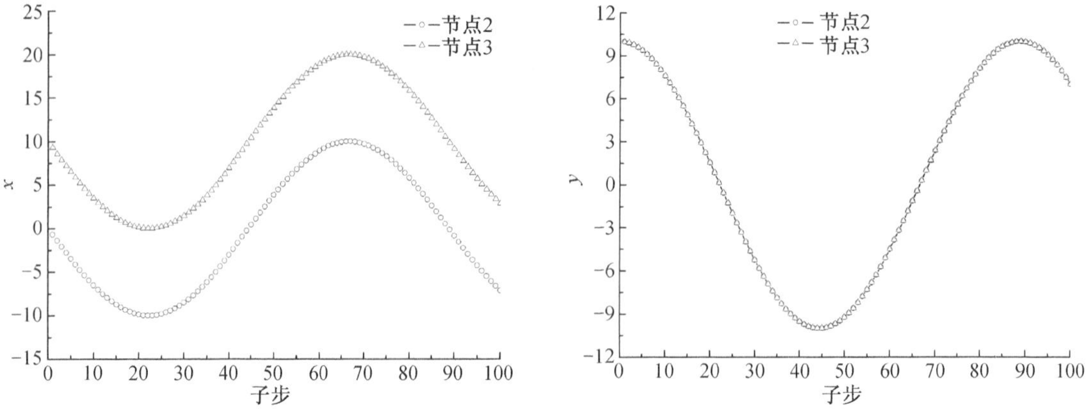

(a) 节点 X 自由度坐标　　(b) 节点 Y 自由度坐标

图 6.4　协调路径上的节点坐标

图 6.5 记录了整个运动周期中最小非零奇异值 $\boldsymbol{S}_{rr}$，发现在状态 A（对应图 6.6a）和 B（对应图 6.6b）下，机构又出现另一个机构位移模态，也就是说 $m=2$，$s=1$（图 6.6a）中虚线和点划线分别代表这两个不同模态），机构不再是单自由度机构，运动将发生分支。需要提出的是，在数值计算过程中，很少有机会精确到达这个状态，一般均能越过这个临界点。

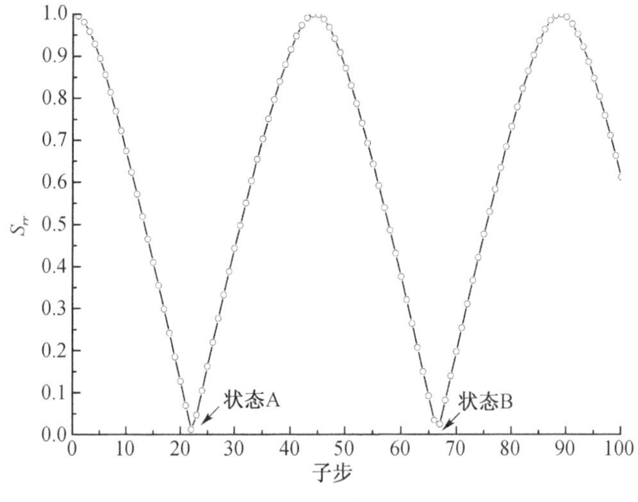

图 6.5　$\boldsymbol{S}_{rr}$ 变化图

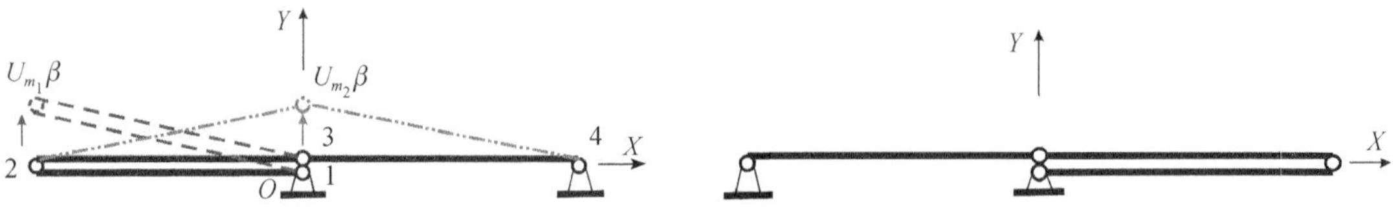

(a) 状态 A　　(b) 状态 B

图 6.6　协调路径的分歧点

- 被动控制

下面用被动控制法研究图 6.7 所示单自由度机构，$m=1$，$s=0$。增加控制单元$\overline{47}$，如虚线所示。图 6.7（a）～（c）为控制单元的缩短过程，图 6.7（c）为临界状态。图 6.7（d）为控制单元伸长过程。利用弧长法确定控制单元的伸长量，节点 3 的运动轨迹如图 6.8 所示。控制单元 $\overline{47}$的伸长量如图 6.9 所示。算法在各个子步的迭代数见图 6.10。

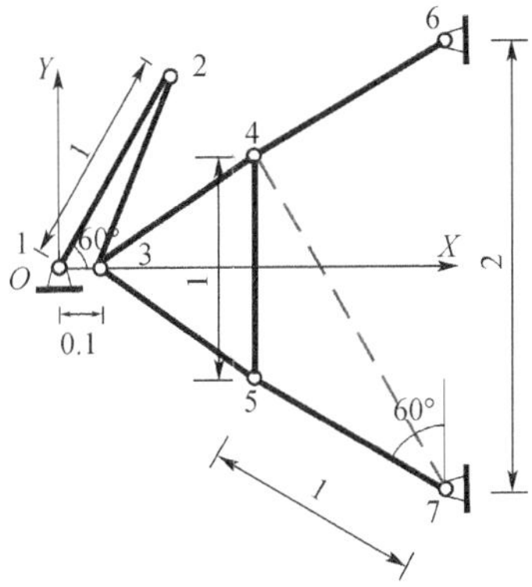

（a）机构初始构型

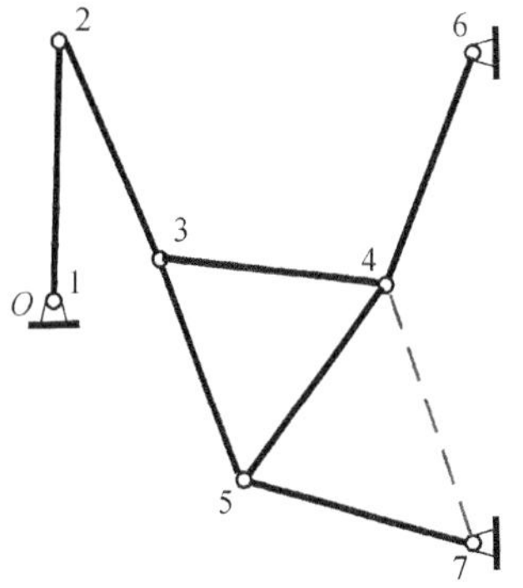

（b）过程 1

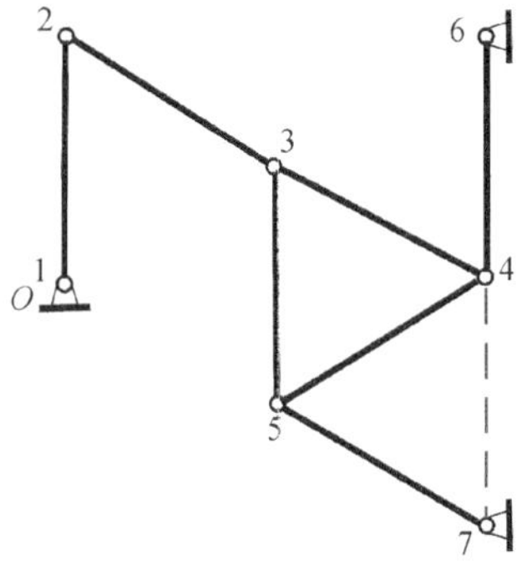

（c）过程 2

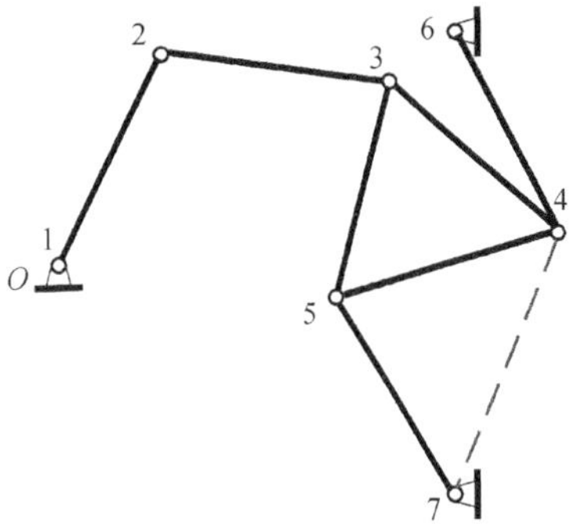

（d）过程 3

图 6.7　平面铰接杆系机构的被动控制

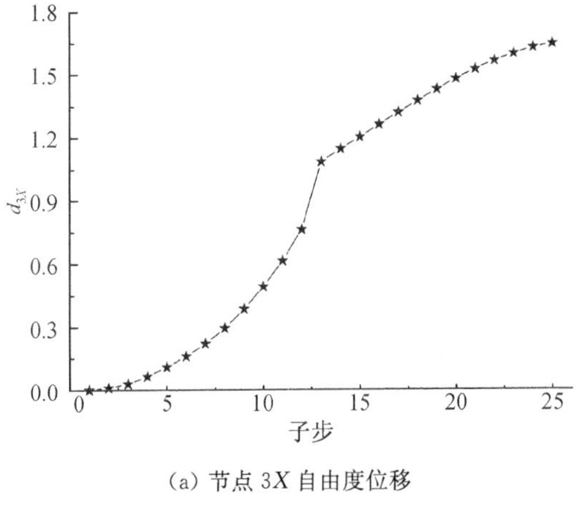

（a）节点 3X 自由度位移

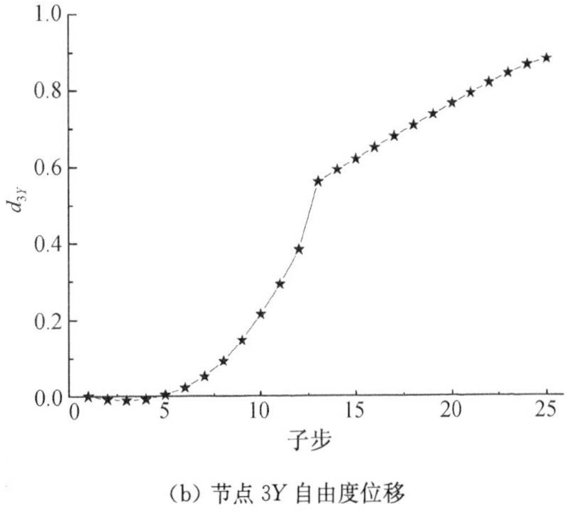

（b）节点 3Y 自由度位移

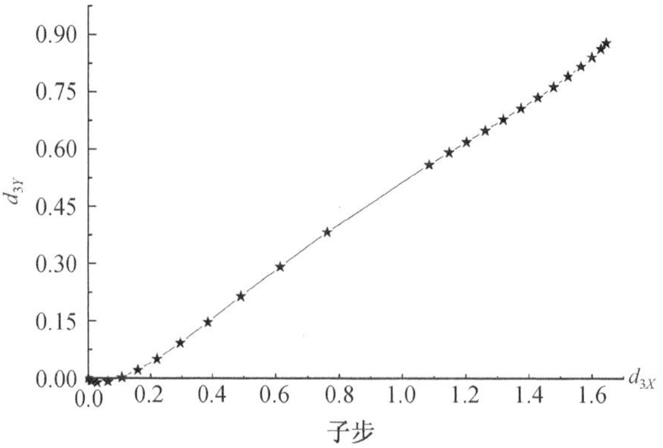

(c) 节点 3Y 运动轨迹

图 6.8　节点 3 的位移变化

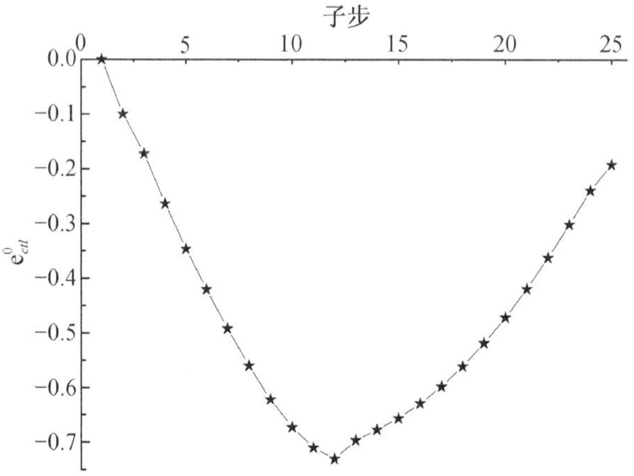

图 6.9　控制单元 $\overline{47}$伸缩量

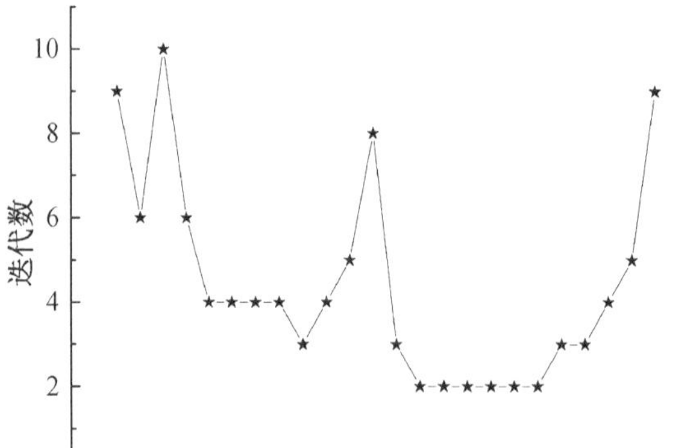

图 6.10　迭代次数

6.2.4　柱面网架的折叠展开

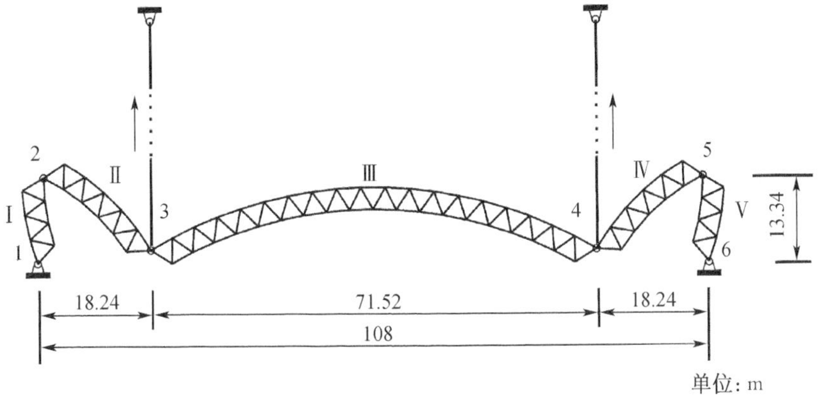

图 6.11　柱面网架结构

图 6.11 所示网架结构，应用超级单元将结构分为 5 部分。分别集成 5 个子结构的平衡矩阵：

$$\mathbf{A}_{\mathrm{I}}^{*}=(-0.102\quad -1.408\quad 0.102\quad 1.408)^{\mathrm{T}}$$
$$\mathbf{A}_{\mathrm{II}}^{*}=(-1.858\quad 1.232\quad 1.858\quad -1.232)^{\mathrm{T}}$$
$$\mathbf{A}_{\mathrm{III}}^{*}=(1.790\quad 0.000\quad -1.790\quad 0.000)^{\mathrm{T}}$$
$$\mathbf{A}_{\mathrm{IV}}^{*}=(10.794\quad 7.158\quad -10.794\quad -7.158)^{\mathrm{T}}$$
$$\mathbf{A}_{\mathrm{V}}^{*}=(-0.518\quad 7.147\quad 0.518\quad -7.147)^{\mathrm{T}}$$

集成缩聚后的平衡矩阵，并考虑边界条件

$$\mathbf{A}^{*}=\begin{pmatrix} 0.102 & -1.858 & 0 & 0 & 0 \\ 1.408 & 1.232 & 0 & 0 & 0 \\ 0 & 1.858 & 1.790 & 0 & 0 \\ 0 & -1.232 & 0 & 0 & 0 \\ 0 & 0 & -1.790 & 10.794 & 0 \\ 0 & 0 & 0 & 7.158 & 0 \\ 0 & 0 & 0 & -10.794 & -0.518 \\ 0 & 0 & 0 & -7.158 & 7.147 \end{pmatrix}$$

经奇异值分解，可知 $m=3$，$s=0$。结构在 2 根索的同步提升下，逐步展开，路径唯一。展开的过程见图 6.12。

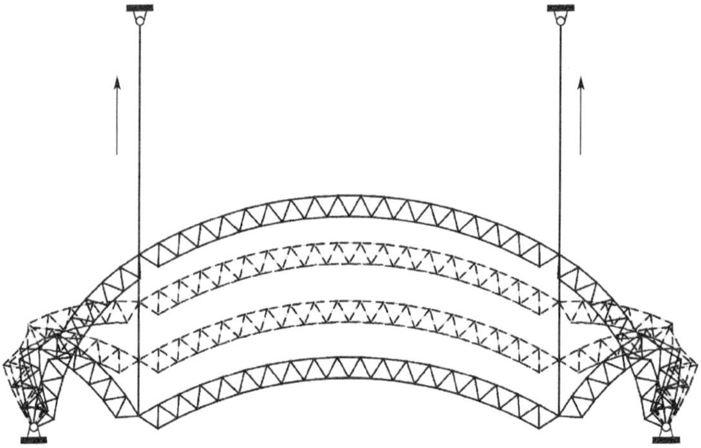

图 6.12　柱面网架结构折叠展开过程

6.2.5　径向开合结构的位移协调路径

- 平面圆形径向开合结构

根据上述给出的机构运动跟踪主动控制算法以及推导的超级单元平衡矩阵，以图 6.13 所示的圆形径向开合结构[70]为例，跟踪其运动轨迹。节点初始坐标列于表 6.1。节点 1～8、9～16、17～24、25～32 位于半径 R 为 6.533、10.366、12.620、12.954 的圆上。

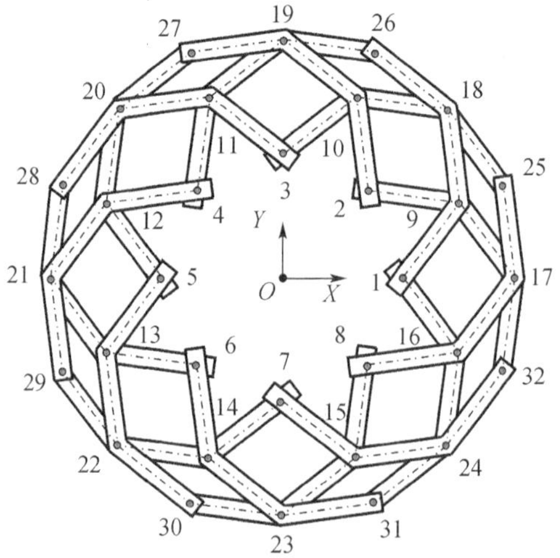

图 6.13　平面圆形径向开合结构

表 6.1　节点坐标

节点号		1	2	3	4	5	6	7	8
R=6.533	X	6.533	4.619	0.000	−4.619	−6.533	−4.619	0.000	4.619
	Y	0.000	4.619	6.533	4.619	0.000	−4.619	−6.533	−4.619

续　表

节点号		9	10	11	12	13	14	15	16
R=10.366	X	9.577	3.967	−3.967	−9.577	−9.577	−3.967	3.967	9.577
	Y	3.967	9.577	9.577	3.967	−3.967	−9.577	−9.577	−3.967
节点号		17	18	19	20	21	22	23	24
R=12.620	X	12.620	8.924	0.000	−8.924	−12.620	−8.924	0.000	8.924
	Y	0.000	8.924	12.620	8.924	0.000	−8.924	−12.620	−8.924
节点号		25	26	27	28	29	30	31	32
R=12.954	X	11.968	4.957	−4.957	−11.968	−11.968	−4.957	4.957	11.968
	Y	4.957	11.968	11.968	4.957	−4.957	−11.968	−11.968	−4.957

经体系分析，得到 $m=1$，$s=20$。为过约束机构，属于第二类动不定结构。图 6.14 给出了典型子步的结构形态，跟踪节点 2 轨迹如图 6.15 所示，可见该开启结构运动过程中，节点 2 始终沿着径向运动。其实所有的销轴点均是沿着径向运动的。该开合结构运动过程中最小非零奇异值的变化如图 6.16 所示。

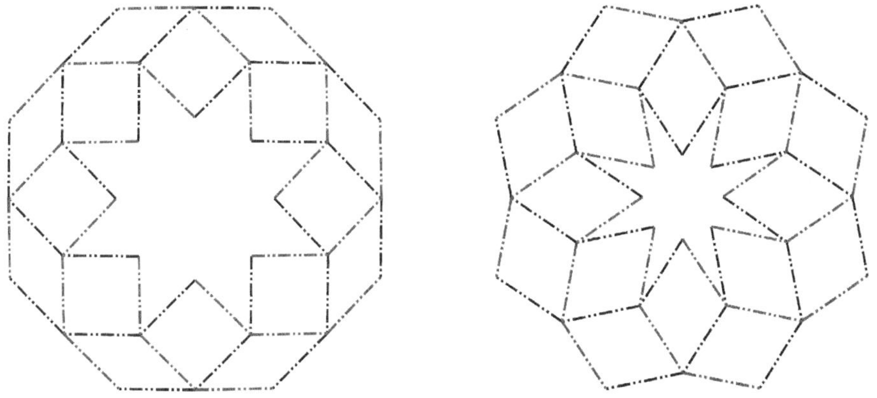

(a) 第 4 步　(b) 第 12 步

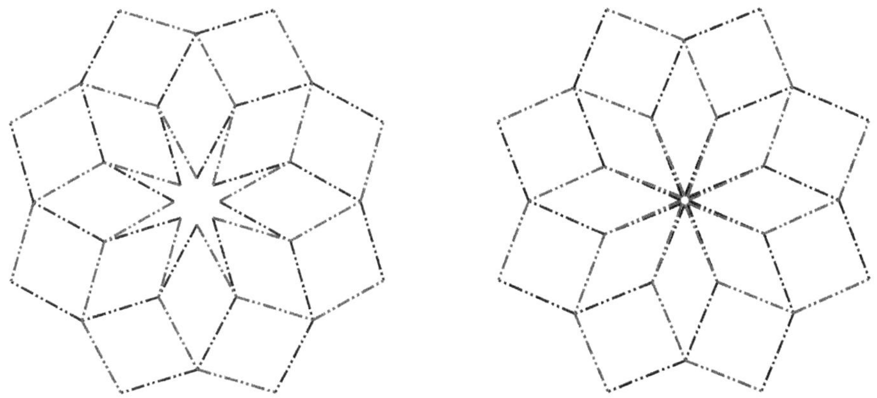

(c) 第 16 步　(d) 第 20 步

图 6.14　圆形径向开合结构收拢过程

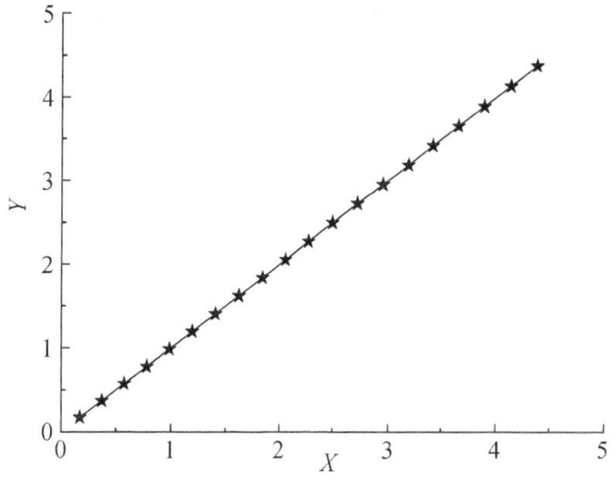

图 6.15　节点 2 坐标变化图

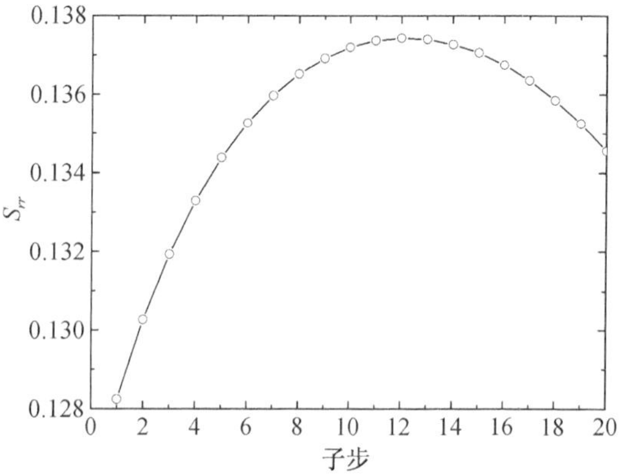

图 6.16　S_{rr} 变化图

- 平面椭圆形径向开合结构

下面来看一下平面椭圆形开合结构，如图 6.17 所示。它关于 X、Y 轴对称。根据对称性，只列出 1/4 结构的节点坐标 1～11 信息，见表 6.2。

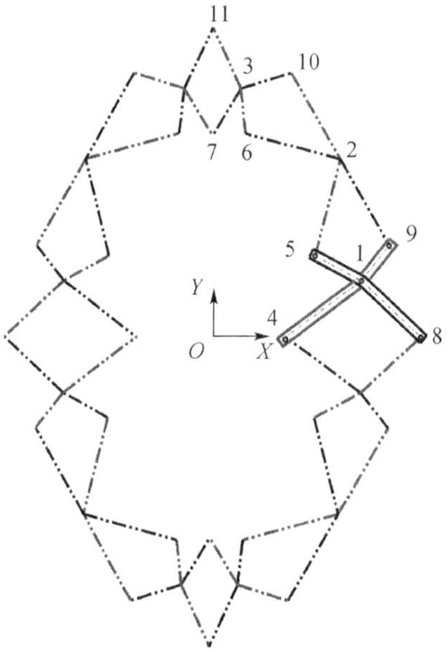

图 6.17　平面椭圆形开合结构

表 6.2　节点坐标

节点号	1	2	3	4	5	6
X	8.335	7.140	1.594	4.163	5.757	1.857
Y	3.069	9.716	13.571	0.000	4.426	11.123
节点号	7	8	9	10	11	—
X	0.000	11.667	9.880	4.377	0.000	—
Y	10.984	0.000	4.984	14.434	16.936	—

此结构 $m=1$，$s=4$，为过约束机构。运动过程见图 6.18，跟踪节点 1 的位移见图 6.19（a）和（b），其坐标变化如图 6.19（c）。该开合结构运动过程中最小非零奇异值的变化见图 6.20。可见开合结构在横向收拢过程中几何刚度变得越来越差，最终趋向于运动的奇异点。

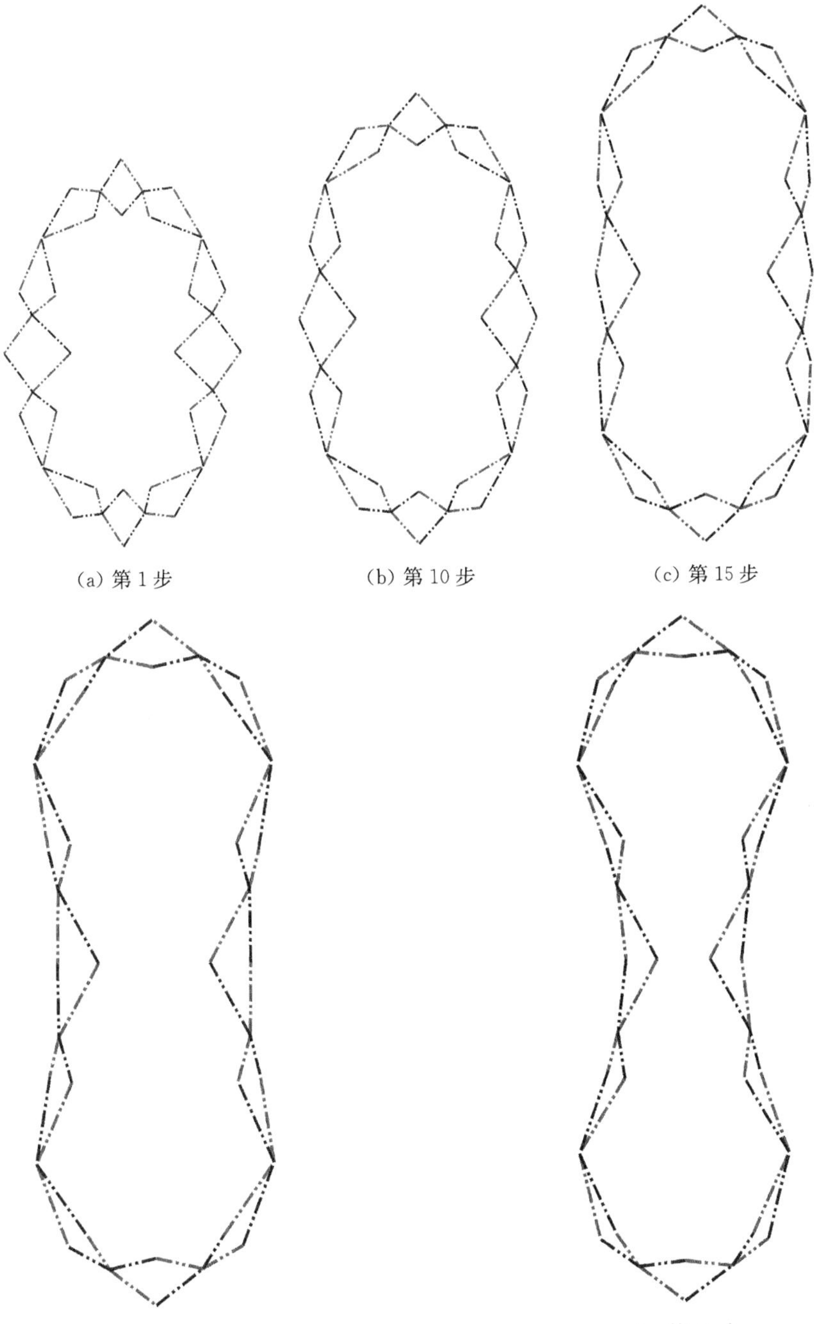

(a) 第 1 步　(b) 第 10 步　(c) 第 15 步　(d) 第 20 步　(e) 第 25 步

图 6.18　平面椭圆形开合结构收拢过程

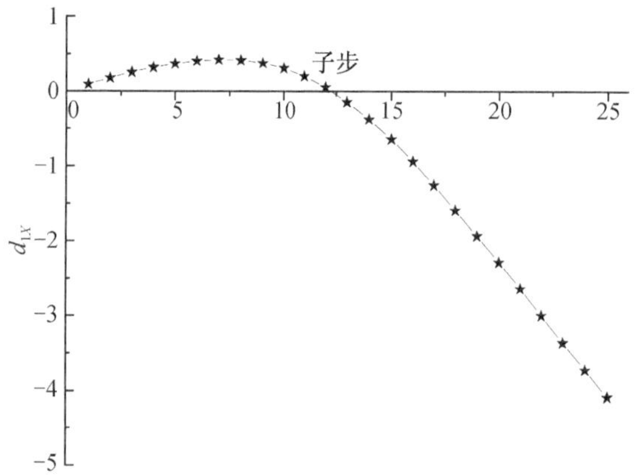

(a) 节点 1X 自由度位移

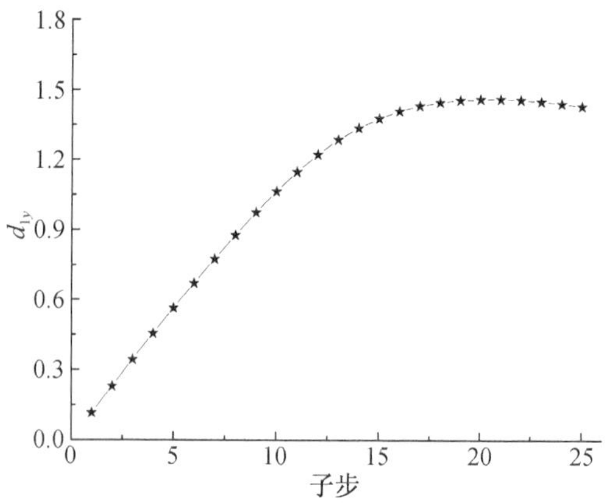

(b) 节点 1Y 自由度位移

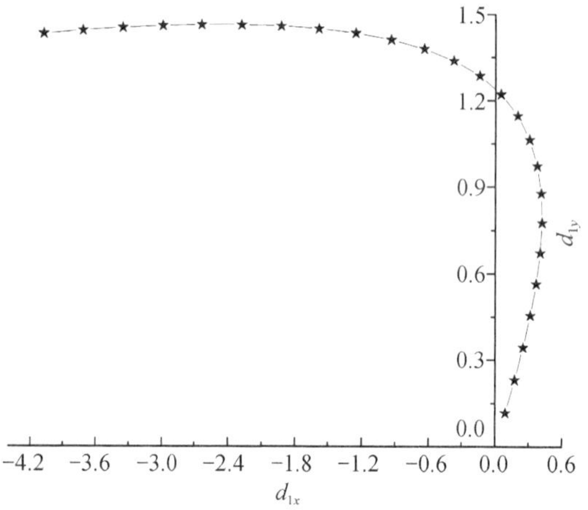

(c) $\boldsymbol{d}_{1X}$—$\boldsymbol{d}_{1Y}$

图 6.19　节点 1 位移变化图

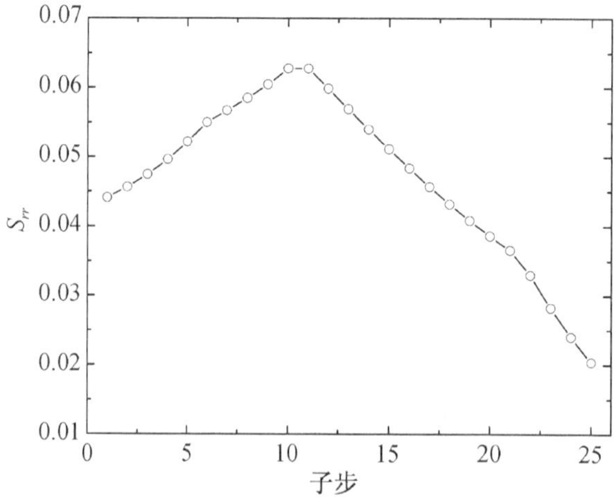

图 6.20　S_{rr} 变化图

6.2.6　折叠结构的位移协调路径

- 伞状折叠结构

上面研究的是由剪式铰或折梁形成闭环的开合结构，一般均为过约束机构。现在我们讨论的折叠结构则是一类开放式的结构，通常只有 1 个机构位移模态，而无自应力模态。图 6.21 所示，以折梁单元组合成处于收拢状态的伞状折叠结构，节点 $A \sim J$ 的坐标见表 6.3，结构关于 Y 轴对称。结构的 $m=1$，$s=0$，虚线为其机构位移模态。节点 A 和 B 之间添加控制单元 AB，收缩单元 AB 的长度，以实现伞状结构的撑开。

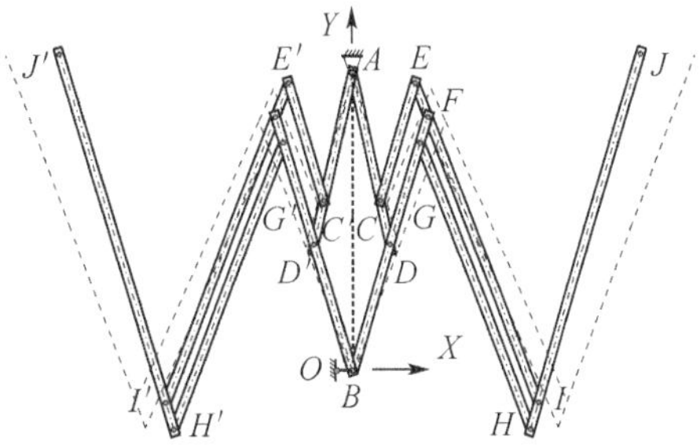

图 6.21　伞状折叠结构

图 6.22 绘出了节点 E 的运动轨迹，图 6.23 为结构撑开过程中最小非零奇异值 S_{rr} 的变化，在结构趋于完全展开时，S_{rr} 趋于零。

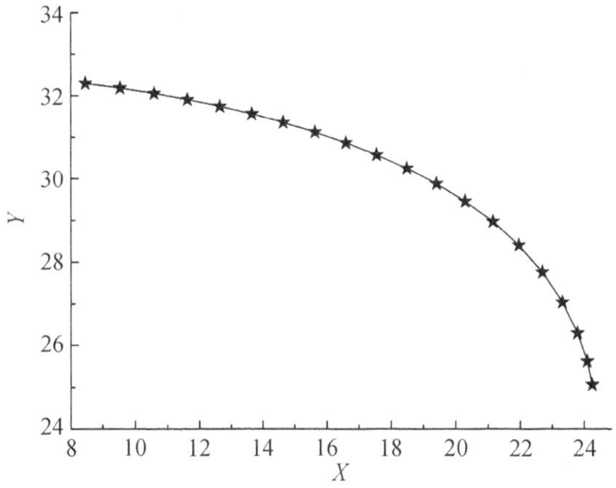

图 6.22　节点 E 的 X、Y 坐标变化图

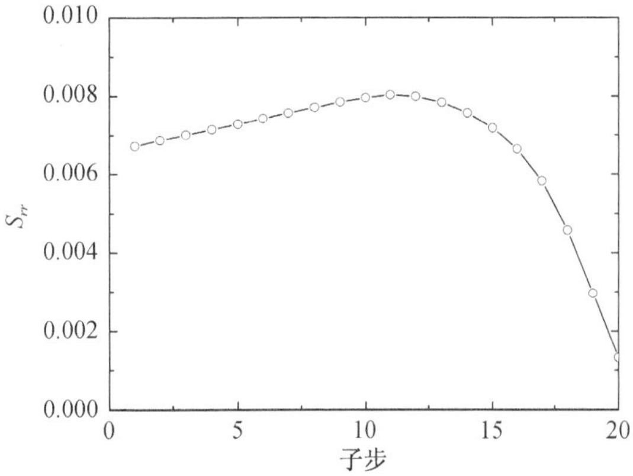

图 6.23　S_{rr} 变化图

表 6.3　伞状折叠结构的节点坐标

节点号	A	B	C	D	E
X 坐标	0.00	0.00	3.35	4.47	7.36
Y 坐标	34.00	0.00	19.38	14.51	32.39
节点号	F	G	H	I	J
X 坐标	8.83	7.95	20.46	21.34	33.41
Y 坐标	28.67	25.80	−5.81	−2.94	36.24

- 半圆形折叠结构

图 6.24 所示为半圆形折叠结构，由直梁剪式铰单元首尾连接而成。结构处于展开状态，节点 1～26 的坐标见表 6.4，内侧节点、销轴、外侧节点分别位于半径为 20、23.54、

30 的半圆之上。节点 5 施加 X、Y 两个方向的约束，节点 3 施加 Y 向约束。结构只存在一个机构位移模态，不存在自应力模态。

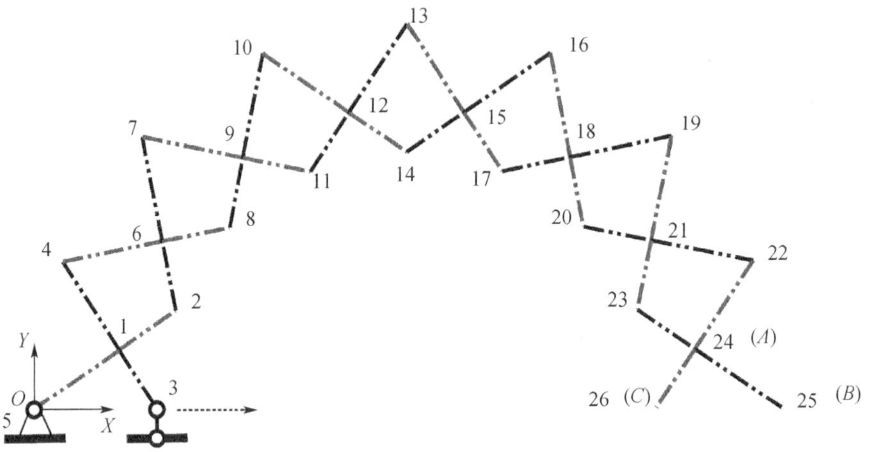

图 6.24　半圆形折叠结构

跟踪此折叠结构位移协调路径，节点 3 朝 $+X$ 向移动，结构逐渐收拢，直至成为一束，此时节点 B 与节点 5（即原点 O）重合，A、C 两点也分别与节点 1 和 3 重合。这一极限状态下结构的最小非零奇异值降为零，见图 6.26，结构体系发生变化。继而节点 3 朝 $-X$ 向移动，结构将在 $+Y$（原路返回）或 $-Y$ 向展开，这就涉及分支路径的选择问题，这一情况是由于此时不再存在唯一的机构位移模态（$m>1$）导致的。这里选择了 $-Y$ 向，直至展成半圆形。继续增加子步，让节点 3 继续朝 $-X$ 向移动，直至最小非零奇异值再次降为零，此时是节点 3 在 $-X$ 向的运动极限，相应的节点坐标分别为 A（8.300，0.000）、B（0.000，0.000）、C（2.767，0.000）。图 6.25 绘出了节点 A、B、C 的坐标轨迹，图 6.26 为结构运动过程中最小非零奇异值 S_{rr} 的变化。

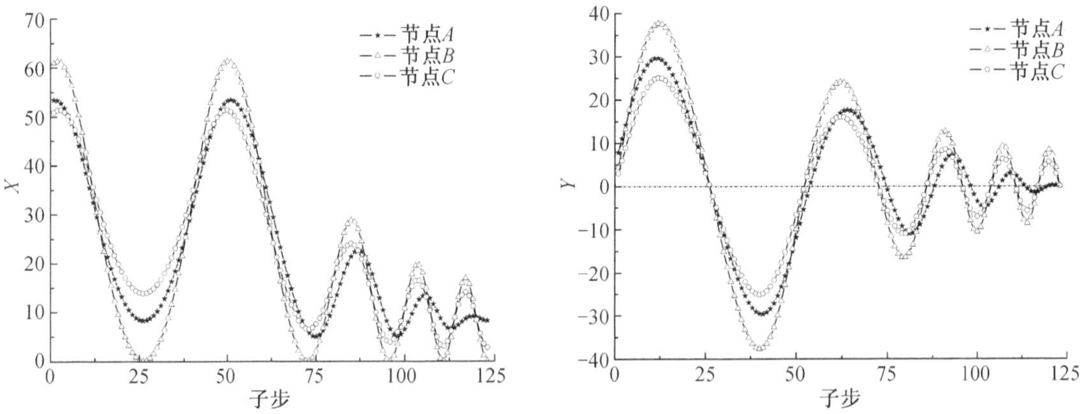

(a) X 自由度坐标变化　　(b) Y 自由度坐标变化

图 6.25　折叠结构运动过程中节点 A、B、C 的坐标变化图

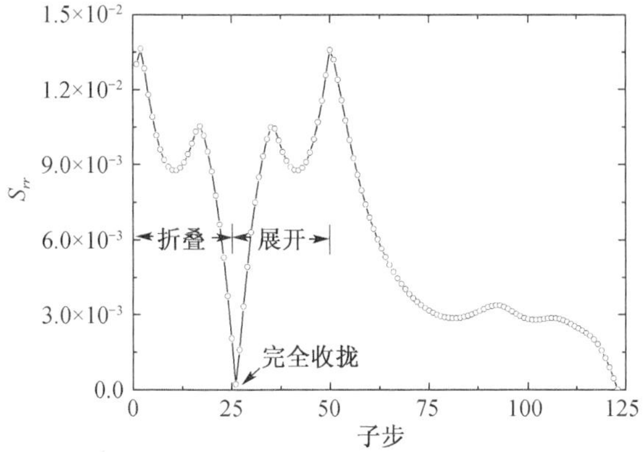

图 6.26　S_{rr} 变化图

表 6.4　半圆形折叠结构的节点坐标

节点号	1	2	3	4	5	6	7	8	9
X	6.913	11.522	10.000	2.284	0.000	10.428	8.787	15.858	16.923
Y	4.592	7.654	0.000	11.481	0.000	13.077	21.213	14.142	19.572
节点号	10	11	12	13	14	15	16	17	18
X	18.520	22.346	25.408	30.000	30.000	34.592	41.481	37.654	43.077
Y	27.716	18.478	23.087	30.000	20.000	23.087	27.716	18.478	19.572
节点号	19	20	21	22	23	24	25	26	—
X	51.213	44.142	49.572	57.716	48.478	53.087	60.000	50.000	—
Y	21.213	14.142	13.077	11.481	7.654	4.592	0.000	0.000	—

6.3　基于平衡矩阵的单自由度柔性机构位移协调路径研究

6.3.1　弹性变形与机构位移的耦合

与刚性机构有所不同，柔性机构在运动过程中，节点的变位包括两大部分，一部分来自单元内力 $\boldsymbol{t}$ 引起的弹性应变 $\boldsymbol{e}$，另一部分是机构位移模态引起零应变位移。我们可以基于非线性力法进行结构响应的求解。通解 $\boldsymbol{U}_m\beta$ 反映了机构位移部分，而特解 $\boldsymbol{d}'=\boldsymbol{U}_r\boldsymbol{S}^{-1}\boldsymbol{V}_r^{\mathrm{T}}\boldsymbol{e}$ 则反映了弹性应变 $\boldsymbol{e}$ 引起的变位。

上一节中提出的刚性机构的主动与被动控制算法可以看成是非线性力法在柔度矩阵 $\boldsymbol{F}=\boldsymbol{0}$ 时的特殊情况。

6.3.2　五杆折叠机构的提升

图 6.27 所示为五杆机构的提升问题，节点 2 和 5 处受外荷载作用 $P=1$ kN。刚性与

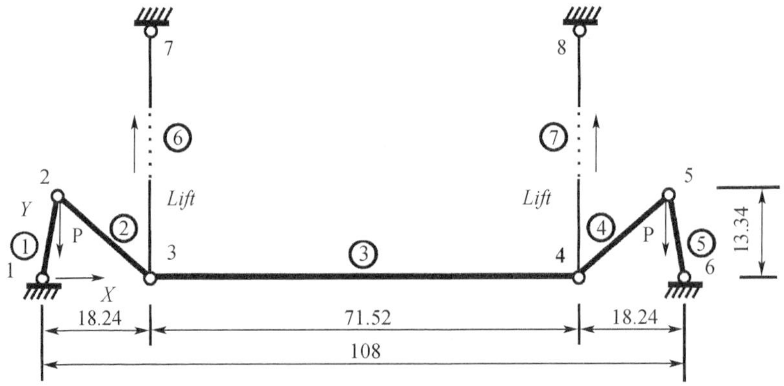

图 6.27　五杆机构的提升

柔性机构的节点 2 坐标变化对比见图 6.28，由于弹性应变相对机构位移较小，所以两者计算处的节点坐标几乎是重合的。各个单元的内力变化值见图 6.29。

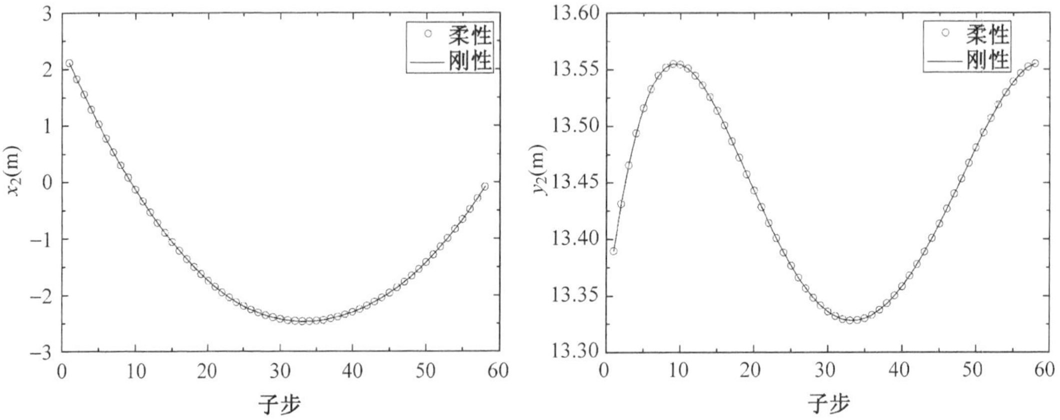

图 6.28　节点 2 的坐标变化

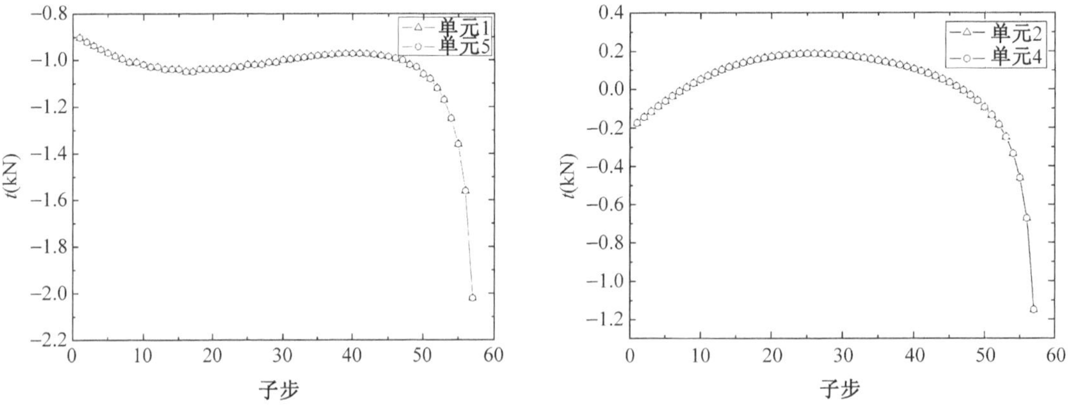

(a) 单元 1、5　　(b) 单元 2、4

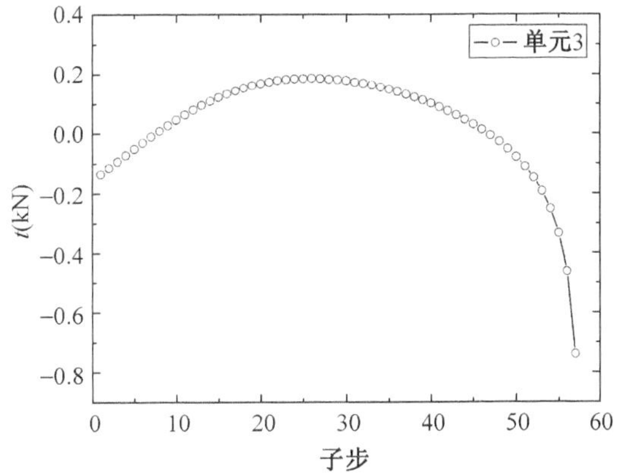

(c) 单元 3

图 6.29　单元内力变化

6.4　机构的机动分析及其数值设计方法

6.4.1　基于折杆剪式铰单元的圆形径向开合结构数值设计

以环形开合结构为例阐述结构可展本质条件。图 6.30 所示，结构由 8 个平面直梁剪式单元（AP^0C、DP^0B 组成一个单元）首尾连接一圈而成，图中以粗实线与粗虚线表示。内半径 $R_1=5$，外半径 $R_2=15$，一个剪式铰单元所对圆心角 $\theta_0=\pi/4$。组装整个环形结构的平衡矩阵，并奇异值分解，由于是平面问题，排除 3 个刚体位移自由度。最终得到机构位移模态数 $m=0$，自应力模态数 $s=3$，说明此结构可施加预应力，但是没有机构位移模态，不存在发生机构运动的可能性。

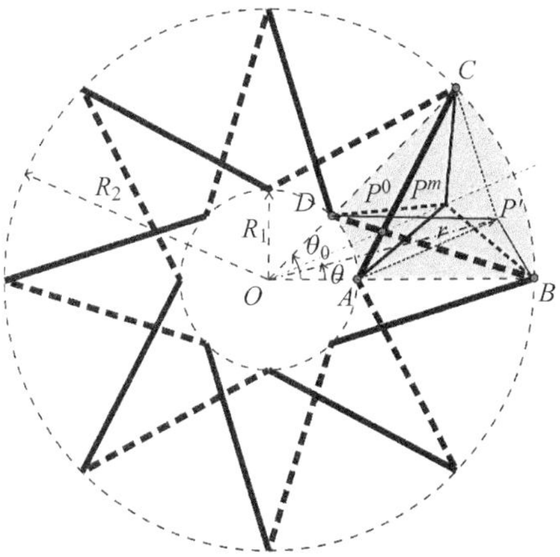

图 6.30　径向可开启结构（$b=2$）的数值设计分析

现在让销轴 P^0 在区域 $ABCD$ 内移动至任意位置 P'，构造新的折梁剪式铰单元，$AP'C$、$DP'B$ 组成一个单元，用极坐标形式 P' (r, θ) 表示销轴的位置。重新组装并分析结构平衡矩阵。绘出最小奇异值 S_{rr} 与参量 r、θ 的变化关系图，如图 6.31 所示。发现，在区域 $ABCD$ 内存在这样一点 P^m $(r=10.82, \theta=\theta_0/2=\pi/8)$，此时 S_{rr} 趋于零，$m=1$，$s=4$，存在一个机构位移模态 $\boldsymbol{U}_m$，如图 6.32 虚线所示。计算几何力矩阵 $\boldsymbol{G}$，发现满足 $\boldsymbol{G}^{\mathrm{T}}\boldsymbol{U}_m=\boldsymbol{0}$。说明自应力 $\boldsymbol{V}_s$ 不能在机构位移 $\boldsymbol{U}_m$ 上发生刚化，结构可发生有限机构位移而非无穷小机构。因此以 AP^mC、DP^mB 为折梁剪式铰单元构成的圆形结构是可开启的，这时存在几何关系 $\overline{AP^m}=\overline{P^mC}$，$\overline{DP^m}=\overline{P^mB}$，$\angle AP^mC=\angle DP^mB=\pi-\theta_0=3\pi/4$。由数值方法寻找到的圆形径向可开启结构与文献 [5]、[69] 的结果相符。

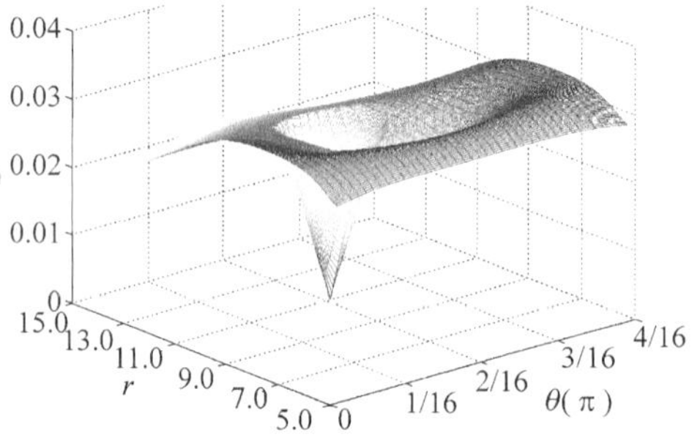

图 6.31 S_{rr} 随销轴位置变化图

图 6.32 机构位移模态

6.4.2 基于多角折梁单元的圆形径向开合结构数值设计

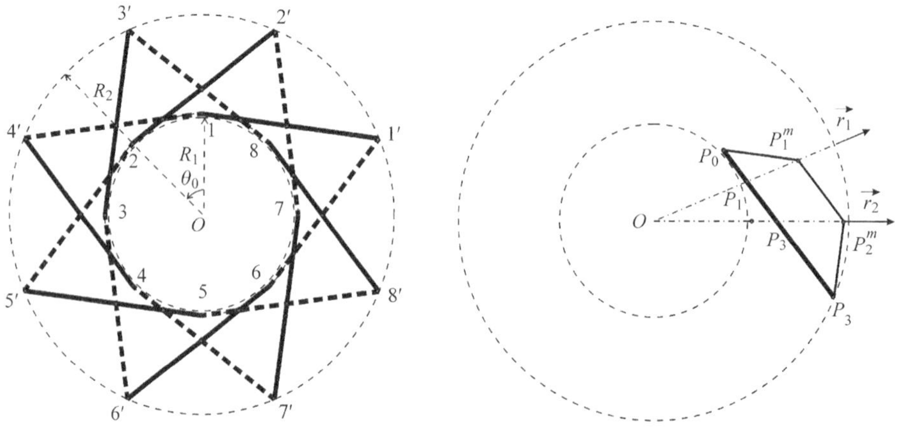

(a) 基于直梁的圆形结构

(b) 参数分析

图 6.33 径向可开启结构 ($b=3$) 的数值设计分析

You 等人在可开启结构中应用了图 6.1 (c) 所示的平面二角折梁单元，这里同样可利用数值方法寻找到由这类单元构成的圆形径向可开启结构。

如图 6.33 所示，初始结构由 16 个平面直梁单元（$P_0P_1P_2P_3$为一个单元）首尾连接组成环状结构，粗实线和粗虚线所示，销轴位置分别在 P_0、P_1、P_2、P_3。内外圆半径为 $r_1=6.53$ 和 $r_2=12.95$，$\theta_0=\pi/4$。集成平衡矩阵并排除刚体位移，分析得 $m=0$，$s=19$。结构静不定动定，不存在机构运动可能性。

现使销轴 P_1、P_2分别沿径向$\overrightarrow{r_1}$、$\overrightarrow{r_2}$ 轴移动，形成新的二角折梁结构。图 6.34 绘出最小奇异值 S_{rr}与参量r_1、r_2的变化关系，发现这样一组位置 P_1^m（$r_1=10.37$），P_2^m（$r_2=12.62$），S_{rr}趋于零，此时 $m=1$，$s=20$，体系发生改变，成为静不定动不定结构，具有一个机构位移模态$\boldsymbol{U}_m$，如图 6.35 虚线所示。计算几何力 $\boldsymbol{G}$，发现 $\boldsymbol{G}^{\mathrm{T}}\boldsymbol{U}_m=\boldsymbol{0}$，说明结构可以在无应力状态下发生运动。以 $P_0P_1^mP_2^mP_3$为二角折梁单元构成的圆形结构是可开启的，存在几何关系 $\overline{P_0P_1^m}=\overline{P_1^mP_2^m}=\overline{P_2^mP_3}$，$\angle P_0P_1^mP_2^m=\angle P_1^mP_2^mP_3=\pi-\theta_0=3\pi/4$。通过数值方法从直梁向折梁的衍化实现结构从不可开启向可开启转化。此圆形径向可开启结构与文献［70］、［75］～［77］结果一致。

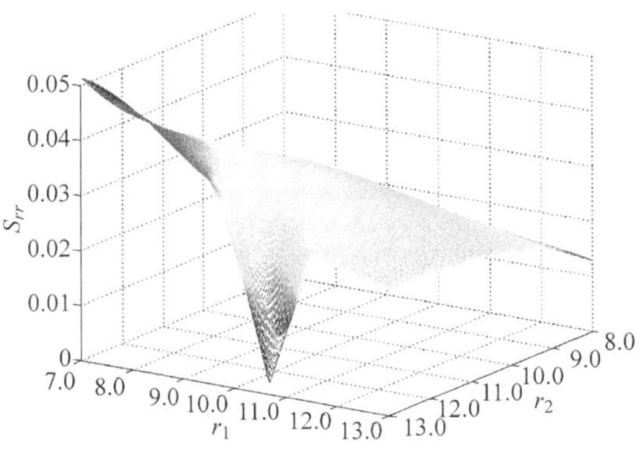

图 6.34　S_{rr}随销轴位置变化图

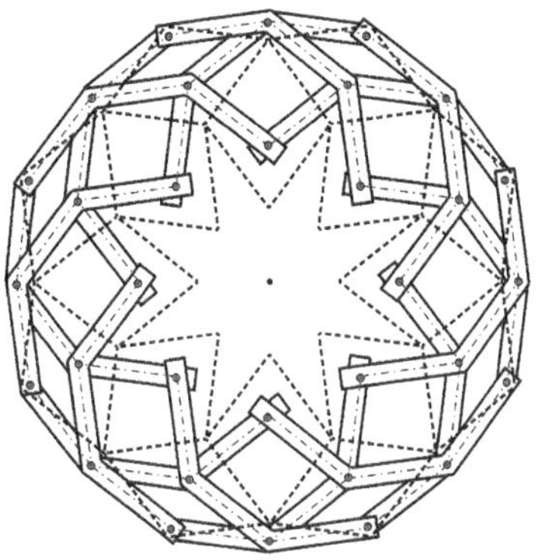

图 6.35　机构位移模态

6.4.3　开放式平面折叠结构数值设计

这里将讨论的是由基本单元——平面直梁剪式铰组成的自适应机构的设计及机动分析。此类机构可由完全收拢的一束展成指定曲线形状，在平面内可作刚体运动。这里将给出此类机构可折叠的充要条件，在给定曲线形式情况下，根据算法可确定平面剪式梁可折叠机构，曲线可以以显式函数或控制点的形式给出。此类结构的组成单元与前面提到的平面径向开合结构所使用的单元是类似的，均为平面剪式铰单元。所不同的在于，前者是开放的，通常只有 1 个机构位移模态，而不存在自应力模态（$m=1$，$s=0$）；而后者组成一个封合回路，通常具有 1 个机构位移模态，若干个自应力模态（$m=1$，$s>0$），是一种超约束的机构。

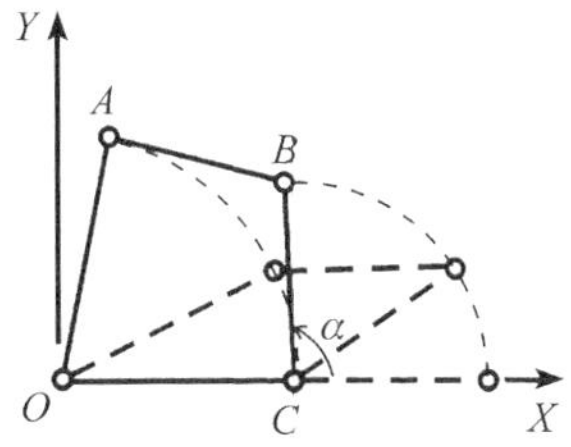

图 6.36　四杆铰接机构

如图 6.36 所示四杆铰接机构 $\overline{OABC}$，杆件$\overline{OC}$ 固定于 X 轴，节点 A 和 B 可以自由运动，若满足关系

$$\overline{OA}+\overline{AB}=\overline{OC}+\overline{CB} \tag{6.2}$$

则四杆可以完全折叠至 X 轴（图 6.37）。

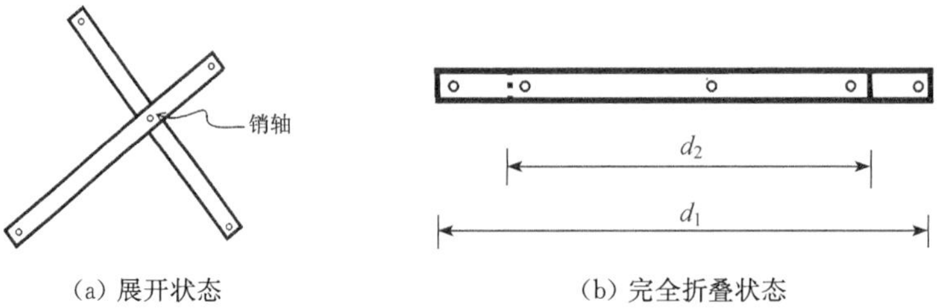

(a) 展开状态　　(b) 完全折叠状态

图 6.37　平面剪式铰单元构造

这一规律可以拓展到图 6.38 所示剪式铰单元，假定两个梁单元的长度均等于 L。由这类剪式铰单元组成的折叠机构，对第 k 个剪式铰单元，设

$$s_k^1=l_{4k-3}+l_{4k-1}，s_k^2=l_{4k-2}+l_{4k} \tag{6.3}$$

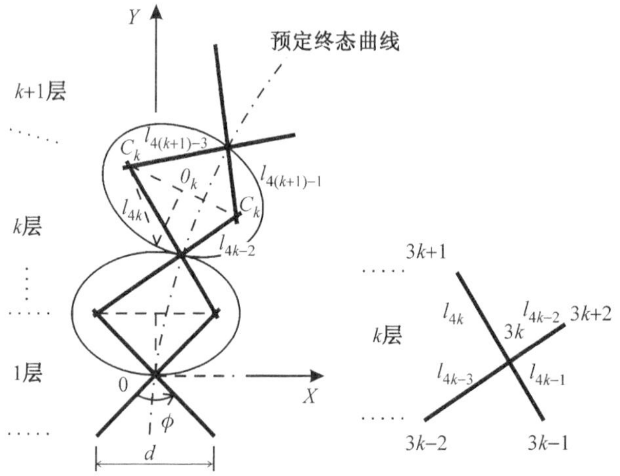

图 6.38　剪式铰折叠机构

若该机构可完全折叠，则第 k 和第 $k+1$ 个剪式铰单元之间满足几何关系

$$s_k^2=s_{k+1}^1 \tag{6.4}$$

也就是说节点 $3k$ 和 $3(k+1)$ 共同位于椭圆 $\boldsymbol{\Theta}_k$ 上。椭圆 $\boldsymbol{\Theta}_k$ 的焦点为 C_k，设长轴和焦距分别为 $2a$ 和 $2c$。设剪式铰单元的折叠率为

$$\xi=\frac{d_2}{d_1} \tag{6.5}$$

其中 d_1 为完全折叠时的总长度，如图 6.37（b），d_2 为完全折叠时的重合长度，与梁上销轴的位置相关。

特别的，若完全折叠时折叠率达到最大，需满足

$$d_1 = d_2 = L \tag{6.6}$$

也就是 $\xi=1$。设计时，使第一个剪式铰单元满足

$$s_1^1 = l_1 + l_3 = s_1^2 = l_1 + l_4 = L \tag{6.7}$$

这样就存在关系

$$s_k^i \equiv L,\ (i = 1,\ 2\quad k = 1,\ 2,\ \cdots,\ N) \tag{6.8}$$

$$l_{4k-3} = l_{4k},\ l_{4k-1} = l_{4k-2} \tag{6.9}$$

所有的椭圆是全等的

$$\boldsymbol{\Theta}_k \cong \boldsymbol{\Theta}_{k+1} \tag{6.10}$$

相应的长轴和焦距分别为 $2a=L$，$2c=d$。

第 1 个剪式铰单元的设计将直接影响后续单元。为避免自适应折叠机构的病态，建议使第 1 个剪式铰单元沿着期望曲线在 O 点的切线方向，见图 6.39。节点的坐标可以表示

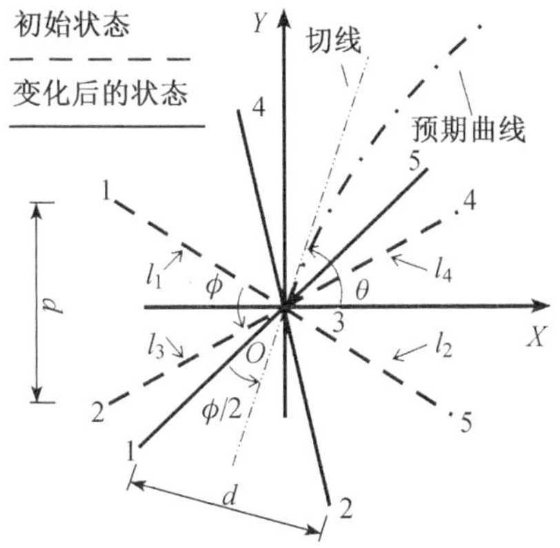

图 6.39　剪式铰折叠机构第 1 个单元

$$x_i = x_i^0 \cos\theta - y_i^0 \sin\theta,\ y_i = x_i^0 \sin\theta + y_i^0 \cos\theta \tag{6.11}$$

这里 $i=1,\ 2$。所以

$$x_1^0 = -l_1 \cos\theta,\ y_1^0 = l_1 \sin\theta,\ x_2^0 = -l_2 \cos\theta,\ y_2^0 = -l_2 \sin\theta \tag{6.12}$$

θ 如图所示。节点 3 固定于原点 O。节点 4 和 5 的坐标为（递推关系）

$$x_{3k+1} = \frac{L}{l_{4k-1}} x_{3k} - \left(\frac{L}{l_{4k-1}} - 1\right) x_{3k-1},\ y_{3k+1} = \frac{L}{l_{4k-1}} y_{3k} - \left(\frac{L}{l_{4k-1}} - 1\right) y_{3k-1} \tag{6.13}$$

$$x_{3k+2}=\frac{L}{l_{4k-3}}x_{3k}-\left(\frac{L}{l_{4k-3}}-1\right)x_{3k-2}，y_{3k+2}=\frac{L}{l_{4k-3}}y_{3k}-\left(\frac{L}{l_{4k-3}}-1\right)y_{3k-2} \quad (6.14)$$

由于剪式铰中梁单元长度全部相等，在自适应机构设计中最关键的就是各个销轴的位置的选取。也就是说，合适的销轴布置可以使机构展成预期曲线 $f(x, y)$。

直接计算销轴节点坐标需要求解若干超越方程，所以这里采用数值搜索的策略，如二分法。首先使用较大的步长结合二分法确定坐标区间，然后再细化步长，在满足一定精度的条件下，求得计算结果。下面给出主要的算法过程

(1) 获取期望曲线。可以分为两种方式：

① 给出显式方程 $f(x, y)=0$。

② 给出若干控制点，期望曲线需经过这些控制点。这时我们可以首先通过插值法确定插值函数，如拉格朗日多项式插值 $L_n(x)$ 或样条插值 $S(x)$。求取曲线在原点 O 处的切线方向 θ。

(2) $k=1$，设计第 1 个剪式铰单元。首先确定终止角度 φ、梁单元长度 L，利用公式 (6.12)、(6.13)、(6.14) 求解节点 1 ~ 5 的坐标。节点 3 位于原点 O。

(3) $k=2$。

(4) 根据二分法计算第 k 个销轴，即节点 $3k$。

(5) 利用递推公式 (6.13)、(6.14) 计算节点 $3k+1$ 和 $3k+2$ 的坐标。

(6) $k=k+1$，重复 (4) 至 (5)，直至剪式铰单元覆盖预期曲线，程序终止。

由于使用数值方法，所以预期平面曲线可以是任意，如 $y=x^{\alpha}$，$y=\sin \alpha x$ 等。

自适应机构的折叠展开过程可以通过改变控制角 φ 实现，$\varphi\in[\varphi, \pi]$。当然也可以通过上述基于平衡矩阵分解的非线性力法分析求解。

• 半圆形开放式平面折叠结构

下面以半圆形开放式平面折叠结构的设计为例，期望曲线是一个半圆，参数如图 6.40。根据上述算法，可以设计出半圆形折叠机构。跟踪机构展开过程中节点 50～52 的坐标，如图 6.41 和 6.42。

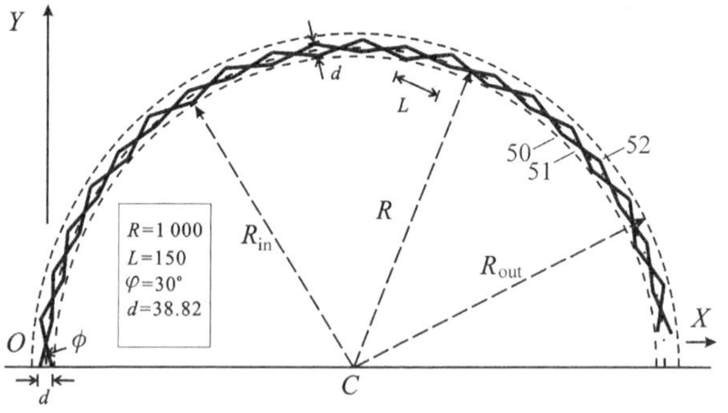

图 6.40　半圆形开放式平面折叠结构完全展开状态

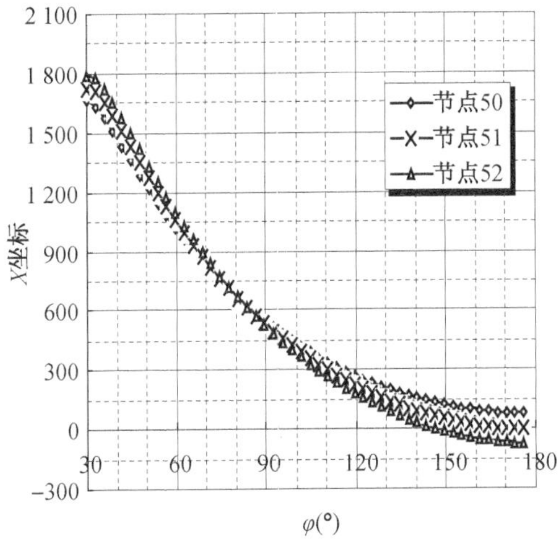

图 6.41　点 50、51、52 X 坐标随角度 φ 变化曲线

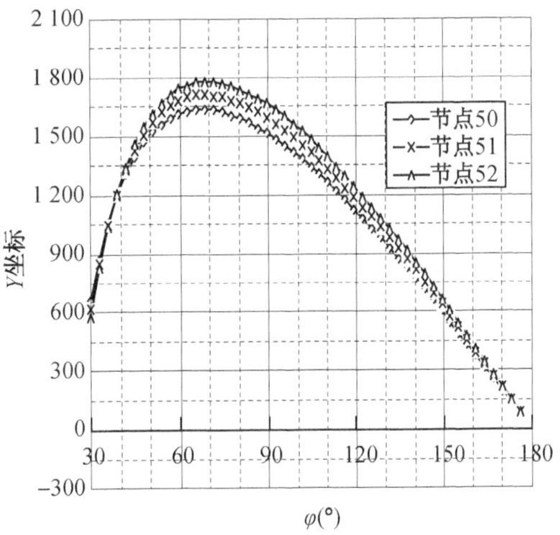

图 6.42　点 50、51、52 Y 坐标随角度 φ 变化曲线

以基于正弦函数曲线的开放式平面折叠结构设计为例。如图 6.43 所示正弦曲线，函数式可以表达为

$$f(x) = A\sin(\pi x/\lambda) \quad x \in (0, 2\lambda) \tag{6.15}$$

参数的值见图 6.43，运用本节的算法，求得符合要求的自适应折叠展开机构，展开过程见图 6.44。整个展开过程用了 50 个子步。

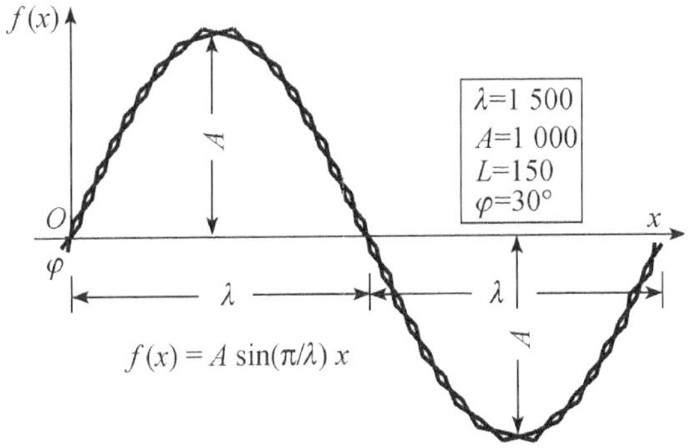

图 6.43　基于正弦函数曲线的开放式平面折叠结构完全展开状态

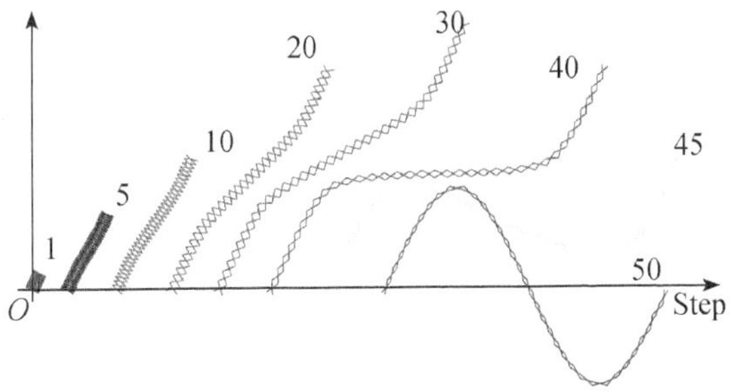

图 6.44　展开过程

- 基于正弦函数曲线的开放式平面折叠结构

图 6.45 表示各个剪式铰单元中梁的销轴开孔位置，每个柱状总高为 $L=150$，两种颜色分别表示 l_{4k} 和 l_{4k-1}。

上面我们通过给定显式函数来表示期望曲线，但通常情况下曲线不能由精确的函数式表示，而是给定若干控制点来描述期望曲线。下面就讨论基于控制点的开放式平面折叠结

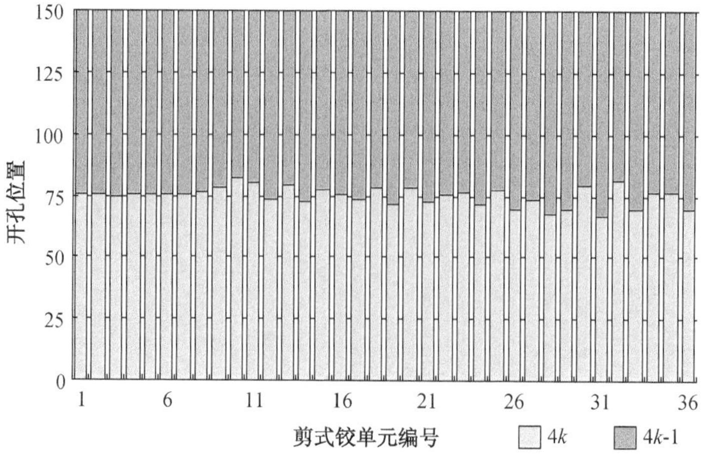

图 6.45　销轴开孔位置

构设计。

图 6.46 中描述的就是这类问题。点 PB 和 PT 是起始控制点和终止控制点，我们需要设计这样一种折叠展开机构，使它在完全展开状态绕开障碍物。显然，无法使用直线来越过障碍，必须向右侧迂回。所以我们在起点和终点之间选择了 4 个附件控制点 $P1$（600，150），$P2$（1 000，300），$P3$（1 400，600），$P4$（1 600，1 050），使设计机构通过这些点。基于拉格朗日插值，选择合适的插值函数，并对其离散，运用上述的算法设计出满足要求的机构，如图 6.47 所示。通过模拟，该自适应机构可以顺利地越过障碍物，到达目标点 PT。

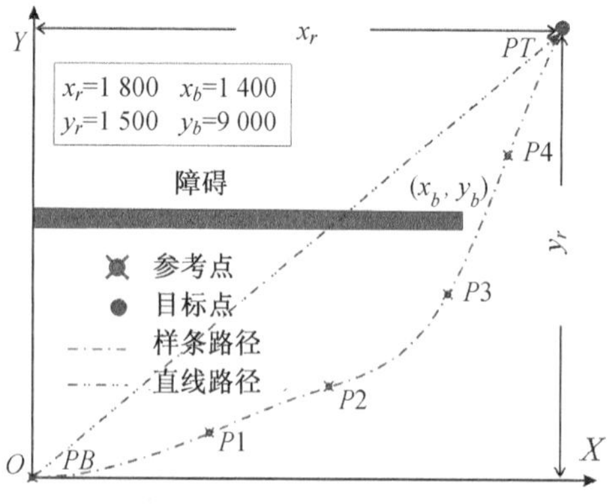

图 6.46　问题的提出

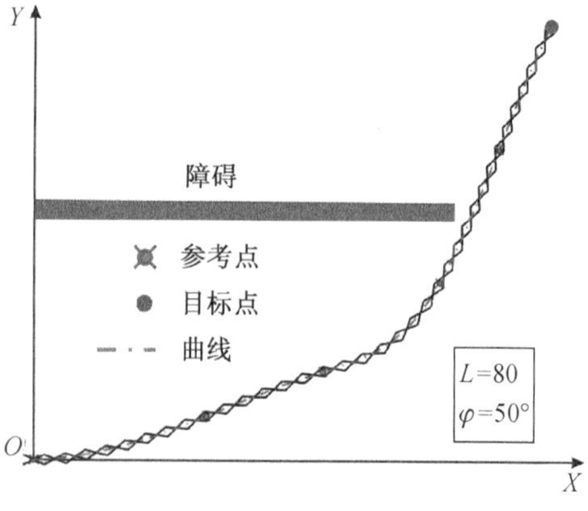

图 6.47　机构设计

- 基于控制点的开放式平面折叠结构

我们可以从二维问题拓展到三维，实现三维折叠展开机构的设计。主要要求解决的问题就是多个剪式铰单元在空间范围内的位移协调，且各个单元分布在期望曲面之上。在平面内二维折叠展开机构只具有一个运动自由度，只要往平面外作直线拓展，使用直线型折叠展开机构连接各榀平面机构，就可以简单的实现单向曲率三维机构的设计。

如图 6.48 所示的柱面壳结构就是一个例子。设平面内二维折叠展开机构所用梁的长度为 L_1，平面外直线型折叠展开机构所用梁的长度为 L_2，若满足 $L_1 = L_2$，则理论上改机构可以收成一束。因此最简单地从二维向三维拓展的方式是应用到单向曲率曲面上。对于双向曲率曲面，设计较为复杂，可以把 3～4 个剪式铰单元在空间首尾连接围成的机构作为一个超级单元，并在预期曲面上合理的划分三角或四边形单元，将超级单元嵌入，当然最为重要的还是要单元间的位移协调问题。

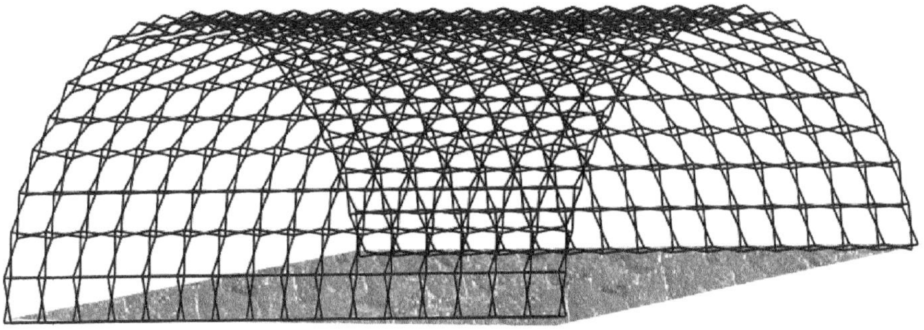

图 6.48　剪式铰单元组成的柱面壳结构

6.5　本章小结

(1) 本章主要讨论第二类动不定结构的位移协调路径，研究对象是可以发生零应变大位移的单自由度有限机构，运动路径是唯一的。提出了主动控制和被动控制两种激励出机构位移模态的方法，结合几何非线性力法特殊形式解决了刚性机构、柔性机构低速状态运动轨迹模拟问题，成功解决了机构位移与弹性应变耦合的运动问题。

(2) 首次利用平衡矩阵分析方法对各类可开启结构、折叠展开机构进行了机动分析，对机构运动过程中的最小非零奇异值进行了研究。通过奇异值分解，提出了过约束机构可动的充要条件，并以此为依据，运用数值方法，提出了平面可开启结构的新的设计方法，该方法不同于通常的解析法。

(3) 运用平衡矩阵分析，解释了开放式折叠机构可展的本质。并进行了自适应数值设计，自适应机构能够展成任意形状，而且具有较好的位移协调能力和可行性，经过若干算例证明，算法稳定可靠。

第 7 章

结 论 与 展 望

7.1 本书主要结论

动不定结构涵盖了目前国内外建筑结构学术界与工程界较为关注的各类张力空间结构以及可展结构等新型结构，不同于传统结构的是，动不定结构内部包含机构位移，具有形态敏感性。根据机构位移的可拓展性，本书将动不定结构分为两大类：第一类的机构位移不可延拓，会在自应力下得到刚化；而第二类的机构位移则可在无应变下有限延拓。体系与形态的研究是两类动不定结构的关键科学问题所在。

本书基于平衡矩阵对两类动不定结构的体系与形态问题进行了深入研究。通过理论推导、数值计算、程序编制以及实验验证，系统建立了动不定结构的平衡矩阵分析理论，并给出了各种算法，为动不定结构的进一步研究提供了理论基础，一些研究结论对工程设计及施工控制具有一定指导意义。

成果可归纳为以下几点：推导了各类用于动不定结构的超级单元平衡矩阵；给出了第二类动不定结构可动性及平衡稳定性体系判定准则；提出了基于几何非线性力法（NFM）的结构屈曲全过程跟踪算法；本质上阐述了 NFM 与非线性有限元（NFEM）的异同；给出了基于拓扑连接图填涂的张拉整体结构找形算法；提出了基于机构位移模态分析的第二类动不定结构（机构）受荷找形算法以及受荷网状动不定结构合理形态确定算法；提出了基于 NFM 的机构位移协调路径跟踪主动控制与被动控制法；提出了基于最小非零奇异值判定的机构数值设计方法；开发了结构形态分析的面向对象可视化程序。

结合研究成果得出以下结论：

(1) 推导了用于动不定结构的各类超级单元平衡矩阵。运用矩阵缩聚理论，在杆、梁、索等基本单元的基础上向超级单元拓展，系统推导了滑动索单元、剪式铰单元、平面多角折梁单元、平面放射状折梁单元、铰接杆系子结构的平衡矩阵（并将平面折梁单元向空间作了推广）。超级单元的内部自由度被封装，达到了计算量小且力学概念清晰的效果，并用算例验证了其正确性。成果使平衡矩阵分析方法适用于各种动不定结构形式。

(2) 给出了第二类动不定结构的可动性及平衡稳定性判定准则，并对斜放四角锥网架在工程中的合理运用进行了理论指导。从能量原理揭示了平衡矩阵分析方法的数学原理，基于能量的一阶变分式——平衡矩阵及二阶变分式——海赛矩阵，提出了受荷第二类动不定结构可动性和平衡稳定性判定准则（见表3.9、表3.10）。本质上阐述了无自应力可动机构的广义稳定性，成果完善了当前结构体系分析理论。斜放四角锥的基本组成单元四角锥体为动不定结构，要使其安全运用到结构设计中，需合理添加连杆并增加一定的约束条件。通过深入研究斜放四角锥平板网架各种形式（是否设周边连杆、支承方式）的可动性，本书指出为避免斜放四角锥在工程中出现瞬变，应加强周边约束，使得网架在任意荷载下均不可动，以加强结构的稳定性，提高网架平面内的扭转刚度。

(3) 提出了基于NFM的结构屈曲全过程跟踪算法，推导了平衡矩阵与线性刚度矩阵、初始应力矩阵以及切线刚度矩阵的关系，本质上阐述了NFM与NFEM的异同及各自优势所在。在线性力法（FM）基础上，对平衡矩阵进行了几何非线性修正，结合牛顿拉普森法迭代算法，形成几何非线性力法分析理论，解决了机构位移和弹性变形相耦合的非线性计算问题。并引入不同的荷载加载策略，结合NFM，提出了结构的屈曲全过程跟踪算法。以单自由度结构为例，分别定义了基于几何位形的几何刚度与基于本构关系的材料刚度，NFM分离处理这两种刚度具有以下优点：可以保证在算法不失效的前提下精确到达结构屈曲的奇异点（极值点）；可获得平衡路径上各个状态的机动特性，反映屈曲过程中结构几何刚度的变化趋势及体系转变过程；更适合处理动不定结构。

(4) 将平衡矩阵引入到第二类动不定结构的动力方程，并建立了动不定结构的机构位移模态与零频率自振模态的联系。本书通过研究矩阵特征值问题，分析动不定结构的机构位移模态与零频率自振模态之间的关系，表明两者具有相同的物理意义，均表示结构发生零应变的位移模式。根据第二类动不定结构的特点，将机构位移模态引入到动力方程，可解出节点加速度、速度以及位移。

(5) 给出了基于拓扑图表填涂的单/多自应力模态张拉整体找形算法。算法基于节点几何坐标与力密度反复迭代求解，充分利用了平衡矩阵法奇异值分解的零空间求解力密度和力密度法Schur分解求解坐标的特点。由于算法无需给定初始几何坐标或指定力密度，而只需给出拓扑关系以及索杆类型，所以可基于拓扑图表填涂进行未知的结构形态的寻找。算法具有一定的任意性，且迭代次数少、稳定性好。

(6) 基于机构位移模态，给出了受荷第二类动不定结构的找形方法以及不同荷载形式下网状动不定结构合理形态寻找的算法。引入能量最速下降法，将荷载与机构位移模态的乘积作为方向，给出了受荷多自由度机构的平衡状态确定算法，同时对单元伸长的高阶量进行修正，减小数值累积误差，为这类动不定结构的平衡状态确定提供了有效稳定的数值方法。另外，对网状动不定结构在不同荷载形式下的合理形态做了研究：基于不同位移控制步长，找到平面链状结构在均布荷载下的合理拱轴线簇以及自重作用下的悬链线簇，与解析式完全吻合；并向空间网状结构的合理形态问题进行拓展，分别以蜂窝型、纵横向、经纬向这三类网状结构予以数值验证。数值算例表明，算法需要较多的迭代子步，且子步步长不能过大。

(7) 基于NFM，提出了第二类动不定结构位移协调路径的主动控制与被动控制跟踪算法。将 NFM 应用到机构的轨迹跟踪，提出单自由度机构的主动控制与被动控制跟踪算法，以铰接杆系机构、折叠结构、开合结构为例，对其协调路径及其几何刚度等机动特性进行了研究，并分析了协调路径中可能出现的奇异点。

(8) 提出了基于最小非零奇异值判定的过约束机构数值设计方法，并给出了一类自适应开放式折叠结构的数值设计方法。以折梁单元组成的平面径向整体可开启结构为例，解释了过约束机构数值设计过程，当最小非零奇异值降为零时，动定结构将转变为动不定结构，当几何力与机构位移模态正交时，过约束机构发生无应变运动。并系统给出了一类自适应开放式折叠结构的设计方法，将方法从二维机构拓展到三维机构。此类自适应折叠结构由直梁剪式铰组装而成，通过给定显式曲线方程式或控制点位置，可展成任意的预期几何形状。

(9) 根据本书的分析理论，编制了结构形态分析的计算机程序 CASCAD。该程序具有图形化的用户界面、分析和结果处理的功能，能够对各类结构的形态问题进行分析。主要包括结构体系分析模块（可动性、稳定性判定）、张力结构的可行预应力确定及优化、张拉整体结构的找形分析模块、几何非线性力法分析模块、机构分析模块等。书中所有算例都由 CASCAD 计算分析完成的，反映了程序的可靠性、适用性。

7.2 展望

本书从理论上对两类动不定结构的形态与体系问题进行了比较系统的研究分析，建立了平衡矩阵分析理论，并提出了非线性力法分析方法，得到了一些重要结论和观点，为动不定结构的进一步研究和实际工程应用提供了理论基础。作以下几部分展望：

(1) 推导具有空间柱状铰节点的单元平衡矩阵，可以将本书中提出的各种体系判定及形态分析方法的研究对象作进一步的拓展，应用于 Bennett Linkage 等可展结构中。

(2) 机构运动中会出现运动分歧和不确定，利用平衡矩阵理论进一步研究机构运动分支问题。

(3) 书中主要考虑的是机构静态位移协调路径以及机动性能，并未考虑动力响应。鉴于此，书中已将平衡矩阵引入到了动力方程中，接下来可结合非线性力法全面求解节点速度和加速度。

(4) 平衡矩阵是稀疏长方阵，奇异值分解计算量较大，为完善平衡矩阵分析方法，提高可行性，可研究平衡矩阵高效存储方法，改进分解效率。

(5) 将矩阵摄动原理引入到平衡矩阵的分析中，可研究第二类动不定结构在节点存在间隙或制作误差情况下的协调路径及机动性能。

(6) 研究建筑结构倒塌中机构原理。

参 考 文 献

[1] S Pellegrino, C R Calladine. Matrix analysis of statically and kinematically indeterminate frameworks[J]. International Journal of Solids & Structures, 1986, 22:409-428

[2] 董石麟,罗尧治,赵阳. 新型空间结构的分析、设计与施工 [M]. 北京:人民交通出版社, 2006

[3] 刘锡良. 大跨度空间开合钢结构[J]. 钢结构,1998,13(40):50-53

[4] 钱若军,杨联萍. 张力结构的分析·设计·施工[M]. 南京:东南大学出版社,2003

[5] Edited by S Pellegrino. Deployable Structures [M]. New York: Springer Wien, 2001

[6] Edited by F Escrig, C A Brebbia. Mobile and rapidly assembled structures [M]. Southamptm: Computational Mechanics Publications, 1996

[7] 张其林. 索和膜结构[M]. 上海:同济大学出版社,2002

[8] 杨庆山,姜忆南. 张拉索—膜结构分析与设计[M]. 北京:科学出版社,2003

[9] R B Fuller. Tensile-integrity structures[P]. United States Patent 3,063,521,1962

[10] K D Snelson. Continuous tension, discontinuous compression structures[P]. United States Patent 3,169,611,1965

[11] D Geiger, A Stefanicok, D Chen. The Design and Construction of Two Cable Domes for the Korean Olympics, Shells, Membrane and Space Frames[C]. International Symposium of IASS, Osaka, 1986,2:265-272

[12] Geiger Roof Structure. United States Patent [P]. Patent No. 4736553, April. 12, 1988

[13] 蓝天. 空间钢结构的应用与发展[J]. 建筑结构学报,2001,22(4):2-8

[14] 沈世钊. 大跨空间结构的发展——回顾和展望[J]. 土木工程学报,1998,31(3):5-14

[15] 董石麟,罗尧治,赵阳. 大跨度空间结构的工程实践与学科发展[J]. 空间结构,2005,11(4):3-10

[16] M Kawaguchi. Possibilities and problems of latticed structures [C]. Proceeding IASS-ASCE International Symposium. Atlanta, 1994

[17] M Kawaguchi. Sports Arena. Kadoma[J]. Japan Journal of IABSE, SEI 1996,6(3)

[18] 罗尧治,陈晓光,沈雁彬,等. 网壳结构"折叠展开式"提升过程中动力响应分析[J]. 浙江大学学报(工学版),2003,37(6):639-645

[19] 罗尧治,王铁,沈雁彬,胡宁. 网壳结构"折叠展开式"施工吊点同步控制研究[J]. 施工技术,2004,33(11):1-3

[20] Y Z Luo, Y B Shen, X Xu. Construction Method for Cylindrical Latticed Shells Based on Expandable Mechanisms[J]. Journal of Construction Engineering and Management, 2007, 133(11),912-915

[21] I Kaneko, M Lawo, G Thierauf. On Computational Procedures for Force Method [J]. International Journal for Numerical Methods in Engineering, 1982, 18: 1469-1495

[22] S Pellegrino. Mechanics of kinematically indeterminate structures [D]. Ph. D. dissertation, University of Cambridge, U K, 1986

[23] S Pellegrino. Analysis of pre-stressed mechanisms[J]. International Journal of Solids & Structures, 1990,26(12):1329-1350

[24] S Pellegrino. Structure computations with the singular value decomposition of the equilibrium matrix[J]. International Journal of Solids & Structures, 1993,30(21): 3025-3035

[25] C R Calladine, Buckminster Fuller's "Tensegrity" Structures and Clerk Maxwell's Rules for the Construction of Stiff Frames[J]. International Journal of Solids & Structures, 1978,14:161-172

[26] M Ohsaki, J Zhang. Stability conditions of prestressed pin-jointed structures[J]. International Journal of Non-Linear Mechanics, 2006,41(10):1109-1117

[27] N Vassart, R Laporte, R Motro. Determination of mechanism′s order for kinematically and statically indetermined systems[J]. International Journal of Solids & Structures, 2000,37:3807-3839

[28] S Pellegrino, T Van Heerden. Solution of Equilibrium Equations in the Force Method: A Compact Band Scheme for Underdetermined Linear Systems [J]. Computers & Structures, 1990,37(5):743-751

[29] S Pellegrino, A S K Kwan, T F Van Heerden. Reduction of Equilibrium, Compatibility and Flexibility Matrices In the Force Method[J]. International Journal for Numerical Methods in Engineering, 1992,35:1219-1236

[30] R D Kangwai, S D Guest. Symmetry-adapted equilibrium matrices[J]. International Journal of Solids & Structures, 2000,37:1525-1548

[31] A S K Kwan, S Pellegrino. Matrix formulation of macro-elements for deployable structures[J]. Computers & Structures, 1994,50(2):237-254

[32] H Tanaka, Y Hangai. Rigid body displacement and stabilization conditions of unstable truss structures[C]//: Shells, Membranes and Space Frames. Proceedings IASS Symposium, Osaka: Elsevier Science Publishers, 1986,55-62

[33] E N Kuznetsov. Underconstrained structural systems[J]. International Journal of Solids & Structures, 1988,24(2):153-163

[34] T Tarnai, J Szabó. On the exact equation of inextensional, kinematically indeterminate assemblies[J]. Computers & Structures, 2000,75:145-155

[35] T Tarnai. Zero stiffness elastic structures[J]. International Journal of Mechanical Sciences, 2003,45:425-431

[36] 刘郁馨. 伪可变体系的几何构造分析[J]. 计算结构力学及其应用,1994,11(1):50-62

[37] 张其林. 空间张拉杆系统的平衡状态寻找[J]. 空间结构,1997,3(4):8-13

[38] 罗尧治. 索杆张力结构的数值分析理论研究[D]. 杭州:浙江大学,2000

[39] 罗尧治. 索杆张力结构几何稳定性分析[J]. 浙江大学学报(理学版),2000,27(6):608-61

[40] 罗尧治,董石麟. 索杆张力结构初始预应力分布计算[J]. 建筑结构学报,2000,21(5):59-64

[41] 罗尧治,沈雁彬. 索穹顶结构初始状态确定与成形过程分析[J]. 浙江大学学报(工学版),2004,38(10):1321-1327

[42] X F Yuan, S L Dong. Integral feasible prestress of cable domes[J]. Computers & Structures, 2003,81(21):2111-2119

[43] 袁行飞. 索穹顶结构几何稳定性分析[J]. 空间结构,1999,5(1):3-9

[44] 袁行飞. 索穹顶结构的理论分析和实验研究索杆张力结构的数值分析理论研究 [D]. 杭州:浙江大学,2000

[45] 王春江,钱若军,王人鹏. 张力集成单元的形态判定[J]. 空间结构,2000,6(3):16-25

[46] 王春江,钱若军,王人鹏. 一阶无穷小位移机构的刚化判定[J]. 力学季刊,2001,22(4):482-488

[47] 林智斌,钱若军. 一阶无穷小机构位移计算分析[J]. 空间结构,2005,11(1):13-17

[48] 钱若军,林智斌,桂国庆. 力法中的平衡方程的建立[J]. 空间结构,2005,11(4):11-15

[49] 邓华. 预应力杆件体系的结构判定[J]. 空间结构,2000,6(1):14-21

[50] 邓华,李本悦,姜群峰. 关于索杆张力结构形态问题的认识和讨论[J]. 空间结构,2003,9(4): 39-46

[51] 邓华,谢艳花. 基于构件层次的铰接杆系结构几何稳定性讨论[J]. 固体力学学报,2006,27(2):141-147

[52] 包红泽,邓华. 铰接杆系机构稳定性条件分析[J]. 浙江大学学报(工学版),2006,40(1):78-84

[53] 罗尧治,董石麟. 含可动机构的杆系结构非线性力法分析[J]. 固体力学学报,2002,23(3):288-294

[54] R Motro. Tensegrity systems: the state of the art[J]. International Journal of Space Structures, 1992,7(2):75-83

[55] R Motro, S Belkacem, N Vassart. Form finding numerical methods for tensegrity systems[C]//: Proceedings of IASS-ASCE International Symposium on Spatial, Lattice and Tension Structures, Atlanta, USA, ASCE, 1994,707-713

[56] R Motro. Tensegrity Structural Systems for the Future [M]. Herms Science Publishing Limited, Kogan Page Limited, 2003

[57] G Tibert. Numerical analyses of cable roof structures [D]. Licentiate Thesis, TRITA-BKN Bulletin 46, Royal Institute of Technology, Department of Structural Engineering, 1999

[58] G Tibert. Deployable tensegrity structures for space applications [D]. Doctoral Thesis, Stockholm, Sweden, Royal Institute of Technology Department of Mechanics, 2002

[59] G Tibert, S Pellegrino. Review of Form-finding Methods for Tensegrity Structure [J]. International Journal of Space Structures, 2003,18(4):209-223

[60] W B Whittier. Kinematic Analysis of Tensegrity Structures [D]. Master of Science Thesis in Mechanical Engineering, Virginia Polytechnic Institute and State University, 2002

[61] J Y Zhang, M Ohsaki. Adaptive force density method for form-finding problem of tensegrity structures[J]. International Journal of Solids and Structures, 2006,43: 5658-5673

[62] M Schenk, S D Guest, JL Herder. Zero stiffness tensegrity structures [J]. International Journal of Solids and Structures, 2007,44(20):6569-6583

[63] G G Estrada, H-J Bungartz, C Mohrdieck. Numerical form-finding of tensegrity structures[J]. International Journal of Solids and Structures, 2006,43:6855-6868

[64] J-J Li, S-L Chan. An integrated analysis of membrane structures with flexible supporting frames[J]. Finite Elements in Analysis and Design, 2004,40:529-540

[65] M R Barnes. Form-finding and analysis of prestressed nets and membranes[J]. Computers & Structures, 1988,30(3),685-695

[66] H-J Schek. The force density method for form finding and computation of general networks[J]. Computer Methods in Applied Mechanics and Engineering, 1974,3: 115-134

[67] M R Barnes. Applications of dynamic relaxation to the design of cable, membrane and pneumatic structures[C]//: Proceedings of Second International Conference on Space Structures, Guildford, 1975

[68] K Linkwitz. Formfinding by the "direct approach" and pertinent strategies for the conceptual design of prestressed and hanging structures[J]. International Journal of Space Structures, 1999,14(2):73-87

[69] C Hoberman. Radial expansion retraction truss structures[P]. US patent, 5,024,031. 1991

[70] Z You, S Pellegrino. Foldable bar structures[J]. International Journal of Solids and Structures, 1997,34(15): 1825-1847

[71] S Pellegrino, S D Guest, ed. Solid mechanics and its applications[C]//: IUTAM-IASS Symposium on Deployable structures: theory and applications, Kluwer academic publishers, 1998

[72] Y Chen. Design of Structural Mechanisms [D]. Ph. D. dissertation, Department of Engineering Science, University of Oxford, 2003

[73] C J Gantes, E Konitopoulou. Geometric design of arbitrarily curved bi-stable deployable arches with discrete joint size[J]. International Journal of Solids and Structures, 2004,41:5517-5540

[74] Y Z Luo, Z You. Mechanisms for deployable structures [C]//: International Symposium of IASS, Beijing, 2006

[75] Y Z Luo, D C Mao, Z You. On A Type of Radially Retractable Plate Structures[J]. International Journal of Solids & Structures, 2007,44(10):3452-3467

[76] 毛德灿,罗尧治,由衷.径向可开启板式结构几何协调性研究[J].浙江大学学报(工学版),2006,40(8):1377-1381

[77] 罗尧治,毛德灿.径向可开启圆形板式结构的制作方法[P].中国发明专利,200510050403.8,2007

[78] 罗尧治,毛德灿.可开启板式类椭圆形结构的制作方法[P].中国发明专利,200510050402.3,2007

[79] 刘锡良.现代空间结构的新发展.现代土木工程的新发展[M],南京:东南大学出版社,1998:139-148

[80] 陈军,林智斌,杨联萍,等.可展结构单元的概述[C]//:第四届全国结构工程学术研讨会论文集,2004:429-433

[81] 洪嘉振.多体系统动力学[M].上海:上海交通大学出版社,1992

[82] 黄文虎,邵成勋,等.多柔体系统动力学[M].北京:科学出版社,1996

[83] 陈务军.空间展开桁架结构设计原理与展开动力学分析理论研究[D].杭州:浙江大学,1998

[84] 陈务军,关富玲.索杆可展结构的体系分析[J].空间结构,1997,3(4):28-33

[85] 陈务军,张淑杰.空间可展结构体系与分析导论[M].北京:中国宇航出版社,2006

[86] P Kumar, S Pellegrino. Computation of kinematic paths and bifurcation points[J]. International Journal of Solids & Structures, 2000,37:7003-7027

[87] A Lengyel, Z You. Bifurcations of SDOF mechanisms using catastrophe theory[J]. International Journal of Mechanical Sciences, 2004,41:559-568

[88] A Lengyel, Z Gáspár. Classification of compatibility paths of SDOF mechanisms[J]. International Journal of Solids and Structures, 2005,42:21-36

[89] A Lengyel. Analogy between equilibrium of structures and compatibility of mechanisms [D]. Ph. D. dissertation, University of Oxford, 2002

[90] A Kaveht, A Davaranl. Analysis of pantograph foldable structures[J]. Computers & Structures, 1996,59(1):131-140

[91] J Patel, G K Ananthasuresh. A kinematic theory for radially foldable planar linkages [J]. International Journal of Solids and Structures, 2007,44:6279-6298

[92] S -E Han, K-S Lee. A study of the stabilizing process of unstable structures by dynamic relaxation method[J]. Computers & Structures, 2003,81:1677-1688

[93] 王成,邵敏.有限元法基本原理和数值方法[M].北京:清华大学出版社,1997

[94] J S Przemieniecki. Theory of Matrix Structural Analysis [M]. New York: McGraw-Hill, 1966

[95] 蒋正新,施国梁.矩阵理论及其应用[M].北京:北京航空学院出版社,1988

[96] J C Maxwell. On the calculations of the equilibrium and stiffness of frames[J]. Philosophical Magazine, 27:294-1299, 1864

[97] T Belytschko, W K Liu, B Moran. Nonlinear Finite Elements for Continua and Structures [M]. New York: John Wiley & Sons, 2000

[98] P W Fowler, S D Guest. A symmetry extension of Maxwell's rule for rigidity of frames[J]. International Journal of Solids and Structures, 2000,37:1793-1804

[99] F Kovács. Mobility and stress analysis of highly symmetric generalized bar-and-joint structures[J]. Journal of Computational and Applied Mechanics, 2004,5:65-78

[100] T Tarnai, J Szabó. Rigidity and stability of prestressed infinitesimal mechanisms [J]. New Approaches to Structural Mechanics, Shells and Biological Structures , 2002:245-256

[101] R Levy, W R Spillers. Analysis of Geometrically Nonlinear Structures [M]. London: Chapman & Hall, 1995

[102] G A Wempner. Discrete approximations related to nonlinear theoriesof solids[J]. International Journal of Solids and Structures, 1971,7:1581-1589

[103] E Riks. An Increment Approach to the Solution of Snapping and Buckling Problems [J]. International Journal of Solids and Structures, 1979,15:529-551

[104] M A Crisfield. A Fast Incremental/Iterative Solution Procedure That Handles "Snap-Through"[J]. Computers & Structures, 1980,13:55-62

[105] M A Crisfield. An Arc-Length Method Including Line Searches and Accelerations [J]. International Journal for Numerical Methods in Engineering. 1983, 19: 1269-1289

[106] J L Batoz, G Dhatt. Incremental Displacement Algorithms for Nonlinear Problems [J]. International Journal for Numerical Methods in Engineering, 1979, 14: 1262-1267

[107] M Papadrakakis. Post-buckling Analysis of Spatial Structures by Vector Iteration Methods[J]. Computers & Structures, 1981,14:393-402

[108] 沈士钊,陈昕. 网壳结构稳定性[M]. 北京:中国建筑工业出版社,1999

[109] S Guest. The stiffness of prestressed frameworks: a unifying approach [J]. International Journal of Solids and Structures, 2006,43:842-854

[110] C Hoberman. Available from: 〈http://www.hoberman.com〉 [EB/OL]

[111] 罗永峰,J G Teng,沈永兴,等. 结构非线性分析中求解预定荷载水平的改进弧长法[J]. 计算力学学报,1997,14(4):462-467

附录　新型动不定结构体系模型展示①

1. 非规则索杆张拉整体结构

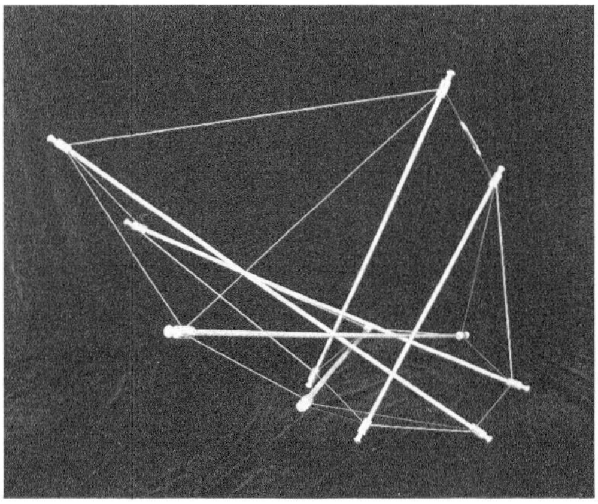

a) 6 杆 18 索(构型Ⅰ)

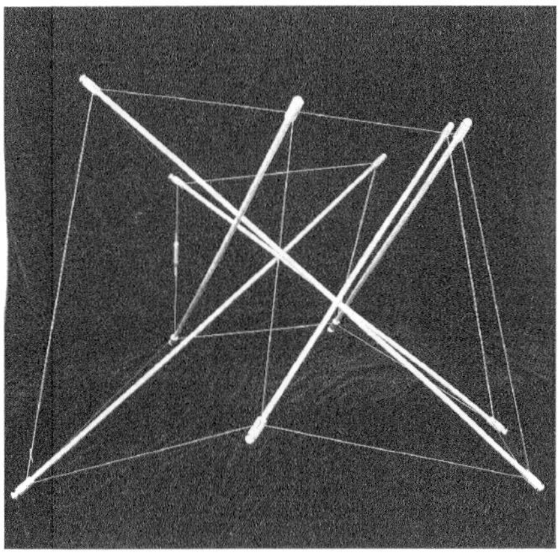

b) 6 杆 18 索(构型Ⅱ)

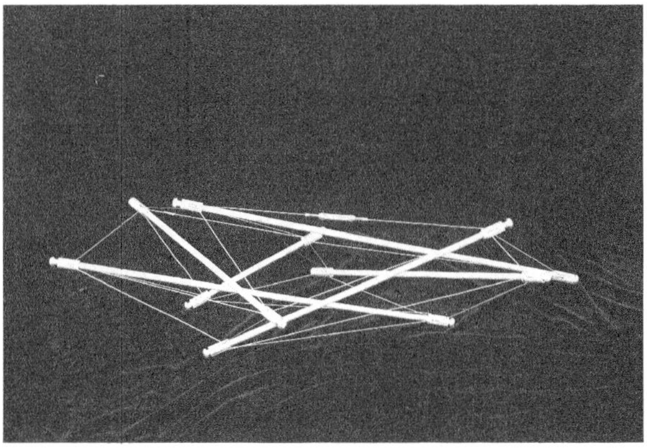

c) 6 杆 24 索(构型Ⅰ)

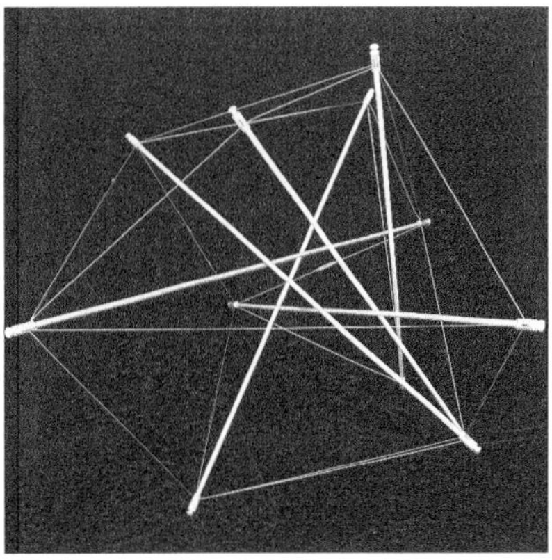

d) 6 杆 24 索(构型Ⅱ)

① 附录中实物模型由东南大学本科生赵曦蕾、鲁聪、解文静、强翰霖、王谆、曹徐阳、杜佳赟等同学协助制作完成,在此表示特别感谢!

2. 新型“环箍—穹顶”全张力索杆结构

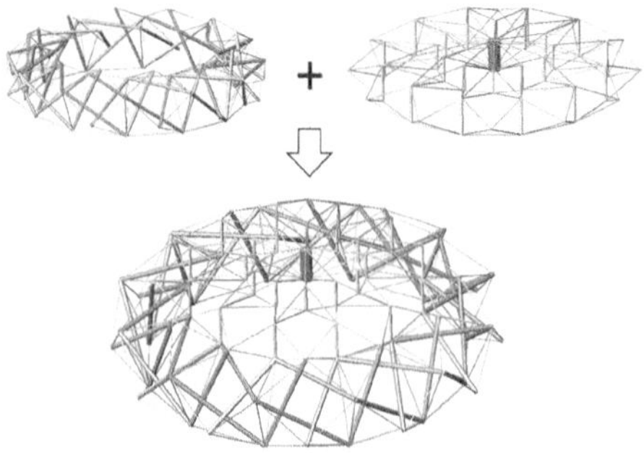

a）成形原理

b）外景效果

c）内景效果

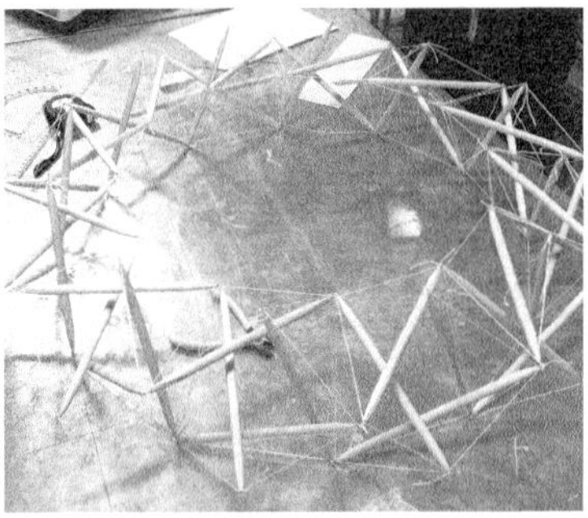

d）环形张拉整体

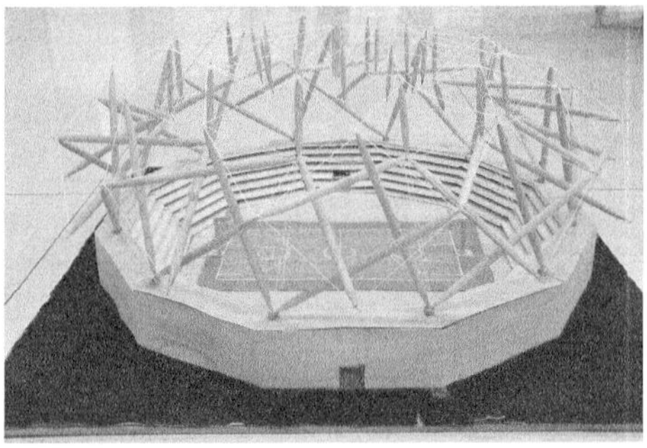

e）环箍穹顶索杆结构

f）“环箍—穹顶”全张力索杆结构（金属模型）

3. 基于过约束机构原理的径向开合屋盖结构

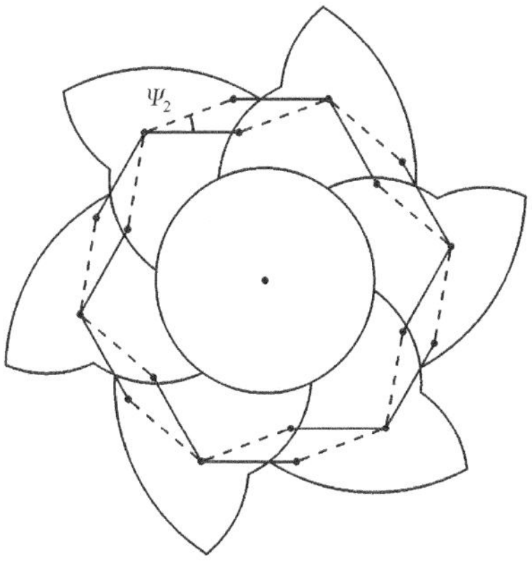

a) 可展机理[75]

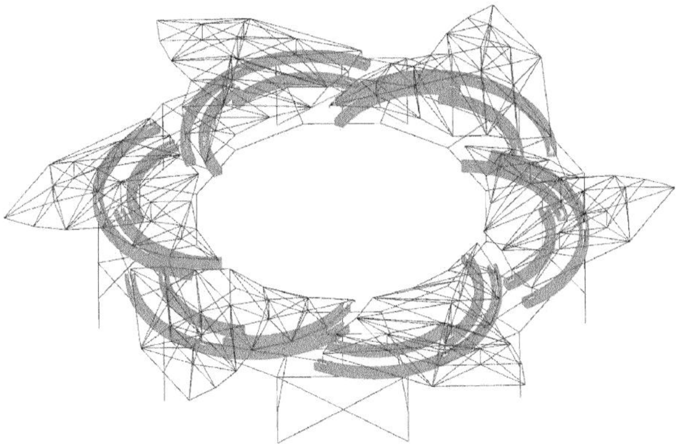

b) 轨道布置

c) 屋盖效果

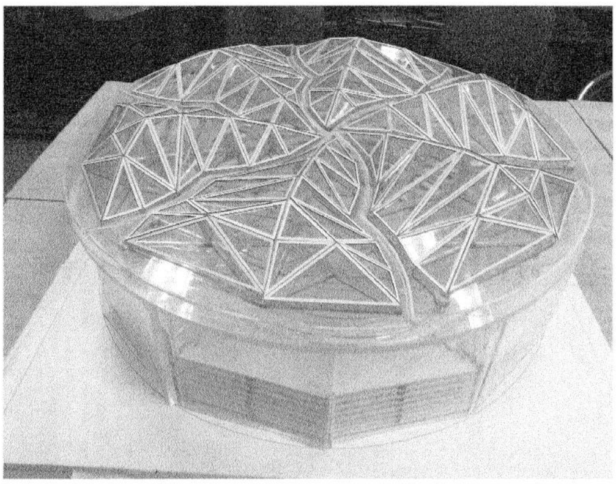

d) 闭合状态

e) 展开过程

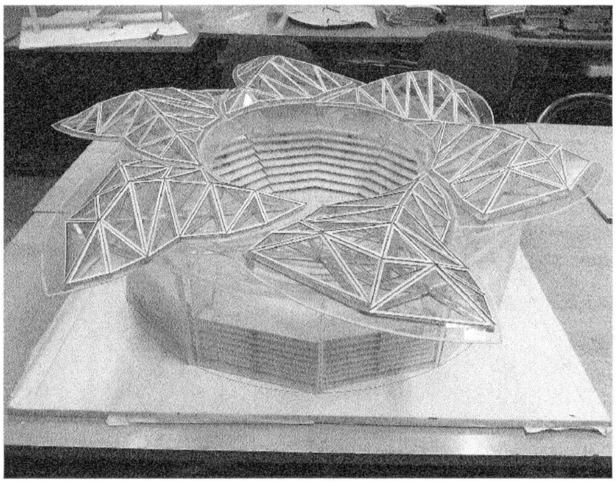

f) 开启状态

4. 三心圆柱面可展结构

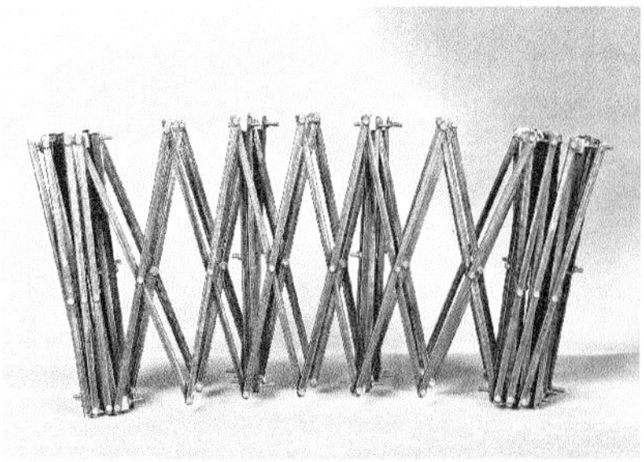

a）折叠状态

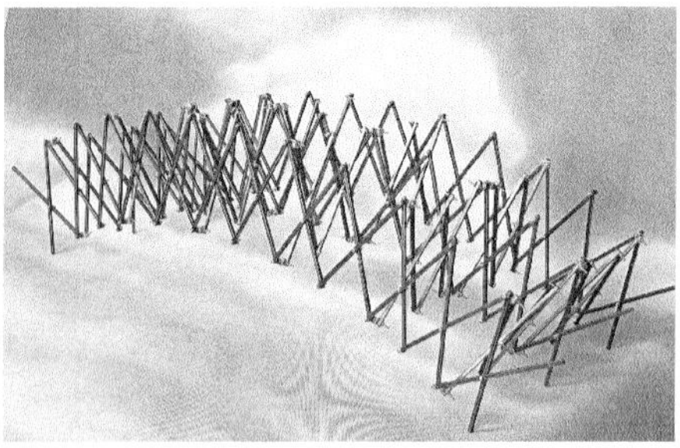

b）展开过程Ⅰ

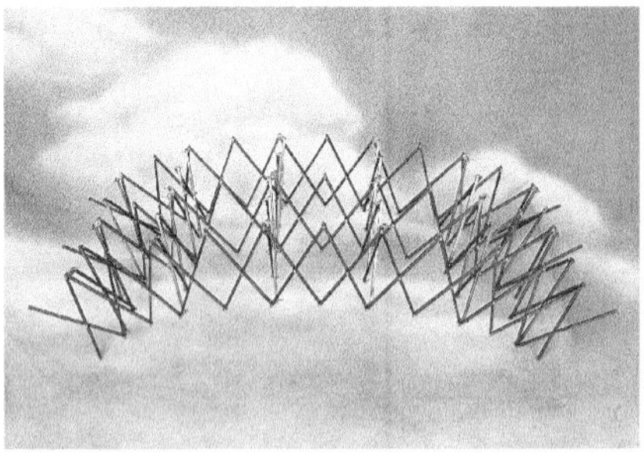

c）展开过程Ⅱ

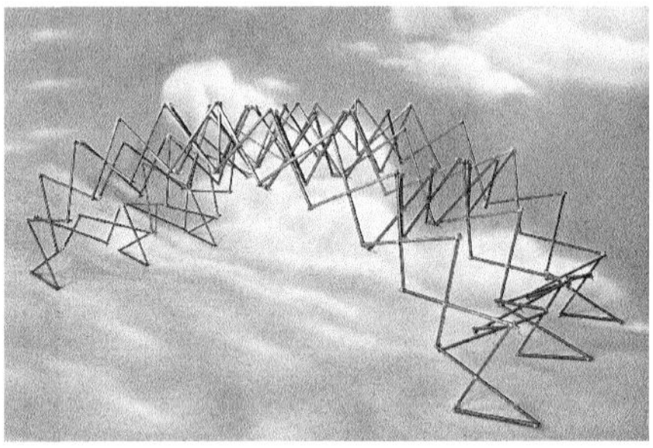

d）展开状态

5. 可展自由曲面结构

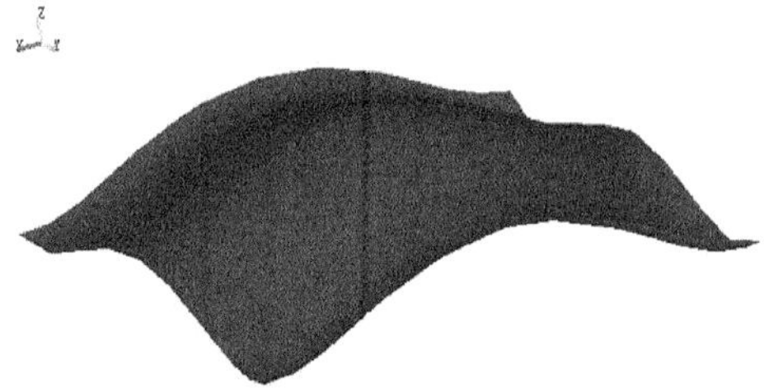

a）目标曲面

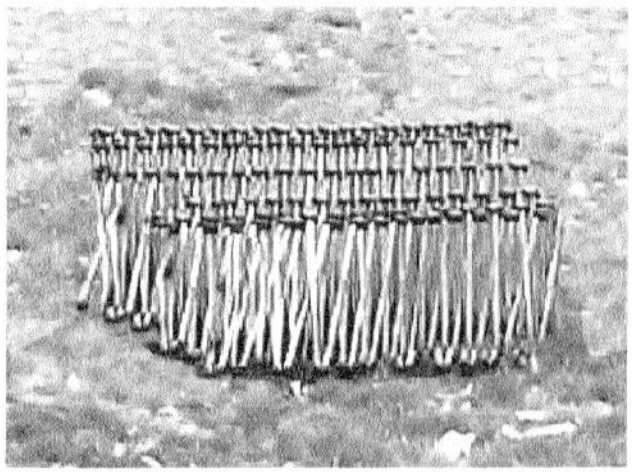

b）折叠状态

c）展开状态